Brian Lander

萊恩・蘭德——著

蔡耀緯——譯

王的莊稼

從農業發展到中國第一個王朝的政治生態學

A Political Ecology of China from the First Farmers to the First Empire

THE KING'S HARVEST

書名頁圖片說明：感謝貝格立（Robert Bagley）提供圖像，由作者稍作修改，出自
Tch'ou and Pelliot, *Bronzes antiques*, plate 16。

各界好評

布萊恩・蘭德（Brian Lander）寫成了一部細節豐富、引人入勝，且十分值得一讀的環境史傑作，將古代中國的考古和文本證據交織起來，演示「地緣政治始終是環境政治」。

——傅羅文（Rowan Flad），《古代華中》（*Ancient Central China*）一書合著者

《王的莊稼》是一項非凡成就，為中國史、環境史和農業史做出了獨特貢獻。

——馬瑞詩（Ruth Mostern），《黃河：自然與非自然的歷史》（*The Yellow River: A Natural and Unnatural History*）作者

《王的莊稼》以格外堅實的學術研究為基礎，反映出布萊恩・蘭德對於環境史和早期中國史最新取徑的掌握能力。

——穆盛博（Micah S. Muscolino），《中國的戰爭生態學》（*The Ecology of War in China*）作者

布萊恩・蘭德主張，環境的故事正是社會本身的故事。在《王的莊稼》一書中，他以令人信服的細節，述說古代中國環境與社會之所以成為中國的故事。

——夏含夷（Edward L. Shaughnessy），芝加哥大學

在不可持續的四千年成長之中，中華國家以栽培單一作物的國家取代多元生態系。所有國家都摧毀環境，卻只有國家能拯救我們。古代中國的魅影因此在我們現代的危機中仍揮之不去。出色又令人憂慮的分析！

——濮德培（Peter C. Perdue），歷史學家、漢學家

獻給我的父母，紀念柳伊（Elizabeth）

目錄

導讀

國家的生態邏輯

洪廣冀／臺灣大學地理環境資源學系副教授

《王的莊稼》是中國環境史研究的最新成果之一。作者布萊恩・蘭德為加拿大人，於哥倫比亞大學取得中國史博士學位，目前任教於布朗大學。在緒論中，蘭德交代了本書的緣起。他表示，他曾在加拿大育空區（Yukon Territory）度過二十一歲夏天，為當地龐大、人跡罕至、駝鹿比人還多的「荒野」所震懾。隨後，他飛往香港九龍，於香港大學攻讀中國哲學，且在閒暇時周遊中國，目睹中國社會如何把「大半個次大陸上的自然生態系一掃而空」。他閱讀孟子，為當中描繪「童山濯濯」的段落所困惑。他原本以為環境破壞應該是很當代的事，至少也是工業革命出現後的事，但中國顯然提供了一個反例。他想了解在中國人大幅抹去中國之生態系前的中國是什麼模樣，在既有的研究中，他找不到答案，於是決定自己寫一本。

要了解《王的莊稼》的貢獻，我們得先了解環境史的發展，以及「中國」在此學術分支中的地位。環境史為一門起源於一九七〇年代前後的史學分支。受到當時席捲歐美的環境運動影響，歷史學者認為，歷史寫作不能只針對君王將相，也不能只發掘底層人民的聲音，而是要往下紮根，直抵人類與其他物種所棲息的地球。他們倡議從生態學中汲取靈感，以整體與系統的視野檢視人類與環境間的互動史。晚近環境史研究又與人類世（Anthropocene）的概念匯流。「人類世」最早是由大氣化學家克魯岑（Paul J. Crutzen, 1933-2021）提出，主張人類生活已牽引了地球系統運作，足以自成一個地質分期。對環境史研究而言，此概念的意義在於，如果說環境本身即有人為的影響在內，而人類的生活不可能脫離環境的影響，原先研究者為環境史設定的命題，即人類與環境間的互動關係，已不再是不證自明。

時至今日，環境史的主題已相當多元。當今環境史家已不把環境當成人類歷史開展的資源、背景或舞臺；受到人文社會科學之多物種或「不只是人」轉向的影響，不少環境史家致力探索「非人」的「能動性」。環境史家認為，歷史不會只是那些從文字史料梳理出來的敘事；研究者應當結合多樣的研究工具與視野，如生態學、考古學、氣候學、水文學、生物地理學、生理學等，細緻地處理人類生活周遭的「環境」是如何運作，再將人類生活的動態置於其中考察。

在環境史研究中，「中國」始終是研究者關心的主題。關於中國環境史，不能不提尹懋可（Mark Elvin, 1938-2023）的貢獻。尹懋可為英國人，為劍橋大學博士，長期在澳洲國立大學任教。尹懋可原本治經濟史與技術史，致力解決所謂「李約瑟問題」（Needham's question）。李約瑟（Joseph Needham, 1900-1995）為劍橋大學的生物化學家，但為中國技術與文明所著迷，他越深入此主題，越感到困惑，考慮到中國在十六世紀前後經濟與科技的高度發展，為何工業或科學革命並未在中國發生？對此大哉問，尹懋可並未從儒家思想、文化或制度面切入。一九七〇年代初期，他至哈佛大學訪學，對新興的環境史研究感到興趣。當時的美國知識界，正熱烈討論海洋生態學者卡森

（Rachel Carson, 1907-1964）的《寂靜的春天》（*Silent Spring*）。尹懋可讀了卡森的著作，也涉獵了李奧帕德（Aldo Leopold, 1887-1948）的經典——《沙郡年紀》（*A Sand County Almanac*）。受到這些著作的影響，當他在思考李約瑟問題時，便試著從環境與物質面切入，他的回答是「高水平的均衡陷阱」與「三千年不永續的成長」。他認為，近代中國的經濟成長是以不停地開發環境為代價；但環境破壞帶來各種成本，政府與民間勢必得投入更多的人力與資本來消弭之；影響所及，創新與升級的可能性都被榨乾；技術遭到「鎖死」（lock-in），即便經濟成長了三千年，但卻是不永續的。

一九九五年，尹懋可與劉翠溶院士主編了《積漸所至》，引領了中國與東亞環境史研究的風潮。二〇〇四年，他出版了巨著《大象的退卻：一部中國環境史》（*The Retreat of the Elephants: An Environmental History of China*）。在該書中，尹懋可以大象在中國土地上的消失為切入點，說明商代至十九世紀的中國環境變遷。該書要點之一便是駁斥如下觀點，即中國哲學中蘊含著某種天人合一的環保觀或永續觀（如有些學者會以孟子「斧斤以時入山林，不可勝用也」，論證中國即具有某種生態保育觀），讓中國社會長久以來便致力維持與自然間的平衡，與基督教形成明顯對照云云。尹懋可認為，從既有史料來看，說是一套，做又是另外一套。他認為，三千年的中國史便是人類不停改造自然環境、教化「蠻族」、向動物宣戰的歷史。中國環境史是全球環境史的縮影，而非其例外。不僅如此，他也認為，彭慕然（Kenneth Pomeranz）在《大分流》（*The Great Divergence*）的見解是值得商榷的。彭慕然認為，在人類歷史上，西歐曾面臨比中國更嚴峻的環境危機，但因為一系列的巧合（包括哥倫布〔Christopher Columbus〕「發現」新大陸），才得以避免被「鎖死」的命運，甚至啟動所謂工業革命。尹懋可不認為如此。他認為，不論在哪個時期，中國環境危機的尺度與強度均遠超過西歐；就算是中國被賦予某些足以從危機中探出頭的契機，恐怕也是無濟於事。就像是肺部已經進水的泳客，就算是拋給他一個浮板，也只能讓他免於沒頂，不可能就此乘風破浪。

回到《王的莊稼》。歷經中國哲學、環境史、考古學、古生物學、古氣候學等多學科的洗禮後，蘭德回來探索年少時的疑問：中國原生的生態系是什麼模樣？推動其變遷的動力又是為何？他的成果便是《王的莊稼》，為英語世界中第一本早期中國環境史的著作。二〇二三年，中國簡體字版出版，簡體版書名為《惟王受年》。今年，臺灣商務重新翻譯，推出臺灣繁體字版，對此，蘭德還特地撰寫了「繁體中文版序」。他寫道：「我十分樂見我這本書能以完整的中譯本在臺灣出版，免於中華人民共和國譯者為了使本書內容符合該國官方典範，而不得不進行的微妙改動。」

《王的莊稼》共分六章，涵蓋一萬年前農業起源至西元前二〇七年秦朝滅亡的時段。蘭德關心的區域為關中地區，位於今日陝西省及其周邊，運用大量的考古資料，蘭德重建了關中地區的原生生態系。關中地區位於北緯三十四度一帶，與洛杉磯與黎巴嫩的緯度相當，季風讓該處的降雨量有著劇烈變化，且在黃河最大支流——渭河——以北形塑出黃土高原。此外，此區也有著北半球最為多樣的溫帶森林生態系。原來，當歐洲與北美的溫帶森林因為冰河南下而大幅消失，但由於內亞過於乾燥，冰河未能形成冰蓋，讓東亞的溫帶森林得以通過冰河期的試煉。豐富多樣的森林生態系孕育了豐富的動植物資源，提供了智人可在關中區域安身立命的基礎。蘭德認為，早期的「關中人」形成規模極小的聚落，隨季節而遷徙，在每個遷徙點栽植些許穀類（以小米為主），同時也試著

「馴化」有用的動植物，輔以採集與狩獵，滿足生活所需。

在重建關中區域的原初生態系後，蘭德並不滿足。他體會到，若生態學是在探討生物的分布如何受到各類因子所影響，那麼，至少就中國環境史而言，最重要的因子當屬政治制度與組織，且恐怕沒有之一。這便是蘭德所稱的政治生態學（political ecology）。值得一提的，特別在當代地理學中，政治生態學也是個重要的研究分支；地理學者強調生態即是一種政治，因為誰取用或得以取用某種生態資源，往往涉及技術官僚、在地社會、企業家等行動者你來我往的互動與協商。此外，政治生態學的研究者也關心政治的生態學基礎。任何一個政治組織均涉及自然資源的盤點、集中與再分配；在此政治過程中，社會的某些群體因而得益，另些群體則遭到排除或邊緣化。

蘭德將此視野帶至仰韶時代（西元前五千至三千年）與後續的龍山時代（西元前三千至兩千年）的關中區域。他認為，原先以採集、狩獵、小規模開墾與移居的「關中人」，至前述時期時，已定居下來，也形成大規模的聚落，積極從事定耕農業，並自西亞與中亞引入大型家畜。以蘭德的話來說，這些聚落開始自成一個生態系，當中也出現性別與階層，生活其中的人民也開始遭到疾病、營養不良的侵襲，而森林與大型動物也逐步退卻，聚落之間的衝突與戰爭加劇。蘭德指出，即是在「內憂外患」下，我們現在叫做「國家」的政治體制應運而生。以興盛於西元前一五〇〇至一三〇〇年間的的二里崗為始，接著是定都安陽的商朝（西元前一二五〇至一〇四六年），定都西安的西周（西元前一〇四六年至七七一年），定都洛陽的東周（西元前七七一年至二二一年），最後便是建立中國第一個帝國的秦國（西元前二二一年至二〇七年）。

如果說國家的誕生並非文明發展至一定高度後的必然產物，反倒是人民遭逢營養不良、暴力、傳染病後無可奈何的應變之舉，「國家」是否就讓生活其中的人民過上更好、更健康與更永續的生活？蘭德不認為如此。關鍵便是國家的「生態學邏輯」。蘭德認為，在化石燃料還未成為人類社會主要的能源前，是能行光合作用的植物在提供能源。國家的維繫與運作需要能源，方法便是向務農的人民身上徵收。為了要確定向誰抽稅，要抽多少稅，抽多少稅才能打平收支，國家得讓人民耕種特定的作物，推動標準化與集約化的農業，強調務農的重要，要移民實邊，教化那些只知燒墾或遊牧的「蠻族」，要佔領新的領土，要化更多的荒畝為良田。國家的生態學邏輯只會讓人民無法從不健康的定耕與定居生活解放出來，只得更加仰賴國家的「保護」，但此「保護」又意味著他們得繳更多的稅。蘭德認為，在政治思想家商鞅的《商君書．算地》中，我們可觀察到此生態學邏輯：「故有地狹而民眾者，民勝其地；地廣而民少者，地勝其民。民勝其地者，務開；地勝其民者，事徠。」

蘭德認為，農業國家的生態邏輯在秦國一統天下後被發揮至極致。當然，正因為秦國橫徵暴斂，引發人民反抗，只維繫十四年，便告傾覆（但若把秦國處於地域強國的時期計算在內，秦國維持了六百多年）。即便如此，他認為，此生態邏輯卻在漢代手中發揚光大，成為後續數千年中國政權的模板。蘭德同意尹懋可的見解，即三千年的中國史便是「不永續」的歷史；兩者的不同點在於，當尹懋可把環境與生態帶入中國史中，挑戰既有以政治為中心的史觀；蘭德又把政治帶回來，論證政治組織與運作有其生態學邏輯。

那麼，值此人類世，人類該何去何從？蘭德認為，人類已經把國家此巨靈從瓶中釋放出來了。若人類世意味著人類活動已牽引了地球系統的運作，其起點不會只落在數百年前的工業革命；數千年前，反覆遷徙的智人開始定居下來，成為某國的居民，向國家繳稅，以求在逐步惡化的生態環境中苟活，不料卻讓自己陷入更深刻的生態危機中。從這個角度，國家形成會是人類世的重要先聲，而帝制中國的建立要會是當中最喧囂的一段。

在帶領讀者走過一趟數千年的環境史之旅後，蘭德回到了當代。他將「尾聲」題為「人類世的狀態／國家」（States of Anthropocene）。他告訴讀者，在完成該書同時，新冠肺炎正肆虐全世界，奪走百萬條人命。他認為，在防堵疫情方面，東亞各國的表現有目共睹，而不少信奉「小政府」的歐美國家，則付出慘痛的代價。他認為，對於中國環境史，這有兩點啟示。一方面，以強有力的國家機器干涉與界定人與環境的關係，在東亞各國行之有年，且不停地死灰復燃。另方面，以東亞為鑑，面對日益嚴重的環境問題，歐美國家不能再放任下去，期待市場、技術進步會自然而然地解決問題。蘭德指出，環境問題就是政治問題，且國家是此政治問題的始作俑者：不管是大有為還是小而美的國家，均難辭其咎。這也意味著，面對環境問題，單單劃設保護區或保護特定物種是不夠的，而得從政治改革著手：「理想上，這樣的體系將會公正分配資源，將大片地球留給自然生態系。最低限度上，這些體系也會防止我們的社會摧毀自己賴以維生的生物及氣候系統。」他承認他不知道該如何建置這樣的體系，但他很確定，「解決環境問題的任何一絲希望，都需要政治體系轉型。」蘭德認為，在他所處的歐美社會中，已有「年輕世代」意識到這點，這讓他對未來仍抱有希望。

無獨有偶，當我在撰寫本篇導讀時，連續幾週，青島東路上集結了數萬人，以行動表達對一群立法委員的不滿。不滿的根源，除了涉及這群委員不當地擴張其權力外，還包括他們提出的打通中央山脈的方案。身處西方世界的蘭德，從早期中國的歷史得到啟發，對當代以新自由主義為依歸、奉「永續發展」或綠色經濟為圭臬的環境治理模式，提出批判。身處臺灣的我們，對於蘭德致力要解構與解釋的國家治理模式，並不會陌生。從蘭德的結尾，以及從各國環境運動的經驗可以證實，期待國家會自發地改革，痛定思痛地更動其生態學邏輯，是緣木求魚。唯有人民意識到國家的生態學邏輯，以及政治與生態那種「你泥中有我，我泥中有你」的關係，試著以其人之道還治其人之身，人類與其他物種方有共存乃至於相互依存的可能。

繁體中文版作者序

這是關於人類在華北如何從眾多動物的區區一種，演變為支配物種的故事。我撰寫本書的宗旨是要將環境引入西方對於早期中國（early China）的學術研究，並論證古代中國歷史與環境問題的關聯性。我起初打算撰寫一部關中地區的生態變遷史，但中國的環境考古學者往往專注於新石器時代，我所能掌握的歷史時代生態資訊也就不夠充分，因此我選擇聚焦於政治故事。在歷史學者看來，撰寫政府比較容易，因為古代中國的許多文本都出自國家官員之手，但非人類的相關證據卻很難找到。不過考古學者和地球科學家如今正在發表許多精彩的研究論著，要是我們將這些論著和文字證據結合起來，也就愈來愈有可能研究中國生態長期變遷的歷史，就像我的其他出版著作那樣。華語的文字記載包含為數龐大的環境相關資訊，我希望歷史學者能夠學習與考古學者和科學家攜手合作，一同揭示東亞生態系隨著時間而變遷的歷史。

我十分樂見我這本書能以完整的中譯本在臺灣出版，免於中華人民共和國譯者為了使本書內容符合該國官方典範，而不得不進行的微妙改動。本書看待國家試圖維持不偏不倚的立場，因為美國的反政府思想往往服務於有錢人的利益，但我如果能用中文寫作的話，可能會把終章定名為「國在山河破」。本書的主要貢獻在於說明國家根本上有意以可供課稅的農業生態系取代自然生態系，而我主張這股動力內在固有於一切政治組織，這就意味著我們的環境危機之根深柢固，超出多數人思考所及，環境問題並不始於工業化，也不會經由簡單的技術進步就得以解決。我希望本書能經由早期中國政治發展的生態學分析，向讀者提供看待今日社會生態與政治的新觀點。

卷首詩

載芟

載芟載柞，其耕澤澤。
千耦其耘，徂隰徂畛。
侯主侯伯，侯亞侯旅，侯彊侯以。
有嗿其饁，思媚其婦，有依其士。
有略其耜，俶載南畝，
播厥百穀，實函斯活。
驛驛其達，有厭其傑。
厭厭其苗，緜緜其麃。
載穫濟濟，有實其積，萬億及秭。
為酒為醴，烝畀祖妣，以洽百禮。
有飶其香，邦家之光。
有椒其馨，胡考之寧。

匪且有且，匪今斯今，振古如茲。

——《詩經・周頌・閔予小子之什》（約西元前九世紀）*

* 卷首詩是《詩經》第二九〇首〈載芟〉。傳統上認為這首詩是周王室的頌歌，但華北有數十個貴族家庭是古代周王的後裔，他們有可能在自己的宗廟裡也吟唱過這首頌歌。我將「邦家」英譯為「王朝」（dynasty），因為父系血緣是早期中國政治儀典的重心；它可以指稱任一周代邦國的統治者之家及其旁系諸侯之家。這首頌歌充斥著重複的字詞，吟唱時會押韻，但我的英譯試圖傳達意義，而非響亮的聲韻。我的英譯借資理雅各（James Legge），同時參照魏禮（Arthur Waley）和高本漢（Bernhard Karlgren）的版本。程俊英、蔣見元，《詩經注析》，頁九八〇。James Legge, *The She King or The Book of Poetry*, 600; Arthur Waley, *The Book of Songs: Translated from the Chinese*, 162; Bernhard Karlgren, *The Book of Odes*, 250; Bernhard Karlgren, *Glosses on the Book of Odes*, 163; Martin Kern, "Bronze Inscriptions, the *Shijing* and the *Shangshu*: The Evolution of the Ancestral Sacrifice during the Western Zhou"; Mark E. Lewis, *The Construction of Space in Early China*, 80.

紀年總表

關中新石器文化	
老官臺文化	約西元前六〇〇〇至五〇〇〇年
仰韶文化	約西元前五〇〇〇至三〇〇〇年
龍山文化	約西元前三〇〇〇至一八〇〇年
青銅器時代	
二里崗文化	約西元前一五五〇至一三〇〇年
商代	約西元前一二五〇至一〇四六年
周代	西元前一〇四六年至二五六年
西周	西元前一〇四六年至七七一年
東周	西元前七七一年至二五六年

帝國／國家	
秦	西元前二二一至二〇七年
漢	西元前二〇二至西元一八九年
唐	西元六一八至九〇七年
宋	西元九六〇至一二七九年
元	西元一二三四至一三六八年
明	西元一三六八至一六四四年
清	西元一六四四至一九一一年
中華人民共和國	西元一九四九年至今

周代年表

所有日期都是西元前（BCE）。被秦國征服的王國和他們被征服的時間，以※標記。

西周	西元前一〇四六至七七一年
東周	西元前七七一至二五六年
春秋	西元前七七一至四八一年
戰國	西元前四八一至二二一年
區域王國	
周	西元前一〇四六至二五六年※
晉	約西元前一〇四〇至四〇三年
韓	西元前四〇三至二三〇年※
魏	西元前四〇三至二二五年※

趙	西元前四〇三至二二二年※
魯	約西元前一〇四〇至二四九年
齊	約西元前一〇四〇至二二一年※
燕	約西元前一〇四〇至二二二年※
楚	約西元前一〇〇〇至二二三年※
秦	約西元前九〇〇至二〇七年
鄭	約西元前八〇六至三七五年
蜀	？至西元前三一六年※

緒論

我在加拿大育空地區（Yukon Territory）克朗代克河（Klondike River）河畔一頂小小的綠色帳篷裡，度過了二十一歲的夏天。長達一世紀的淘金撕裂了那裡的河谷，但育空地區仍是一處人跡罕至之地，面積大於加州，人口三萬，駝鹿比人口多了一倍。那年夏天使我領會了這樣的地景：人類在其中只是諸多動物之一，而非主導動物。隨著北半球的夏天步入尾聲，我在八月飛往香港，我至今仍能記起自己對於當地人群的驚愕——九龍地區每平方公里就有三萬人。這令我著迷，即使我如今仍愛著這個城市，卻又不禁視之為一片殘毀之地。隨著那一年我周遊中國各地，意識到人類已經把大半個次大陸上的自然生態系一掃而空，這種印象唯有加強而已。就連松鼠都從地景中被清除了，只能在山裡存活。

那年我在香港大學攻讀早期中國哲學，以下這段出自《孟子》的話打動了我：「牛山之木嘗美矣。以其郊於大國也，斧斤伐之，可以為美乎？是其日夜之所息，雨露之所潤，非無萌櫱之生焉，牛羊又從而牧之，是以若彼濯濯也。人見其濯濯也，以為未嘗有材焉，此豈山之性也哉？」孟子的這段話是對人性的寓言，也深刻反思了我們認知自身環境的方式。但我那時並沒有想得這麼深，只是詫異地發現，人們已經在這麼長時間裡轉化了中國的環境，因為我曾經以為環境問題是近代現象。我開始想知道中國的自然生態系在人類逐漸支配這片地景以前是什麼模樣，我到圖書館查閱，然後逐漸明白我想找的書沒人寫過。[1]

本書正是我探究這些問題的成果，但它與我當時尋找的答案大不相同。那時的我認為「環境」由人類社會除外的一切構成，那些省事地減少人口，好讓觀光客得以看見自然本身的國家公園正是箇中範例。我和許多北美人一樣，把人類歷史想像成新天地壓服自然，將自然轉換為城鎮和農地的某種過程，是從自然到文化的簡單轉型。直到我返回加拿大，發現了環境史這個領域，才明白這種對荒野的聚焦把我們誤導得多遠。我決心運用環境史方法研究古代中國，但當我通讀古典文本（先讀英譯本，直到我的中文進步為止），我卻找不出幾條明白談論環境變遷的其他引文。所幸，考古學和古生態學領域都產生許多相關資料，過去數十年來中國的建設熱潮，乃是考古學者的一大機遇，他們發掘出源源不絕的新發現，從種籽與骨頭到道路與城市，不一而足。或許最令人驚奇的是，大量寫在竹片和木片上的文獻也被發現了，其中多數是秦、漢這兩個中國早期帝國的法律條文與日常行政「文書」。這些文獻包含的環境問題資訊如此之多，使我逐漸明白，國家本身就是環境變遷的施為者。[2]

本書將政治制度比較研究與環境史方法結合起來，考察早期中國國家形成過程的生態學。它追溯在中華文明心臟地帶——黃河流域中游展開的這一過程，從農業起源直到中國第一個帝國敗亡。它聚焦於陝西省的關中盆地，該地區由於西安城以及拱衛中國第一位皇帝陵墓的兵馬俑，而馳名於中國境外（參看地圖一）。關中區域在東亞則以中國最偉大帝國——周、秦、漢、唐等朝代的首都所在地而聞名，其歷史重要性因此近似於西方史上的羅馬（Roman）。關中盆地在中國主要農業區

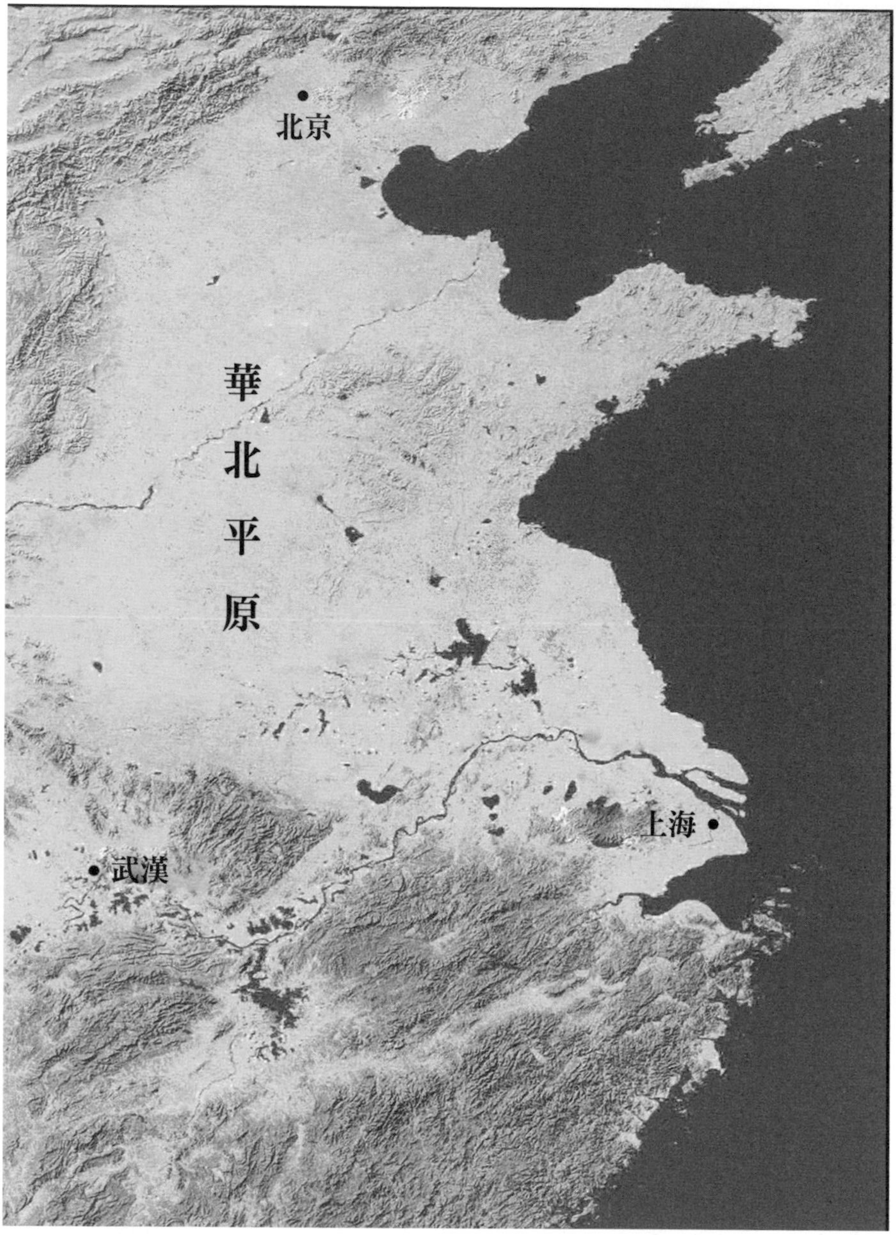

北京

華北平原

上海

武漢

*長方形標記處為本書研究區域。

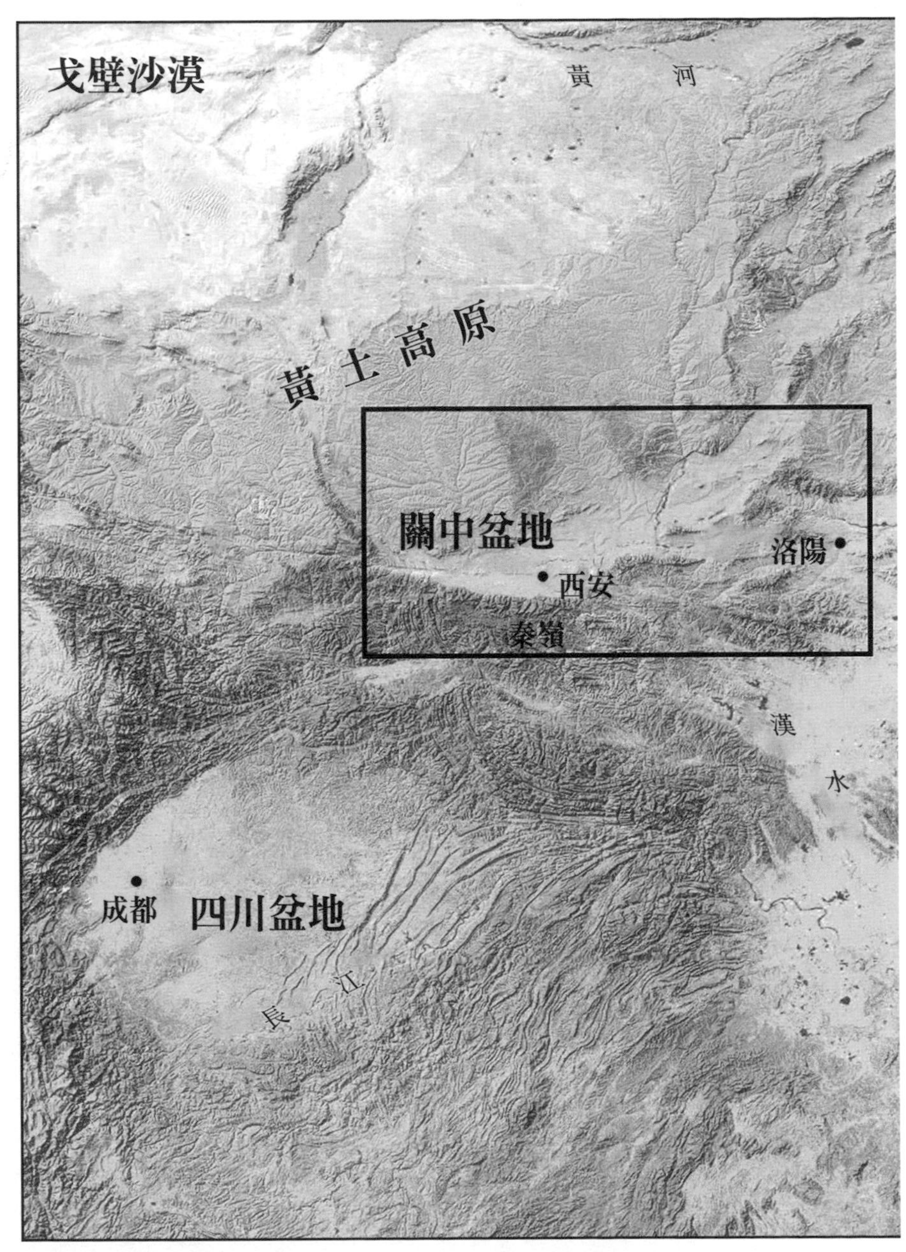

地圖一　黃河與長江流域。

圖／中國地形圖（細部），維基共享資源。出處：美國國家公園管理局（US National Park Service）湯姆．派特森（Tom Patterson）。已附加標記和分界線。

之中位居最西北，這片適宜耕作的廣闊平原，因其絕佳的天然屏障而成為征伐敵人的良好基地，這就說明了該地何以一再成為帝國首都。黃河流域是研究早期國家的理想焦點，因為它是地球上極少數農業與國家並進的地點之一。正如本書所示，建立政治組織需要重組自然與社會，好讓它們能夠向國家提供資源與勞力。反過來說，這些體系一經確立，就成了環境變遷的強大力量。人類在東亞各地成為優勢物種的理由之一，即在於他們的政治體系如此成功地擴展並維繫農業。[3]

多數語言中的「中國」（China）一詞源自「秦」，這個名稱是恰如其分的，因為秦所建立的帝國體系，對於締造我們如今稱做中國的這一實體居功厥偉。秦複雜的官僚機構，當然是悠久歷史的結晶。日後成為中國的政治實體之起源，可追溯到約莫四千年前黃河流域中游的城邑，一脈相承的商、周、秦、漢國家正是由此興起。如今位於中國境內的其他地點，也有著同等成熟的新石器社會，但把這些社會稱為「中國」卻是時空錯置，因為它們在中國政治與文化傳統的最初形成過程中幾無作用，這些區域日後遭受征服、殖民，才成了「中國」。中國文化的形成始終是征服者與被征服者的雜糅過程，但帝國中心到頭來往往居於上風。這些帝國都有著擴充農業的根本誘因，在東亞地景的馴化過程中發揮了關鍵作用。[4]

本書探討政治權力的生態學，時間從約莫一萬年前農業起源，到西元前二〇七年秦帝國滅亡；我會把政治體系的生態學留待下一章。在此我們會想像一般人在四個不同時期的生活，藉以說明這段時間內發生的變化。我們會看到農業體系如何與時俱進，終至產能足以創造出大量可靠的盈餘。政治制度逐漸興起，運用這些盈餘，餵養投入基礎設施興建或戰鬥等非農業勞動的人口。久而久之，這些制度隨之擴張，掌控更多土地與人民。到了本書結尾的西元前三世紀，國家已經壯大到足以調動千百萬人的資源。國家運用這些資源，以人類若繼續生活在小型分散群體就絕不可能達成的方式，將生態系改頭換面。

我們的第一站是西元前四五〇〇年前後，位於西安附近的姜寨村，考古學者稱那個時期為仰韶時代。這個村莊座落在小片灌木叢和林地散布的一處稀樹草原上，秦嶺山脈聳立於南面，該村居民數百人，他們居住的草泥土（wattle and daub）房屋，環繞著中央廣場排成圓形。被馴養的動物只有狗和豬，牠們無拘無束四處晃蕩。人類聚落稀疏，野外則是老虎、野生水牛等危險動物的家園，或許這正是村莊由一道深壕溝圍繞的原因之一。人們每年焚燒聚落周圍的小片土地種植小米，產生出縱橫交錯的植被，引來了鹿，讓牠們更容易被獵捕。居民也獵捕其他野生動物，藉以取得肉類和製作衣物的毛皮；他們也把麻和其他植物纖維編織成布。他們捕捉許多魚、烏龜及其他水生動物，並採集種類繁多的野生植物資源，作為食物、藥物及材料。他們往往在夏秋兩季利用一切野生果實和堅果樹，拋棄在村莊周圍的種籽往往長成樹木，該地區日後的居民，會欣羨於這些人飲食中的食物之多樣。[5]

華北農業體系的長期發展，則是第二章的主題。人們在數千年間學會了培植愈來愈多種類的動植物，每一種新近馴化的物種都提升了改造環境的能力，人們也繼續發展更好的品種和新技術。農耕也讓人口得以增長，莊稼地、葡萄園和放牧場因此日漸取代了自然生態系，多種科學的進展使我們愈來愈清楚了解人們的飲食，以及他們改造環境的方式。土壤研究協助我們理解變動的氣候，化石孢粉（fossil pollen）讓我們了解區域的植被；燒過的種籽及其他大型化石，則揭示了人們正在栽種的作物種類和生長於其中的雜草；動物骨骸向我們透露人們飼養或獵捕的動物種類；人骨中的穩定同位素（stable isotopes）讓我們了解人們的飲食，骨骸狀態則透露了他們的健康情況，古代DNA分析使我們得以追溯人口與馴化物種的系譜。我們從這一切來源得知，姜寨及其他仰韶時代遺址的人們，向眾多不同物種採集食物和材料，這些物種既有野生的、也有培育的。他們的健康程度因而高於許多後繼者，即使周遭生態系的草莽程度，也讓他們更有可能踩到蝮蛇或遭遇大熊。

且讓我們向未來快轉兩千五百年，來到西元前二〇〇〇年的龍山文化末期。許多事物看似與早先時期相同，多數人還是生活在小村莊裡，狗和豬仍然到處奔跑，人們也仍然身穿獸皮和麻織物，但變遷已經不小，農業體系進步了，人們培育出更多樣也更多產的粟種。人們仍然獵鹿，但野生動物的數量比先前更少；人們過去只吃野生果實，如今則栽種杏和桃。馴化的牛和羊從中亞傳入，牠們可以靠著先前對人類無甚用處的乾草地維生，但人們需要帶領牧群遠離家園。仰韶時期的家族難得比鄰居積累更多財富，但此時卻有某些家族比其他人家更富有，擁有牲口和玉之類的財寶。人們的飲食種類往往少於先人，窮人有時過度仰賴小米而導致健康受損，在往後四千年間，營養不良仍會持續困擾著貧窮的農民。數千人居住的城邑出現了，陶寺是較大的城邑之一，城中富有的菁英居住在圍牆保護的大片院落中，擁有許多奢侈品。住在城邑周圍的普通農民則必須為領袖耕田，並與其他城邑聚落交戰。

儘管仰韶時期的人們生活在相對平等的群體中，數千年後的人們卻得向國家納稅和服勞役。向腹地徵收資源的制度，如何在這些城邑形成？某些家族如何成為世襲菁英，讓眾多其他家族向他們供應財物或勞力？我們不知道詳情，但事情確實這樣發生。第三章將要探討國家如何在東亞形成，又如何逐漸增進從更大領土、更多人民榨取盈餘資源的能力。這個過程始於龍山時期，那時城邑首度形成，階級分化的明確跡象顯現。位於今日鄭州的二里崗城，是東亞歷史上第一個無可爭議的國家，它興盛於西元前一五〇〇至一三〇〇年間，其勢力伸展於一片廣闊範圍。繼之而起的是定都安陽的商朝，安陽如今作為第一處發現書寫文字、馬匹和雙輪戰車的遺址而聞名。西元前一〇四六年，周王率領的大軍征服了大半個黃河流域，在整個區域建立起階序式的邦國聯盟。由於周定都於西方的今日西安一帶，第一個周王朝被稱為西周。西元前七七一年，周王室瓦解，遷往東方的洛陽另建新都，此後稱做東周時期，這是周代各邦國彼此衝突和內部傾軋的時期。

且讓我們看看龍山時期過後一千五百年的生活。西元前五〇〇年，秦國接管了關中的西周都城區域，同時孔子（前五五一—前四七九）沒沒無聞地在山東講學。農業在這一千五百年來又進步了，牛和羊比起龍山時期更常見，雞從南方傳入，這時與狗和豬一起在村莊周圍奔跑；人們園圃裡栽種的蔬菜種類更多，並在聚落裡培植多種水果和堅果。人類開始用牛犁田，或許也正在此時。

社會分化為統治者和被統治者。統治者擁有馬匹和銳利的金屬製兵器，因此對平民取得的優勢，會讓龍山時期的菁英妒忌。馬匹需要放牧場、飼養者和保養戰車的人，成為菁英一員因此變得更加昂貴，擁有財富和權力的人就此和無錢無權的人區分開來。此時的國家頗為分權，由不同貴族宗族或氏族組成，每個宗族或氏族都完全掌控自己的土地與財產。平民有自己的土地，但也必須為領主耕田或從事其他勞務，例如建造並維護基礎設施。男性也必須在軍事行動中為領主從軍，軍事行動固定在收成時節過後的冬季展開。要是沒有戰爭的話，他們就會從事大規模狩獵，盡可能捕捉並殺死最多野獸。除了大規模狩獵之外，平民也獵捕較小的毛皮動物，藉以獲取毛皮製作冬衣，一如數千年來的先人們。

第四章追溯秦國從無足輕重的小國竄升為霸權的六百年歷史。秦的歷史正是東周時期列國競爭的歷史，數百年來，戰爭打得更久也更昂貴，迫使各國政府找出財政收入的新來源。各國的分權結構使得國力相對弱小，於是這些國家想方設法，向勢力匹敵於國家的貴族宗族徵用稅收和傜役。如此一來，這些國家的規模和人口都增長了，不得不發展出官僚機構管理領土和臣民。秦最初是為周王室飼養馬匹的小邦，但在周王逃離肥沃的關中盆地之後，秦進入關中，從此逐漸壯大。西元前四世紀由雄心勃勃的國君和名臣商鞅（前三九〇—前三三八）展開，旨在強化國力的改革，使得秦開始成為強國。他們建立一套爵制，讓平民得以藉由軍功受封爵位；爵位愈高，獲贈的土地與特權就愈多。社會與農業地景的這一激烈重組，讓秦國成為東亞的超級強權，在西元前二二一年征服最後的敵手，創建秦朝。

現在讓我們想像一下，西元前二一〇年，秦朝鼎盛時期的關中生活。距離孔子的時代才過了三百年，世界卻已經脫胎換骨。關中人民如今居住在龐大帝國的都城區域，國家是他們生活中的一項主要因素。我們在仰韶時期所見的草地植被拼貼，此時多半被農地取代，就連關中東北部的鹽鹼地，也在秦國修建一套龐大的河渠系統加以排水和灌溉後得到拓殖。野生生態系從華北的低地消失，儘管山中仍有大量野生動植物。即使在更加荒蕪人煙的山地和濕地，採集和狩獵以供應都市市場的人也愈來愈多。小米仍是重要的穀物，但人們也栽種大豆、小麥、稻米，以及種類繁多的水果、堅果和蔬菜。鐵器愈來愈廣泛通用，但農具多半仍由木、石製成。多數農民飼養豬和雞，但牛需要牧場，因此對許多農民來說太過昂貴。山羊和驢愈來愈常見，來自西北方遙遠沙漠的人們，有時會牽著駱駝抵達首都。男性必須從軍入伍，他們被派往遠方，或許一去不返也並非罕見之事，但有些人卻熱衷於當兵，因為戰功彪炳之人可以指望得到重賞，包括更大的農場在內。年輕男子一旦成年，國家便鼓勵他們結婚自組家庭，此舉消滅了數百年前仍然常見的多數大型氏族。

秦朝在始皇帝統治的西元前二四六至二一〇年間達到鼎盛，而後迅速敗亡。第五章分析此時秦國政治體系的生態學，其權力基礎來自農家以穀物繳納的稅賦，這些穀糧被貯存在帝國全境的糧倉，用以餵養在帝國的諸多工程中勞作的人員和牛馬。秦朝不只要求多數男性服徭役和兵役，也大規模榨取受刑人的勞力，這些勞力大多用於道路、水利系統等基礎設施，有時也能嘉惠地方人民；另也從事重大工程，例如最初的長城，以及如今因兵馬俑而聞名的秦始皇陵。秦朝大軍征服了次大陸的廣袤領土，帝國延伸的範圍遼闊，從首都前往最遙遠的征服地需要數月時間。官員運用一套官僚機構控制整個政治體系，他們將充分的資訊上呈首都，讓中央官員得以決定資源和勞力的用途，藉以管理地方社會。官員因此獲得了形塑次大陸生態系的大權，他們開發森林，同時也頒布法令保育森林。一如商鞅時代以來的做法，秦朝官員以農業為政治體系重心：國家戶籍上的農民愈多，他們能徵收的穀物稅、能動員當兵的男性也就愈多。秦朝的榨取令它不得民心，終於被民眾蜂起推翻。

漢朝承襲秦的官僚制政府和重農走向，維持四個世紀，規模與同時代的羅馬帝國大致相當。[6]漢朝首先在東亞大多數肥沃的河谷地帶實現了持久和平，從朝鮮半島直到越南。一如羅馬帝國，漢朝也樹立了一套政治楷模，令後世統治者力圖效法。但歐洲統治者始終不曾成功再造羅馬帝國，反觀中國的中央集權官僚帝國卻一再重建，最晚近的版本就是中華人民共和國。就連征服中國的北方游牧人群，也很快就得知他們的新臣民已經擁有一套成效卓著的體系，能向勞動大眾榨取盈餘資源，並且泰半予以沿用。不論掌權者是誰，中華國家的權力都奠基於農耕，因此中國的歷代國家根本上都有擴展耕種、增長人口的動機。這些國家的權力以近代標準衡量都是有限的，但他們每次都能在廣大範圍內維持數百年的和平，使得人口增長更容易，幾乎把次大陸的所有低地生態系全都轉變為農地。

本書是第一部英語寫作的早期中國環境史專著，但它立基於歷史悠久的學術研究。一九二〇年代，魏復古（Karl Wittfogel, 1896-1988）結合馬克思（Karl Marx, 1818-1883）和韋伯（Max Weber, 1867-1920）的概念，開展出影響深遠的理論，探討政治權力的環境面向。我首先在李約瑟（Joseph Needham, 1900-1995）出色的中國治水史著作裡讀到這些概念；伊懋可（Mark Elvin, 1938-2023）的先驅著作《大象的退卻》（*The Retreat of Elephants*）主張，戰爭是早期中國環境變遷的重要驅動力，這個概念在本書中也以大篇幅闡述。儘管有著這些影響，當我開始這項寫作計畫時，我其實沒怎麼想到國家和戰爭。我起先受到美國的環境史領域和中國的歷史地理學者啟發，尤其是史念海（一九一二—二〇〇一）撰寫的黃土高原土地利用與土壤侵蝕歷史。但當我著手研究早期中國環境史，我卻幾乎找不到與早期環境相關的文字史料，倒是找到大量關於政治組織的文字史料，正是這些史料提醒我深思早期中國的政治權力本質。詹姆士．斯科特（James Scott）探討國家權力邏輯的著作，對於琢磨這些問題很有幫助。斯科特的著作，以及唐納．沃思特（Donald Worster）對本書其中一部初稿的批評，使我認識到美國人對政府由來已久的不信任有其局限，並承認國家在人類生活中創造穩定與繁榮的多種方式。即使難得論及政治體系的生態學，古代地中海環境史的學術論著仍發揮了楷模與啟發作用。[7]

本書綜合了中國考古學者發掘並出版的諸多資料。考古學者出土了總量龐大的材料，隨著政府注資於包含環境考古學、古生態學在內的科學，這類資料的品質在過去二十年來大幅增進，我因此得以撰寫一本數十年前不可能寫得出來的著作。但新石器時期的考古研究，又比歷史時期的研究更加創新許多，中國史前與歷史考古學者的研究優先考量不同，也形塑了本書的組織架構。研究文字尚未出現之時期（大約早於西元前一三〇〇年）的中國考古學者，始終細心留意生計與環境，近年來也採用科學方法，開始在國際期刊上發表成果。反之，研究歷史時期的考古學者往往以歷史文本為其研究基礎，多數歷史文本由於出自有錢有勢者之手（或至少以他們為對象），而帶有強烈的菁英偏見。歷史考古學大幅增進了我們對中國早期歷史的理解，尤其是證明了早期文本包含了大量準確資訊。但這些考古學者對城市和墓葬的關注，卻無法為大多數人口所在的鄉村農民生活提供多少洞見。我們對新石器時代姜寨村的認知，多過周代八百年間的任何一個村莊。正因如此，第二章的新石器農業討論才會這麼詳細，而聚焦於周代的後續各章則多半與政治和行政相關。所幸，出土的行政文書確實為我們帶來豐富的日常瑣事細節。[8]

鑑於本書所關注的時期，正是東亞智識傳統的經典文本成書之時，我應當說明思想概念在本書故事中的作用何以如此之小。多數研究周代的英語學術論著都聚焦於文本和概念，本書的唯物主義焦點則多少有意對峙這種對於男性菁英思想和著述的過分強調。但更重要的是，我並不認為人們對自然的抽象想法，曾經讓社會真正對待環境的方式產生多大差別。早期中國的思想家全都相信農業和人口的擴張是好事一樁，要求更加永續利用自然資源的呼聲，並非認可自然的固有價值，反倒純粹是對於如何經營生態系最能有益於人類的理性分析。對早期中國思想的生態意涵有興趣的學者，往往受到莊子這樣的原始道家吸引，但我確信，想法為真實世界帶來最大差別的思想家，其實是商鞅這樣的政治理論家。[9]

我在撰寫本書時清楚意識到，某些人或許會認為本書又是一部把世界環境問題歸咎於中國的作品。但正如第一章所表明，前近代中國的政治體系與其他地方並沒有根本差異，它們相對有效且持久，但以近代標準衡量還是頗為弱小。不僅如此，我對中國歷代帝國的生態學習得愈多，事情就愈是清楚明白：我的中產階級加拿大人生活，是由於英美帝國強制轉化世界生態系而實現的。我能夠享有旅行和學習世界知識的餘裕，乃是因為歐洲人征服了大半個世界、驅逐當地人民，把土地提供給我的家族這樣的定居者，並且重組經濟向我們傾注資源所致。歐洲帝國建立了一套牟利效能卓著的工業資本主義全球體系，受其殖民的人民別無選擇，要想逃脫從屬地位，就只能養成歐洲人的揮霍方式。西方人往往批判中華人民共和國的資源密集型成長模式，彷彿我們自己不曾發明這種模式，並將中國置於別無選擇只能採用的處境那樣。正如本書所示，武裝國家之間的爭鬥，數千年來一直都是環境毀壞的關鍵驅動力。[10]

我懷疑二十一歲的那個我，會不會覺得這本書十分「環境」，它太關注人類社會了。但隨後的二十年教導了我，環境的故事正是我們社會本身的故事。既然經濟生產力是政治權力的基礎所在，國家根本上就有著促進經濟成長的動力，這就意味著使用更多資源。即使化石燃料提供我們更多可供運行的能量，植物仍是我們飲食與資源的主要來源，栽種植物則需要土地。我們若要減輕人類社會對地球生物圈的破壞，就必須設計出能讓長期永續優先於經濟成長的政治體系。這就意味著我們需要更深入理解政治制度的實情，此即下一章的主題所在。

第一章

政治權力的本質

凡有地牧民者，務在四時，守在倉廩。國多財則遠者來，地辟舉則民留處。

——《管子．牧民》（西元前四世紀）*

過去數千年來，在地球漫長生命史的瞬息之間，人類逐漸支配了地球表面。我們和我們豢養的家畜，如今占了地球上哺乳動物總重的百分之九十五以上，且正在造成地球歷史上其中一次最大規模的集群絕滅事件（mass extinction event）。何以致此？簡單的回答是：我們正為生活所需而愈發利用著地球，留給其他物種的所剩無幾。[1]

---

* 卷首引文是《管子．牧民》的開頭，這是戰國時期最有名的文章之一，也是整部《管子》選集的首篇。如同早期中國的多數文章，〈牧民〉作者不詳。「牧」字同時意指養育和訓練家畜，但我將它英譯為「驅趕」而非「照顧」，因為「牧」的字形描繪的是手持棍棒打牛。「務在四時」意指統治者應當在農閒時節才讓臣民服徭役或兵役，以免收穫減少損及稅收。黎翔鳳點校，《管子校注上》卷一，〈牧民第一〉，頁二。W. Allyn Rickett, *Guanzi: Political, Economic and Philosophical Essays from Early China: A Study and Translation, vol. 1*, 52.

若要理解人類何以（迄今為止）如此成功，我們就不能只回顧數十年或數百年，而是要回溯數千年，直到農耕起源之時。馴化的動植物讓我們得以為自己而建立生態系，使我們的物種遍布全球。藉由將某一地區的多數物種，替換成供應人類物種所需的一些物種，人口的增長得以遠遠超出採集之所能。農耕也讓人們能夠生產盈餘的食物和資源，而得以餵養並不從事食物生產的人。久而久之，政治制度在農耕大眾的盈餘食物和勞力挹注下形成，隨著這些組織規模擴大、效能提升，其領導者也漸漸有能力調動人口資源，對生態系的轉化遠比我們仍在分權小團體中所能為者更加深刻。政治組織發揮了核心作用，將全世界地景改造為人類生態系，也創造出我們如今身處其中的環境危機；他們對於我們解決這些問題的嘗試，想必也同樣至關重要。

華特・班雅明（Walter Benjamin, 1892-1940）寫道，人類文化財富的「存在不僅歸功於那些偉大的心靈和他們的天才，也歸功於他們同時代人的無名的勞作。一座文明的豐碑，同時也是一份野蠻暴力的實錄。」我和班雅明一樣，用「文明」一詞指稱這樣的社會。菁英利用人口的勞動積累財富，並使用財富資助藝術與科學發展，從而讓社會成員能將如此發展深信為自身優越於他人的證據。史書往往把雕塑、主教座堂等藝術傑作，描述為其所屬時代的象徵，但社會能夠支持專業藝術家的不二法門，唯有調動奴隸、雇傭勞動者和納稅的農民勞作所產生的資源，且過程往往頗為殘暴。我們在人類世必須更進一步延伸這個論點，承認人類文明的一切成就，迄今全都奠基於摧毀自然生態系，並代之以農地、牧場等人為生態系。唯有將一度廣袤的森林、草地和濕地全都轉化為農場，人類社會才能產出夠多盈餘，來支持那些以藝術、學問、治理和戰爭為專長的人們。[2]

每人平均每天需要一千至三千卡路里的食物維生，此外也要衣服、遮蔽處，以及供暖和煮食所需的燃料。因此，地球表面的相當面積必須用於生產資源以支持人類個體，這些土地若不如此使用，就能為其他物種所用。正因如此，人口在前工業社會中是環境影響的良好代理者，不像如今富人的消耗量往往是窮人的數十倍有餘。兩千年前的華北低地有四千多萬人生活，要是我們把這個數字乘以當時官方授田的大小，這就意味著約有三十六萬平方公里的土地為人類所用（大小約莫與德國相當），而低地的大多數自然生態系已被農地取代。[3]

採集和漁獵為生的人們，只能消耗某一地區生物生產力（biological productivity）很小的百分比。馴化動植物讓人們得以清除對己無用的植物，建立起目的全在於為人類生產的生態系，由此大大提升了某一地區所能供給的人數，使得人口大幅增長。這一過程在華北始於新石器早期小米和豬的馴化，繼之以隨後數千年間數十種不同植物的原生馴化（indigenous domestication）。自西元前三千紀開始，馴化的牛、羊、山羊和馬從中亞傳入，草地及其他邊緣環境開闢供人類利用。久而久之，農墾聚落也自成生態系，不僅是人類及其馴化動植物的住家，也是雜草、老鼠、蝙蝠、麻雀及大量昆蟲的家。人類和家畜的稠密人口，也為許多疾病提供了理想的條件，疾病為個人生活帶來不適，卻又矛盾地為農業人口帶來顯著的生物優勢，使他們勝過體內缺乏抗體的採集者。隨著農業社會發展出政治組織，得以組織大量人員達成特定目標，他們相較於非農業人群的優勢就更進一步。[4]

我們人類是不同凡響的動物，有能力創造出多種多樣的不同文化及社會經濟結構。儘管如此，我們也和其他動物一樣進食、呼吸和繁殖，我們的社會也能以生態學者研究其他物種的相同方式加以理解。但人類社會自有其邏輯，因此我們必須結合社會科學和自然科學才能理解自己，這也正是我打算研究早期中國政治組織的方式。倘若生態學是「有機體分布與豐富度的交互作用之研究」，那麼政治生態學也可定義為「國家形式與組織對有機體分布與豐富度的影響方式之研究」。一般說來，國家鼓勵人民將無法創造出應稅盈餘（taxable surplus）的生態系，替換成能夠創造這種盈餘的有機體，尤以穀類及其他馴化動植物為佳。[5]

在化石燃料使用大幅增加可供我們使用的能源之前，人類社會的能量幾乎全都來自植物光合作用。政治領袖本人沒有能力照料作物或放牧家畜，他們只能利用農民和牧民代勞，這就意味著政治權力關乎控制人民。只有幾種方法能讓領袖獲取更多權力：他們可以找來更多人民和土地，從中獲取勞力與資源；他們可以增進農業生產力，以提升每一個農民所能產出的應稅盈餘額度。他們也可以找出從經濟中獲取盈餘的更好方法，例如鑄造錢幣，使不同種類的財富更易於彼此兌換，從而讓國家能對更多種類的經濟活動分一杯羹。農業國家因此有著強烈誘因，要占領並移民於新領土、鼓勵農業集約化，並促進經濟與人口增長，這正是農業國家的生態學邏輯。早期中國的政治思想家商鞅也清楚理解，他如此寫道：「故有地狹而民眾者，民勝其地；地廣而民少者，地勝其民。民勝其地者，務開；地勝其民者，事徠。」[6]（《商君書．算地》）

分層社會的演進使得少數人依靠多數人的勞動維生，這與動植物的馴化有些可比之處。正如人類完全馴化動植物用了數千年時間，國家等複雜社會結構的演進也是歷時數千年的過程，人類在這段期間習慣了被統治、付出自己的盈餘生產和勞力，以支持一小群統治者的利益。放牧動物和統治人民的相似性，舊世界各地的人們看得明白。本章卷首引用了〈牧民〉一文的開頭，這篇文章是早期中國最著名的政治理論著作之一。而在歐亞大陸彼端，人們寫下的詩篇包含「主是我的牧者」這類詞句，既頌揚天主，同時有助於將俗世領主的權力正當化。放牧這個隱喻接受了政治權力必然要對眾多人民行使權威，並負責保障他們的安全，但這個隱喻卻難得承認，牧羊人和羊群的關係以殺戮為結局。[7]

正如牧羊人的隱喻所表明，自有政治權力以來，人們一直都在尋求描述政治權力的方式。我會把國家定義為這樣一個組織，它從社會獲取充分資源，得以支持其行政人員、宣揚意識型態鼓動人們接受其權威，並資助武裝集團使用暴力捍衛或擴張其領土，對從屬人口維持控制。這種定義在有幸生活於現代福利國家的我們看來或許顯得悲觀，但許多前近代國家卻是寄生的或掠奪成性的，臣民納稅幾乎得不到回報。帝國本質上只是個很大的國家，但規模增長卻需要不同的統治策略。領土愈大，統治者要控制他們無法親自巡視的區域、統治語言和文化相異的人民，需要處理的事務就愈多。不論規模大小，所有稱職的統治者全都與財政收入相關，因此也就與疆域內的經濟生產力相關。他們掌握的權力愈大，能夠調動的人類勞力就愈多，得以增進經濟生產力、重塑水系、征服並拓殖領土，以及擴展農業。[8]

這段描述偏重於體制最高領導者的視角，但從勞動人民的視角思考政治組織也很重要。平民始終都知道向他們收租徵稅的是誰，也一直都有些集體力量要求回報。國家最重要的功能之一，始終是減輕風險和災禍。農業社會受苦於旱災、水災、地震和暴風，也被多種蟲害侵襲，應對這些問題正是政治領袖將其財富與權力正當化的一種方法。要是他們成功動用工人，興建有助於人民的基礎設施（例如保衛人民不受外力侵略的城牆，以及抵抗洪水的堤壩），人民可能會看重他們的領導。由於賦稅往往以穀物形式徵收，領袖得以在歉收時節大張旗鼓地重新分配穀糧，由此鞏固其正當性，確保臣民存活下來繳納更多的稅。領袖也會在動員人民應對水災或人力攻擊等短期威脅時，表現出有人指揮統御的價值所在，由此附帶表明了政治組織的軍國主義始終都與他們的其他能力分不開。國家也調動人民的勞力，興建引水道、道路、橋梁等大規模基礎建設，分權的群體不可能做到這種程度。國家之所以受到感激，不僅因為他們有能力改變環境使人類受益，也因為他們有能力防止不受歡迎的改變。隨著農業人口增長，將更多土地用於栽種某些關鍵作物，社會也往往更趨複雜，其程度一如社會將賴以維生的生態系簡化。政治結構在維繫這些體系的韌性上，發揮了不可或缺的作用。[9]

即使我主張國家在環境史上發揮了重要作用，我也應當強調，國家只是征服了地球的人類社會結構其中一部分。多數前近代國家在地方層級的影響力都很微弱，他們與平民的互動主要發生在徵稅或組織勞工服徭役之時，就連這些工作也往往藉由地方菁英或稅吏之手完成。前近代中國環境變遷的主要施為者一如他處，也是力圖改善處境的普通人，從墾殖新天地的貧農，到為濕地排水的富家大族。帝國可以在廣大地區各處任命官員建立人脈，但力量通常都太弱，既不足以防止官員中飽私囊，也無力支援官員對抗地方有力人士的利益。中國人往往自行拓殖土地而不借助國家任何援手，甚至違法拓殖。儘管在本書涉及的時期缺乏文獻記載，但貿易也是轉變環境的重要因素之一，它把動植物轉化為商品，並增進總體生產力和消費。[10]

國家並不是推動環境變遷的主要驅動力，把它們說成千百年來在廣大區域中有氣無力地激勵農業的機制，或許更為貼切。光是維持住根本的基礎設施，並且每次以數百年為單位，讓次大陸大致維持平安無事，國家便有助於擴展農地、增加人口，並將自然商品化。它們只是斷斷續續地擁有主動拓殖新地區或新建基礎設施的能力，但這些舉動往往有著長久持續的效果。中國的國家或許比其他地方的國家更依賴農業，或至少更缺乏誘因保護野生生態系。南亞的統治者有著保護天然森林的誘因，他們需要森林來供應不可或缺的戰象，但中國統治者則有充分理由鼓勵以農業、造林和水產養殖取代天然森林。這些政治結構的持久存續，正是東亞低地的野生動物相幾乎消失無蹤的理由之一。[11]

統治者與被統治者

六千年前，黃河流域的人民生活在相對平等的社群中。數千年後，他們認為自己理所當然必須向皇帝派來的官員繳稅，即使他們很不喜歡這麼做。社會是如何分化成了統治者與被統治者？尤其大多數人口又是怎麼逐漸接受了一小群人的支配？不巧，發生這個過程的任何地方，都沒有留下足夠的文獻。

我們可以藉由尋找某些人說服其他人為己效勞或提供資源的考古證據，來追尋政治權力的起源。當我們看到聚落中的某些墓葬和住屋，變得比其他墓葬和住屋更大且更富裕，我們就知道某些群體找到了方法，從社群的其他人獲取盈餘。當人們開始興建宮殿和堡壘，我們就有正當理由認為，某些人獲得了命令其他人勞動的能力。當某些城鎮擴張得遠比其他城鎮更大，我們就可以猜測它們正從其腹地徵收資源。當然，以上任一過程也有可能反轉，或許有某個能幹又進取的統治者成功掌控了周邊各聚落，卻被人民反抗推翻，又或是疆域在無能的子嗣繼承之後分崩離析。早期的政體絕不穩定。[12]

新石器晚期中國社會經濟愈益分層化的考古證據，表明了人們必定已經開始向統治者提供勞力或物品，此時最大的聚落人口不過數千，僅只靠著一群人拉幫結派，就逼迫其他的人向他們納稅的可能性極低。最早的這類關係反倒大概是自願且由協商達成的，最有可能的局面會是地方組織為了執行多數人認為值得的任務而組成，例如排解糾紛、組織灌溉、戰鬥或祈雨，社群可能同意將物品或勞力提供給某些成員，同時交由他們從事這類服務。一旦有村莊級的機制存在，得以調動人口的盈餘勞力或食物，他們就為野心勃勃的人們帶來了積累財富與權力的完美載體。一旦多數社群都成立這種機制，過不了多久，其中某個群體就會試圖並用強制力和獎賞來宰制鄰近群體，從而導致區域性政治實體組成。我們可以確定，早期中國文本中對於政治效忠和結盟如此重要的獻祭和宴饗儀式，早在文字發明以前很久即已用於這些目的。[13]

政治體系長期建構記載最為充分的歷史之一，來自古代美索不達米亞（Mesopotamia），由此也提供了榨取手段變化的一段有趣歷史。神殿和穀物儲藏設施兩者都存在於相對平等的新石器城鎮，據信為共有財產，與包含農業在內的社群資源管理相關。掌控這些設施的人們，由於握有社群中某些最大的穀物及其他資源儲備，就獲得了很大的權力與權威。即使這一過程的細節不明，但在西元前三千紀晚期，該區域的多數人民都已從屬於掌管機構的大家族之下，包括由祭司家族掌控的神殿。某些家族最終強大到能夠征服鄰近地區，組成世界上最早的國家；這些類型的國家反覆成長和瓦解。到了西元前三千紀晚期，某個名為烏爾第三王朝（Third Dynasty of Ur）的菁英家族，設法確立了對其他許多家族的支配。此時，每個富戶的所得都來自於農民的勞作，農民能在一定程度上控制自己的土地，同時向統治者提供盈餘。其後，菁英設法接管了大多數最好的農地，許多人因此無以自給，不得不交易自己的勞力和盈餘穀糧，才能以租佃或收益分成方式使用土地。[14]從有地農民資助共有機構，逐漸轉型到人們出賣勞力以求生存，乃是人類史上最重要的社會變遷之一。只要榨取關係被理解成農民提供穀物或勞力換取服務，收受者就必須說明自己何以值得這份支持。統治階級要是能夠直接掌控土地，他們就取得了顯著優勢，如此一來，關係似乎也就隨之逆轉：農民會向土地所有者租用土地，而不是提供無償的服務。馬克思稱做「生產者和生產資料分離」，並誤認為資本主義獨有特徵的這一轉型，乃是一種更高明的剝削形式，它逼使勞動者要求工作而非受託工作，藉以掩蓋剝削關係。[15]

農民與他們耕作的土地之所有權分離，在人類歷史上發生過很多次，但它並非最早國家的特徵之一。早期國家往往需要臣民進行農業勞動，並從事勞務，這使國家得以在收成時節向工人收取盈餘穀物，而後在休耕時節他們為國苦幹時向他們供給食物。比方說，印加（Inka）和阿茲特克（Aztec）農民保留自己土地上的收成，但也另行耕作不同土地，另外那片地的收成全部上繳菁英或國家；他們也為國家入伍當兵和服傜役。正如第三章的討論，這樣的處境十分近似於周代中國，農業勞務輕易轉換為賦稅，而後得以併入非農業的勞務需求。在缺少既有商業體系、無法將穀糧與勞力兌換成其他商品的社會中，勞力和穀物稅是國家僅能藉此獲取盈餘的幾種形式。隨著市場增長，創造出物品和勞力彼此兌換的體系，國家也就更容易從經濟體獲取財富。貨幣的使用尤其讓國家能將穀物稅和勞動服務全都變換成現金支付，得以無限期貯存，以供各種不同用途。反之，強大的國家也能建立起商品交換的標準，其本意在於便利行政管理，但也意外產生了促進貿易的效果，這種情況就發生在秦朝。[16]

國家如何成長

上文引述的美索不達米亞事例之中，政治機制首先分別興起於不同群體，最終其中之一的實力增強到足以將控制力延伸於其他群體，接著就成了在地團體爭奪該地區盈餘的敵手。這正是人類政治組織發展史最重要的動力之一：任一地方所能產出的盈餘有限，不同菁英團體都要爭奪這些盈餘。既然複雜社會包含了各種有組織的權力團體（power group），力圖增強權力的中央政府就必須削弱其他團體的權力，反之亦然。國家若要變得更強大，就必須掌握更多工人產出的盈餘，讓其他菁英得到更少，那就可以預見其他菁英們會聯手阻止這種情況發生。舉例來說，這正是羅馬統治菁英共謀殺害凱撒（Julius Caesar, 100BC-44BC），以阻止他自封為王的理由，也是美國寡頭統治者提倡「小政府」種種優點的理由。[17]

經營早期政治組織的，是由血緣關係和信賴關係聯繫起來的一小群人。他們的領袖權力極其受限，不得不將財富以禮物或宴飲形式分發，而投注大量心力於維持和吸引追隨者。當領袖們征服新領土，他們頂多只能把最好的土地留給自己，剩下的分給追隨者，由此提供了追隨者與領袖競爭的資本。就算統治者能成功運用武力宰制其他菁英，或藉由贈禮和通婚加以收編，他們仍必須投注時間與資源，才能維持後者的效忠。中國的青銅時代國家就是如此，西周國家隨著領袖將土地和臣民賜給追隨者而逐漸衰弱，便足以說明這點。但西周的聯盟在軍事上十分堅強，這提醒了我們，當菁英們為實現共享利益而攜手合作，集權程度微弱的列國仍是強大的。[18]

要是把國家放在中央集權的光譜上，多數高度集權的國家都是近代國家，至於許多前近代政治體系則是極其分權，看來更像聯盟而非單一國家。生活在工業社會的我們，從小到大已經習慣了龐大而複雜的國家結構，但這樣的結構之所以成為可能，只是因為我們的社會擁有的能源和資源遠遠多過前近代社會。農業社會產出的盈餘不多，因此統治者就算真能設法征服廣大區域，也鮮少值得增加開支試圖直接治理，更有效的方法是把每個地區的領土治理委任給當地出身者。中央權力強大之時，這些政體可以作為同一單位而運行，但當中央權力減弱，他們就變得更像獨立國家的聯盟。統治者直接治理自己的領土，但對名義上的屬邦事務控制力卻受限，這種情境向來稱為「封建」，但就連相對強大的近代初期國家，中央政府對於地方權力結構的控制力仍相對受限。國家集權程度愈低，統治者影響國內環境的力量就愈小。[19]

僅有少數幾個前近代國家發展出直接統治廣大領土所必備的行政組織結構，原因之一在於無此需要。讓其他人榨取財富，再取走一定比例的所得更為實惠。比方說，羅馬帝國往往將各個征服地的統治菁英予以收編，並利用他們既有的榨取體系，其中一種體系是包稅制（tax farming），統治者出售疆域內特定地區的收稅權利，正如基督教福音書恆久流傳的「稅吏和娼妓」等說法；包稅制在近代初期的歐洲仍屬普遍。中國的中央集權官僚制在前近代世界是不尋常的，它往往為中國的國家帶來強大的行政控制力與穩定。當然，即使在中國的歷代帝國，富家大族在地方社會擁有的權力仍往往多過朝廷命官，但中國的官僚傳統，卻是其帝國體制得以擴及廣大領土、國祚綿長，並且在週期性瓦解之後，仍能頻頻按照先前模式重建的主因之一。[20]

官僚制對於環境史意義重大，因為其等級分明的指揮鏈，讓統治者對地方環境取得了更大權力，多過更為鬆散的治理形式。官僚制的發展，往往是為了讓中央政府得以直接向先前繳稅給地方菁英的生產者獲取資源，這就需要政府聘用更多官員，並找出條理分明的方法加以掌控。「官僚」

意指「坐辦公桌統治」，源自一個貶義用語，暗指國家應當由戰士或貴族統治，而不是由文書治理。這個詞指出了文字的至關重要，通常也用來指涉文書工作、繁文縟節，乃至與不講人情、墨守成規的行政部門打交道所涉及的其他問題。研究早期文明的學者，經常用「官僚」一詞指稱運用書寫文字的任一政治組織，但這種用法太籠統，作為分析工具完全不實用。對官僚制最有用的描述仍是韋伯的定義，他強調：（一）行政實務依循準則，包括每一職位明確界定的職責與職權；（二）官員以任職為志業；（三）階序分明的明確指揮鏈，成功的官員可以期望在職業生涯中逐級晉升；（四）一套官員培訓體系；以及（五）官員受領與職級相稱的薪資。這些定義用來描述中國早期帝國的官僚制頗為貼切，我也用「官僚」一詞指稱一套具備這五點特徵的體系。[21]

相較於組織更鬆散的政治體系成功與否，極其仰賴統治者能力，官僚制是穩定許多的治理形式。鑑於世襲君主政體不免偶爾會產生無能、未成年或精神失常的統治者（民主政體在這方面稍微好一些），官僚制將國家交付給因其技能而受聘用的人們，大幅增強了國家的延續性。官僚制的另一個強項，則是相對於由一群富人治理的國家，它所任用的人員往往以薪俸為唯一收入來源，這使得官員們依賴雇主，因而難以自行發展出分庭抗禮的權力基礎。書寫文字增強了中央政府的權力，因為政府各部門互相通報、記錄資訊和監督官員都要使用文字。這些實務作為在中國興起於東周時期，更早期的國家只需要書吏記錄最基本的資訊和傳達訊息，但東周列國的規模和中央集權程度同步增長，需要任用的官員人數也就愈來愈多，他們不只要治理臣民，也要彼此監督。

從政府視角看來，這一切似乎都是好事，但官僚制相對來說也要價不菲。農民所能提供的盈餘勞力和穀糧有限，國家的官僚體系愈龐大，人民就被逼得更趨近於貧困或饑餓。我在上文使用的

「盈餘」一詞，意義看似簡明易懂，但一個人所能被迫提供的勞力或資源額度，其實有可能相去甚遠。「盈餘」最基本的詞義，僅指個人在維生所需之外所能產出的一切。這個概念對於人們確實無法產出比存活所需更多的東西之時很有用，歷史上眾多不幸的農民所遭遇的正是這種處境。但在國家看來，問題在於如何促使臣民提高產量。例如商鞅就主張，國家應當逼迫以採集或其他流動方式謀生的人們（游食者）定居務農，因為國家唯有如此才能向他們收稅。由此提醒我們，稅吏和收租人的壓力往往迫使人們生產得更多，因此始終是農業愈趨集約的因素之一，但過度榨取卻逼得人們消極抵抗、逃亡或反叛，足以推翻整個國家。正因如此，統治者通常更樂意維持一種「審慎而持久的剝削率」，而不採行最大限度積累的策略。秦朝的敗亡證明了這是明智之舉，事實上，中國歷史自古至今，始終都以秦為「賦斂無度，百姓困窮」之危害的前車之鑑。[22]

暴力、父權制與國家強化

由村莊規模的社會轉型為強大的國家，隨之而來的是男性相對權力增長。男性支配並不是人性的根本特徵，小規模人類社會的民族誌研究記載了多種多樣性別關係，清楚說明這個事實。但出於某些離奇的理由，全世界的農業國家皆由國王統治，偶爾在缺少譜系相當的兄弟（或女性設法從丈夫手中奪取王位）之時，會容許女性坐上王位，但即使在這些情況下，運作國家的人仍以男性為多數，父權制因此是大規模政治組織的最重要特徵之一。我以為國家之所以一直採行父權制，一項關鍵因素在於他們全都由按照等級組織的男性武裝集團建立。我不免躊躇地提出這套理論，與其說我確信它正確無誤，倒不如說是因為父權制在人類史上始終是國家與帝國的核心特點，應當受到分析，而不是視為理所當然。這對本研究尤其切題，因為男性支配政治體系影響我們的社會對待環境方式的程度，可說比起家庭內部的性別分工更深刻許多。[23]

環境史學者若要把人類社會當成生態系統研究，我們就必須認真看待人類是哺乳類和靈長類的事實。不論承認與否，一切社會理論都預設一套人性概念，至於這樣的概念如何理解人類與其他動物的關係，則往往彼此相異。如今在人文學科蔚為主流的人性說法，認為人類適應能力極強，因此用文化、而非生物的取徑，看待我們社會的大多數層面。這有一部分是學者歷來將他們各自對人類社會的見解投射於人類生物學，力主他們的概念是人類物種所固有，加以正當化而引發的反動。相信男性支配乃是事物自然秩序的人們，一般來說偏好使用這種手法。當我們冒險探討人類社會的生物學，我們勢必會犯錯，但在對重要問題的探討中犯錯，總比完全避而不談來得好。

生物學者往往假定性驅力始終在哺乳動物行為中發揮了某些作用，性驅力的目的在於提升個體基因的生殖成功率。有權有勢的男性往往對多數女性實施性剝削，生下大量子嗣，同時完全阻止眾多其他男性繁衍，前近代人類社會對此留下了大量記載。這種行徑在中國也是史不絕書，有錢的男性往往納妾，貧窮的男性卻很難結婚，至今也仍是如此。箇中意涵在於權力欲與性欲密不可分，有權有勢的男性不僅有更多管道從事性行為（當然，不只與女性），他們的生殖成功率可說也符合對領土或資源的控制能力，一如其他物種。女性在古代的戰鬥中幾乎不參戰，但她們往往是「戰爭的起因、戰果和受害者。」[24]

除了男性的平均體格大於女性之外，在近代節育之前的世界上，兩性最主要的差異在於，前近代社會女性成年後的大半人生都在懷孕和養兒育女。但這和女性從事的其他勞動一樣，對社會的重要性至少等同於男性的工作，因此並不意味著女性地位較低。我懷疑男性支配隨著社會愈趨複雜而增強，是由於集體暴力在政治機制的發展過程中起了關鍵作用。隨著這些機制力量增強，他們也抬高了組織暴力及其施行者的社會價值。彼此競爭的武裝政體興起，創造出將組織暴力採納為保護群體之必要手段的動力，擅長組織暴力的男性獲得了社會聲望和軍事力量，由此居於支配社會的理想地位。當然，女性始終擁有不小的權力決定自己的人生，但她們的社會權力相對於男性卻縮減了，角色也愈來愈被表述成男性的妻子和母親。[25]

暴力在所有人類社會中都能找到，但我們應對暴力的方式卻有著很大差別。許多小規模社會有著公認的方法，能將暴力減到最少，並簡化社會等級。建立政治體系則必須破壞這些習俗，並代之以標舉暴力的習俗。周人和羅馬人等成功的建國者都很重視軍事技能，將戰爭列為固定年度行事的一部分。世界史上的所有帝國，可說都是由侵略性特強的文化集團組成，例如羅馬人、中國歷代帝國、伊斯蘭教初期的哈里發（Islamic caliphates）、成吉思汗領導的蒙古人，以及近代歐洲人。有些人或許會主張一切人類集團都同等傾向於暴力，宰制他人的集團就只是戰爭和治理技能更出色的集團，但這種說法忽視了文化在人類社會中的核心重要性，並將暴力文化常態化。成功簡化等級的社會敵不過標舉暴力的社會，後者的價值觀也被接納為正常。鑑於戰爭、國家強化和資源使用三者彼此相關，侵略性文化的勝利是世界環境史的一項重要趨勢。[26]

戰爭不僅在國家最初建立時是一項重要因素，對於人類歷史自古至今政治組織的成長，也仍是一項關鍵因素。戰爭要價不菲，迫使行政官員改進既有的榨取手法，並尋求新的收入來源，用於戰爭的鉅額財富，也經常導致行政與技術革新。在政體內部，軍事上的拙劣表現往往削弱既有權力集團，並促成改革。戰爭也往往摧毀調動資源不如對手那樣成功的政體，例如分權的波蘭（Poland）王國被鄰國瓜分，一度強大的內亞遊牧民族則被俄羅斯羅曼諾夫帝國（Romanov Russia）和清代中國征服。最顯著的是，戰爭通常由階序性指揮架構的男性武裝集團拚殺，他們因此置身於理想地位上，得以將自身意志強加於自己的同胞，乃至無法動員同等規模軍力的任何人群身上。匯聚資源對於軍事成就的重要性，乃是人類文明建構的一項核心要素，因此在我們如今身處的生態危機中也是一項核心要素。[27]

戰爭也是大半個世界如今由國家統治的理由所在。儘管在學院之外，一切社會進步皆遵循著明確定義的社會發展階段（即社會進化論）這一觀念仍被普遍接受，但社會規模或複雜性的成長，其實並不存在不可阻擋的趨勢。即使在社會確實逐漸變得更加階層分明，同時政治上中央集權之際，它們也有可能往相反方向發展。大多數人之所以如今都是國家的子民，純粹只是因為國家征服了大半個世界。即使在華北的例子裡，這一趨勢也只能從宏觀視角才能看清，而華北是社會在某種意義上從小村莊演進為大帝國的一個經典範例。要是我們稍稍深入探究中國歷史的任一特定時期，我們看到的都不會是政治權力增強不可避免的趨勢，反倒是持續起伏不定。[28]

正如一切社會發展所共同遵循的一條簡單途徑並不存在，戰爭與政治組織之間也不存在直截了當的關聯，它取決於更廣泛的地緣政治脈絡。敵國不多且歲入穩定的國家，不太能感受到尋求新歲入來源的壓力。反之，與強敵持久抗戰的國家則面臨著強大壓力，得找出新方法向屬民取得資源。羅馬國家正是前一種處境的範例：數百年來，羅馬都不需要一套複雜的行政機構來產生稅收，因為對征服地掠奪和抽稅所得的歲入就已經夠用。羅馬並未面臨強大軍力威脅，只需剝削義大利（Italy）

之外的地區即可獲得鉅額財富，因此羅馬貴族就有了閒情逸致限縮政府的權力與成長，以防止政府威脅他們自身的龐大財產。直到歲入在西元三世紀持續短缺，羅馬才不得不發展出一套官僚機構，並將稅制合理化。同樣地，中國的漢、唐、清等帝國也長期不受強大外敵挑戰。[29]

反之，當國力相當的眾多國家互相角逐，任何增加歲入的方法都能帶來優勢。國家被昂貴的戰爭逼迫著改進榨取體系的例子，包括爭奪亞歷山大大帝（Alexander the Great）帝國的希臘化（Hellenistic）國家、近代初期歐洲、戰國時代中國，以及在內亞耗費巨資作戰的漢朝。其中許多創舉都證明了是無法持續的，但其他創舉卻為更強大、更無孔不入的國家奠定基礎，查爾斯·提利（Charles Tilly, 1929-2008）清楚說明了這樣一股動力：

> 打造高效能的軍事機器，為牽涉其中的人口添加了沉重負擔：抽稅、兵役、徵用，以至於更多。打造之舉本身——當它發揮作用時——便產生了準備工作，得以將資源送交政府供作他用。（因此歐洲的重要稅項，幾乎全都始於專供特定戰事之用的「特別捐」〔extraordinary levies〕，而後成為政府歲入的例行來源。）它產生了壓服激烈抵抗，強制遂行政府意志的手段：軍隊。實際上，它往往促進領土整併、中央集權、統治工具分殊和強制手段壟斷，這些全都是建國的基本過程。戰爭創造國家，國家也創造戰爭。

這段話無需改動多少，就能適用於中國東周時期，一如本書後續章節所述。在我們討論強化國家的改革這一主題之際，同樣值得一提的是——中華人民共和國的七十年歷史，一路走來都是一項對抗外在敵對勢力的強國計畫，它既是地緣政治成就，也是環境災難，兩者並無矛盾之處。[30]

國力相等的各國彼此長期爭戰，致勝之鑰在於改進國家的行政能力，以調動戰爭所需的資源和人力。周代中國一如近代初期歐洲，政府掌控了敵對菁英集團的臣民和土地，也掌控了先前由平民共享的資源。強大的官僚政府不僅純粹從既有經濟體的更多方面抽取資源，還能將社會與環境一併重組，使其更容易受到監督和利用，藉以抽取更多。詹姆士・斯科特描述過近代初期的歐洲國家是如何努力使其疆域更容易由行政官員判讀，將社會和地景改造成與行政範疇及方法相吻合的結構。他斷言，當人們用這些說法思考強化國家的改革，「創造固定姓氏、度量衡標準化、地籍調查和戶口登記建立、土地自由保有制（freehold tenure）發明、語言和法律論述標準化、城市規劃，以及交通運輸組織等迥然相異的過程，看來都能理解為試圖達成可辨識性和精簡化。」秦朝其實確立了其中大多數過程（即使其土地所有權絕非自由保有），或許在為了行政合理化而將社會精簡化這方面，還比截至那時為止的世界上任一國家所能達成的更勝一籌。但秦敗亡了，隨後的中國各朝代皆未能長久保持人口或土地的精確紀錄。因此斯科特說得沒錯，國家直到近代才真正達成這些目標。但中國的國家往往比他處的國家更能保持官僚體制，國家在東亞文化中也逐漸居於非比尋常的核心地位。政府對中國社會的影響之深刻，就連來生都逐漸被理解為一套官僚制，寫給冥界官員的宗教文書，也仿效呈交現世行政官員的文書。[31]

秦朝的行政架構和技術從那時起代代相傳，即使政治實務變遷了兩千年。原因並非中國始終停滯不動，而是由於每位新君王都需要一個政府，中國舉世無雙的歷史書寫傳統，則為文人階層提供了一份詳盡的前朝帝國政府實錄。儘管中國的士大夫自稱其概念取法於儒家經典所記載的周代君王智慧，他們對司馬遷（前一四五—前八六）《史記》、班固（三二—九二）《漢書》、范曄（三九八—四四五）《後漢書》等文本明確闡述的秦漢體系其實更加熟稔。這些由中央政府官員編纂的史書，包含對漢朝行政部門的詳盡說明，以及栩栩如生的掌權人物傳記，其中充滿了可供有志從政者借鑑的經驗教訓。這些史書極為風行，東亞各地學者都從中學到實用的治國之道，並習得普遍的政治敏感，這在中國行政機構的歷史裡創造出某種延續性。當然，自從這些史書寫成以來，該區域的人民都在閱讀這些文本，只不過是更為廣泛的歷史延續性之其中一面。東亞和歐洲不同，知識的傳承自古至今未曾間斷，戰時雖有短暫中止，但自秦朝以降，官僚制行政機構始終存在於中國某處。

儘管「中國歷代帝國各自改造了環境」這一概念並不會引起爭議，其各自改造環境的方法仍值得概述，第六章會再次討論這個主題。最為顯著的是，華語人口的分布、他們廣泛傳布的集約農業，乃至中國現今的邊界，都是千百年來征服和同化的產物。農園取代多樣生態系，伴隨而來的則是華語人口逐漸取代多樣語言群體。某處領土一經征服，國家就興建基礎設施，並為內部殖民提供武力後盾。帝國存在的最初一千年間，歷代帝國直接經營農園和林地，國家修築運河和灌溉系統，改造了水文體系，並築堤將濕地變為農地。政府對黃河的操縱，大幅影響了華北平原的歷史，國家提倡新的作物和農法，藉由預防饑荒促進人口增長。當然，中國歷代帝國也成為周邊鄰國的楷模，這些周邊國家同樣轉化了自身環境。本書將要說明那樣一個帝國體系的生存之道。

孕育生機——人們如何建立自己的生態系

今是土之生五穀也，人善治之，則畝數盆，一歲而再獲之。然後瓜桃棗李一本數以盆鼓，然後葷菜百疏以澤量，然後六畜禽獸一而剸車；黿、鼉、魚、鱉、鰌、鱣以時別，一而成群，然後飛鳥、鳧、雁若煙海……夫天地之生萬物也，固有餘，足以食人矣。

——《荀子．富國》（西元前三世紀）*

馴化的動植物讓人類得以支配全世界地表的大片面積，人與植物的同盟關係位居我們體系的核心。我們如今運用地表上的廣大面積種植小麥、玉米和稻米，同樣，豬和牛如今占了地球上哺乳類總重的將近一半。馴化物種不僅帶給我們食物，還提供了建材、藥品、衣物和同伴，每一種馴服或人工栽培的新物種，都可以想成人類生態工具箱裡的一件工具。由於每一種都在不同的土壤和氣候中繁衍，也就各自開闢了新環境供人類利用，讓人們能用自己打造的生態系取代自然生態系。地球上的農耕面積愈大，人類所能獲得的陽光與水就愈多，人口隨之增長。本章探討的是這個過程如何在華北發生。[1]

華北農業體系的歷史，是地景愈益馴化的歷史。新石器初期（例如農業）人群種植小米，同時捕魚、狩獵、採集野生植物，隨著農業擴展，人們學會栽培更多植物、飼養更多動物，並為動植物育種，以產生想要得到的特徵。豬和狗在村莊周圍覓食，隨後還有雞，太過陡峭不適合栽種穀物的土地，則可用於種植水果和堅果樹，牛、羊等反芻動物則使人們得以利用早先以為無甚用處的草地和乾燥地。隨著農業體系愈趨複雜，人們變得有能力產出盈餘，足以支持工藝製作、戰爭、宗教和行政管理的專家，農業盈餘是文明之基。到了西元前一千紀末，黃河流域低地的森林和草地，多半已被莊稼地、菜園和果樹取代，野生動物逐漸從地景中消失，也從人們的飲食中消失。

本章回顧華北農業體系的形成過程，從發端講到周代，其中將過去二十年來考古學者和科學家發表的研究成果，與《詩經》等古代文本結合起來。考古證據與文字及出土史料的對照，揭露了每一類型資料的偏見，並使我們得以猜測它們各自遺漏了何等資訊。本章所談論的其中許多過程都發生在歐亞大陸各地，因此我們會往返於大範圍趨勢和黃河流域中游的特定案例之間，大半個新石器時代裡，黃河中游谷地都是東亞人口最稠密的區域之一。但在開始討論馴化之前，我們會先回顧研究區域的地理，並簡短描述被農業文明興起給轉化的多樣生態系。

---

* 卷首引文出自《荀子・富國第十》。我為求易讀而概略加以英譯，簡化了原文列舉的水生動物，因為其中幾種不可能確認，也刪去了不見於本文多數版本的「鼓」字。「五穀」是一個標準用語，指粟、黍、麥、菽（大豆），以及稻米（南方）或麻籽（北方）；六畜則是豬、狗、雞、馬、牛、羊（綿羊／山羊）。王先謙，《荀子集解》上冊，卷六，〈富國篇第十〉，頁一八四至一八五；John Knoblock, *Xunzi i: A Translation and Study of the Complete Works, vol. 2, 127-28; Eric L. Hutton, Xunzi: The Complete Text, 88-89*. 張波、樊志民主編，《中國農業通史：戰國秦漢卷》，頁二〇。

地理、氣候與生態

本書聚焦於陝西關中盆地及其周邊地區：北方乾燥的黃土高原、南方林木茂密的秦嶺山脈，以及向東延伸到河南洛陽一帶「中原」的谷地（參看地圖二）。關中盆地是黃河最大支流——渭河流域的下游，因此我會把這整個區域都稱做黃河流域中游。早期中國的大多數國家和帝國，若非建立於今日西安市附近的關中盆地中央，就是建立於東方三百公里外的洛陽一帶。古代東亞最肥沃、人口最稠密的部分是東方的華北平原，但關中由於群山環繞，又有黃河作為天然屏障，而往往被選定為國都，關中也能免於不時摧殘華北平原的大洪水。本節將回顧該區域的氣候和有形地理，而後論及其生態。我鼓勵有意了解這些課題的讀者參閱我的其他著作。[2]

東亞的氣候由季風主導，由此也決定了植被。隨著歐亞大陸在春夏兩季回暖，暖空氣上升，將水氣從海洋拉向內陸，使得降雨多數集中在夏季；寒冷的冬季效果則相反，帶著塵土的寒風從內亞吹入。本書研究區域位於北緯三十四度一帶，與洛杉磯（Los Angeles）和黎巴嫩（Lebanon）相同，但由於海拔高度多半高於四百公尺，又比這兩地涼爽一些。季風的變化意味著每年降雨量也會隨之劇變，某些年份少到只有四百毫米，其他年份則超過九百毫米，該區域的高蒸發率，也減少了植物所能得到的水分。儘管多數年份的降雨，足以讓農民無需灌溉就能種植小米，但在最乾旱的年份，就連耐寒小米都會枯死。該區域的農民如今能使用灌溉，得以栽培多種作物，但在本書探討的大多數時期，農民都倚賴只有最乾旱的年份才種不活的耐寒小米。

氣候對於該區域地表的塑造也發揮了重大作用。全世界在過去數百萬年來冷卻下來，大半個內亞都成了沙漠，植被過於稀疏，無法保護土壤不受風吹。風暴將大量淤泥吹向東方，使淤泥在大多

地圖二　關中盆地及周邊地區。

若要查看關中盆地在東亞的位置，參看二八頁地圖一的矩形。此圖星號標記處為下頁圖1的大致位置。

圖／底圖由地理資訊系統專家琳恩．卡爾遜（Lynn Carlson, GISP）繪製。

位於渭河以北的四百平方公里範圍內，層疊積累數十公尺深，這樣的土壤稱為黃土，而這片區域名為黃土高原（參看圖1）。較淺的黃土沉積則散布於更加廣大的範圍內，華北肥沃的河谷中，土壤大多相當程度上由黃土高原侵蝕而來的黃土構成。隨著農民和他們的畜群破壞黃土區域保持土壤的植被，更多土壤流入水路，抬高河床，下游的氾濫次數也更加頻繁。[3]

過去兩百萬年來，地球的氣候在寒冷的冰河期和較溫暖的間冰期之間擺盪。人類文明興起於名為全新世

圖1　河南靈寶縣俯瞰黃河的黃土丘陵。

圖／出自「一九一四年中國考古任務」（Mission archéologique, Chine, 1914）典藏，攝於謝閣蘭（Victor Segalen）、奧古斯都．吉爾貝德．瓦贊（Augusto Gilbert de Voisins）、拉蒂格（Jean Lartigue）的中國考古踏查期間。照片取自「靈寶縣函谷關」（Ling-pao hien, passe de Han-kou-kouan）。

（Holocene，最近一萬一千年）的當前間冰期。兩萬年前，在最近一次冰河期中，華北是一片寒冷的草原，棲息著如今已滅絕的猛獁象和披毛犀。當時的某些物種存活到了歷史時代，包括馬、人類、梅花鹿，以及原牛（家牛的野生始祖）。隨著氣候轉暖，樹種向北移棲到了黃河流域，氣溫也在約莫一萬年前的全新世初期達到與今天相近的水準。[4]

約莫七千年前到三千年前之間的這段時期，稱為全新世大暖期（Holocene Megathermal），此時的氣候稍微比今天更暖又更濕一些，氣溫大約高出一點五度，每年降雨量也多出兩百毫米左右。由於在華北發現了如今只能在遙遠南方找到的物種，過去幾代學者們往往相信，當時的氣候比今天溫暖得多。據他們推論，由於犀牛等動物如今只能在熱帶找到，華北必定也曾有過熱帶氣候。但氣候科學的進步業已說明，這些物種從黃河流域消失，其實不是氣候變遷所致，而是被人類活動消滅。我們對於東亞哺乳動物「自然」分布範圍的認知，乃是基於科學家過去兩百年來的觀察，但中國的生態系此時早已被人類活動轉化。其實華北在全新世大暖期的氣候與今天並沒有太大差別，比方說，當時關中盆地的氣候，與東南方僅僅數百公里外的河南南部近代氣候相仿。這段更暖更濕的時期終止於四千年前到三千年前之間，此時氣候變得略為寒冷乾燥。一般說來，乾冷的氣候就一直維持到了近代。[5]

人們不禁要把這段時期漸趨乾燥的氣候聯繫到人類社會的變遷。然而，古氣候學資料只能告訴我們長期平均水準的逐漸變化，而非對農民真正重要的更短期事件——例如乾旱和暴風。唯一的例外是大洪水，它留下特別的細粒沉積物，乾燥的趨勢可能對降水量勉強只夠栽種小米的邊緣地帶產生差別。但大多數情況下，我們還是缺少了理解氣候對此一時期歷史之作用的那種必要證據。要把氣候分離開來，作為此一時期的一項變數則尤其麻煩，因為羊和山羊恰好就在這一時期前後傳入。正當黃土高原大片地區變得太過乾燥而不宜農耕之時，牧養這些動物有助於人們在乾燥的地景中餬口。

中國文明始終都奠基於可耕種的河谷與平原。在周邊黃土和岩石侵蝕而來的沉積物所構成的地景中，這些河谷與平原都是地質年代較年輕的部分。按照地質用語，渭河及其東方的黃河奔流於華北板塊和華南板塊之間，東西綿延一千公里長的地質裂隙中，這兩塊板塊在兩百多萬年前碰撞。華北板塊的歷史超過二十億年，其特徵隨著時間而逐漸磨平，黃土高原的山丘因此都是平緩起伏的低矮丘陵，即使在更晚近的地質年代裡，這些山丘先被厚厚一層黃土覆蓋，黃土再被侵蝕出陡峭的山溝，地形起伏因而更為劇烈。而在關中南方，秦嶺的陡坡和窄谷地質年代則年輕得多，它在過去五千萬年來隨著西藏高原一同抬升；太白山（海拔三千七百六十七公尺）是秦嶺最高峰，山脈向東延伸則漸趨低矮。由於高山的寒冷氣溫迫使從海洋向西北移動的雲層降水，秦嶺山脈覆蓋著蒼鬱的森林，這在背風的秦嶺北面形成一道雨影（rain shadow），使得關中盆地和黃土高原相對乾燥。

華北的植被在歐洲或北美人看來往往熟悉，因為這三個區域的森林是一同演進的，植物也持續在三者之間移棲。北方的溫帶森林在五千多萬年前全世界氣候溫暖時形成於北極區域，並逐漸南移，覆蓋大半個北半球。從那時候起，地球逐漸冷卻、山脈抬升，阻止降水進入大陸內部，導致草地在乾燥的內陸取代森林，這個過程使得歐亞大陸和北美洲海岸或山區的森林，被廣袤的內陸草地和沙漠分隔開來。森林和草地兩種生物群系之間則有著稀樹草原，稀樹草原較潮濕之處生長著樹木和灌木，較乾燥之處則由草和草本植物支配。關中盆地正座落於這樣一個分界處，介於東部森林和內亞草地之間。在人們將它改為農地之前，該地區多半覆蓋著草、灌木，以及紫菀屬（asters）、蒿屬（*Artemisia*）等草本植物，包括櫟樹、榆樹、柏樹、松樹在內的樹木，則生長於谷地及其他潮濕地區。[6]

不同於溫帶森林與熱帶森林在歐洲和北美被海洋與沙漠阻隔，東亞的森林帶從馬來西亞（Malaysia）一路延伸到西伯利亞（Siberia），構成一片從熱帶到針葉林帶的連續體，這使得東亞區域的植物相和動物相變得極為多樣，因為隨著氣候變動，它們可以任意移棲到南方或北方。由於內亞太過乾燥而始終未能形成冰蓋，東亞也得以倖免於冰河期；反之，歐洲和北美過去兩百萬年來則一再被冰河犁過。這些地方向南移棲的植物相遭遇到地中海（Mediterranean）和墨西哥灣（Gulf of Mexico），其中許多植物從此滅絕，因此東亞擁有北半球最為多樣的溫帶生態系。如此的多樣性為人們帶來各種各樣可供馴化的動植物，並促使文明興起於東亞，但文明卻又大幅縮減了多樣性，幾乎把東亞低地的全部自然生態系都替換成了農地。如今多數生長於黃河流域低地的樹木都是人工栽培的，泰半是果樹或生長迅速的白楊樹等成材木，森林只能存活於秦嶺等高山地帶。[7]

華北也是五花八門的大群動物之家（參看圖2）。大型草食動物包括犀牛、原牛、野生水牛、野馬和幾種鹿；肉食動物包括虎、豹、黑熊和棕熊、狼、豺、貉，以及多種較小的貓和鼬，鼴鼠、鼩鼱、竹鼠、岩松鼠、豪豬和貛在地上鑽洞，松鼠在樹木之間奔馳，多種蟾蜍、壁虎、蜥蜴和蛇棲息於森林和草地。這些物種如今多半已不復存在，或難得一見，唯有鳥類還能保存著往日多樣性的蛛絲馬跡，因為牠們會飛。我在關中地區各處都觀察過鳥，發現如今最常見的鳥類是麻雀、燕子、雨燕、鵪、鴿子、鶺鴒和喜鵲；黑鳶和禿鼻鴉、寒鴉等烏鴉一度也很常見，但如今已很罕見。濕地一度繁盛於夏日雨季的水路兩旁和排水不良之處，是鱉和龜、青蛙、蟾蜍和蠑螈的家園，人們經常食用淡水螺和蚌。秦嶺山中的水路至今仍是全世界最大的兩棲動物——瀕危的中國大鯢棲息之處，牠身長可達兩公尺，體重可達五十公斤。我在西安南方的溪流中看過綠頭鴨、鴛鴦、普通翠鳥、小白鷺、黑頂夜鷺和鷸。當然，河流和濕地也棲息著種類繁多的魚類。[8]

該區域最初的農民就居住在這樣的環境裡。儘管數千年下來，人們逐漸愈來愈依靠馴化的動植物，但在本書研究的整個時期中，他們仍繼續捕魚、狩獵和採集野生植物、蘑菇及水生動物。從狩獵採集者成為農民的虛構轉型，其實是轉型為農民兼漁民兼狩獵採集者。

圖2　黃河流域中游的原生哺乳動物。

較大的動物呈現於圖右，較小的動物則在圖左以不同比例呈現。更多資訊參看Brian Lander and Katherine Brunson, "Wild Mammals of Ancient North China".

圖／普林斯頓大學出版社准許，自Andrew T. Smith and Yan Xie, eds., *A Guide to the Mammals of China*, illustrated by Federico Gemma (Princeton, NJ: Princeton University Press, 2008) 重刊；經由著作權許可使用中心（Copyright Clearance Center, Inc.）授權，但水牛（取自 "Animals Exhibited at the Calcutta Agricultural Show," *Illustrated London News*, July 2, 1864, 5）、犀牛（取自Viscount Walden, "Report on the Additions to the Society's Menagerie," *Proceedings of the Zoological Society of London* 1872, 789-860）和原牛（取自Smith, *The Animal Kingdom*, plate 51）的圖像除外。

食物生產的起源，西元前八〇〇〇至五〇〇〇年

馴化動植物讓我們的物種得以接管全世界，直到數十年前為止，多數學者都一致認為此事十分美妙，這倒不令人意外，因為學者往往出身於農業社會，而農業社會普遍相信定居農業生活更勝於採集、捕魚、狩獵生活。這種農業偏見是如此強烈，使得學者們直到晚近才承認這種偏見存在，有些學者更進一步，把農業出現以前的生活加以理想化。我們如今得知，採集者往往明白他們有可能栽種出自己的食物，他們對農耕並非一無所知，而是有可能選擇避免耕作，因為他們的飲食已經夠豐足，農業生活的繁重勞動和飲食多樣性減弱，對他們並無吸引力。農業之所以成為全世界最主要的維生策略，理由並不在於人生因此變得更好，它反倒創造出密度更高的人口，使得農業社會擁有數量優勢、複雜社會組織和疾病，得以征服採集者人群。整個漢藏語族可能都源自黃河流域的早期農民，他們隨著人數持續增長而遍及亞洲大陸，過程中吸收或消滅其他語言。[9]

農業大概興起於全新世，因為全新世是第一個溫暖的間冰期，現代智人在此時遍布於全世界，農耕在全新世異常穩定的氣候中興盛起來，第一批現代人類最早在八萬年前來到東亞。舊石器（農業前）人類看來在最後一次冰河期後的暖化氣候中蓬勃發展，他們發明了陶器和更好的石器，並找出許多方法利用植物為食，這是自行栽種食物的前兆。他們的物質文化如今只有石器留存，但他們肯定對於有機材料的有用屬性，以及將它們處理成食物、衣物和工具的方法有著深入知識，編織籃子等技能乃是舊石器時代生活所不可或缺的，日後的陶器紋路仍保存著這些技能的痕跡。[10]

「農業革命」這個事件一度被認為發生得相對迅速，但它其實始於一萬多年前，至今仍未結束。早期馴化的考古學在中國尚未發展完善，我們並不真正理解動植物最初在中國是如何馴化。民

族誌研究顯示，小型採集社會的人們通常從一片定義明確的範圍取得資源，這片範圍以他們經常回來共享食物的某地為中心，他們需要熟稔每年各時節可用的野生動植物種類，通常也有調節資源取得的體系。人們基於這套知識，運用多種方式改造環境，其中某些方式增進有用動植物的成長，代價則是犧牲對人們無用的動植物，比方說，他們可能會焚燒森林，創造出草地引來鹿群，或改造水路以利捕魚。鑑於他們對生態系，乃至改造生態系方式的深厚知識，生活在華北這樣富饒且多樣區域的古代人類，想必懂得要如何把維生體系改變得更著重於自行生產食物，但只要採集野生資源更為容易，也就沒有明確理由這麼做。他們的主要目標之一，肯定是降低在食物稀缺的冬季和春季月分挨餓的風險。早期農業或許是採集者決定要如何從他們著手改造的地景取食之時，無意間產生的結果。[11]

考古學者再也不用野生物種和馴化物種簡單二分的方式思考了。當人們割草並重新種下種籽，草很快就會演化出適合人類栽培的特性，但人類若不再割草，那麼草不久就會發展出不靠人類而存活所需的特性。當我們思考人類如何能夠不靠任何馴化物種就把生態系重組，野生／馴化二分法的不足之處同樣清晰可見。人類光是把採集的果實種籽丟棄，就往往無意間在村莊四周產生果園，這些果樹和堅果樹創造出豐饒的地景，存在期間往往比個人生命更長久，人與樹叢或果園建立起代代相傳的關聯，他們或許感到自己取得了某種所有權。長期下來，人們對更大、更可口果實的偏好成了一種選擇過程，本身就改造了果實，但早在此之前，人類行為就已經將地表改頭換面。動物的馴化也涉及了漫長過程，人們在此期間運用他們獵捕到的動物群，卻並未刻意育種追求想要的特性。我在求學時代學到，人類會捕捉他們試圖馴化的動物，並刻意加以馴服。但事實證明，人類花了數千年時間牧養動物，才能積累出刻意捕捉並馴服動物所需的技能，這種馴化形式最終確實發生在馬和駱駝身上，但它相對不尋常。[12]

人類最初結盟的物種（稱為結盟，因為顯然是對等關係）是一種強大的肉食動物。狼一度生活在北半球各處，從凍原穿越森林，來到歐亞大陸和南北美洲的沙漠，牠們組成等級分明的群體生活和狩獵，高速奔馳獵殺大型草食動物；牠們也獵捕種類繁多的小型動物，例如蛇、鳥和嚙齒類。狼群大概是被人們的食物殘餘吸引到人類聚落的，牠們逐漸和人類建立起共生關係，而後人類加以飼育，藉以助長多種有益特性。狗在華北的最早證據可回溯到約莫一萬年前，但我們可以假定牠們的存在時間更久，因為北方更遠處有狗存在的更久遠證據。狗協助人們狩獵和放牧，但牠們最有益的特性是忠於餵養自己的飼主，以及用喧鬧且具攻擊性的行動對待任何陌生物種，這些特性再加上優秀的聽覺和嗅覺，使牠們成為完美的警報系統。成群結隊的狗不僅能威嚇老虎和人類等大型哺乳動物，牠們也能獵捕侵入穀倉及其他食物貯藏處的小動物，在人類聚落周邊開闢出一片地帶，讓熟悉的人和動物安全通行，卻使入侵者不論體型大小都膽戰心驚，這種特徵對於小型狩獵營地和農村的人們同樣有用；而且最重要的是，牠們是可食用的。[13]

小米是華北歷史上最重要的作物，是讓人們逐漸定居下來的關鍵作物（參看圖3），該區域馴化的最主要小米種類為黍（學名*Panicum miliaceum*，又名普通粟）和粟（學名*Setaria italica*）。兩者都是一年生草本植物，有結實的莖，籽由硬殼保護，因此風乾後可以貯存數年之久，不同於其中某些需要生長很多年的多年生植物，一年生植物產生種籽後，就會在年底凋萎。小米和大豆等一年生植物都在季風帶來春雨、落在黃土地上的春季發芽，它們專門拓殖在受擾動的生態系中，大概是人

圖3　麻雀啄食小米。

一如鴿子、老鼠及許多其他動物，麻雀也獲益於農業的發展傳播，成為農業生態系中常見又響亮的一員。

圖／芸愛《粟に燕 》細部，十六世紀日本。紐約大都會藝術博物館（Metropolitan Museum of Art, New York）惠予使用。

類聚落周遭最常見的植物。[14]

小米是最容易栽種也最快熟成的穀類之一，需要的水分也相對少，由此說明了它們何以在世界上這麼多地方都有栽種。黍的成長季約有兩個月，能在降雨量四百到五百毫米的地區生長，粟的生長季則有三個月，需要的水分更多。最近的研究顯示，人們在開始運用小米之前的數千年，已經在食用野生小米。隨著人們開始收集並播種小米籽，小米順應了有助於小米籽傳播的演化特性，從而展開馴化過程。華北新石器初期的某些遺址有著儲藏穀物的大量窖穴，是東亞目前已知人們生活大大倚賴穀物的最早遺址。磁山遺址的小米儲藏最早可追溯到西元前八〇〇〇年，而普遍公認最早呈現出馴化型態證據的小米則可追溯到西元前六〇〇〇年左右。[15]

如同世界上其他地方，栽種穀物讓人們得以儲存大量食物，使人口得以增加、人口密度提高，務農人群的地理分布也隨之擴張。穀物的廣泛栽種也使得政治組織有可能構成，因為穀物與其他許多糧食作物不同，穀物長在地面上，全都同時熟成，菁英們因此更易於瓜分收成。穀物連同蜂蜜和野果也用於發酵釀酒，不僅能緩解疼痛和感染，也在社會生活中發揮重大作用，從家族聚會到宗教及政治儀典都能用得上；造酒甚至有可能是早期採集者栽種穀物的主要誘因之一。小米在本書研究的整個時期裡，始終是研究區域的首要穀類，即使人們也栽種小麥、稻米和大豆。[16]

最早栽種小米的人群，按照任何規範意義來說都不是農民，他們在每年特定時節中，仍持續往返於擁有魚類、堅果等野生資源的不同地點之間。這一季節循環讓他們能在特定地點種下小米，隨後再回來收成，他們可以在其他食物充足時選擇少種一些，但想要的話，也能種植大量小米。儘管人們早在西元前八〇〇〇年就在華北平原的磁山儲藏穀物，考古學者至今在關中仍尚未找到年代介於西元前一〇〇〇〇至七〇〇〇年間的任何遺址（參看地圖三）。不僅如此，隨後老官臺時期的考古遺存既稀少又貧乏，儘管考古證據匱乏，對土壤中木炭的研究仍顯示，生火燃燒在老官臺時期大幅增加，這可能是該地區最早的農民焚燒土地種植穀物的證據。世界各地的早期農民，往往定期焚燒聚落周遭的植被，此舉可能破壞掉固定土壤的植被，導致考古紀錄中可見的侵蝕，即使我們所見最早的侵蝕紀錄來自更晚近的時期。[17]

地圖三　文中提及的新石器時代早期遺址。

圖／底圖由地理資訊系統專家琳恩．卡爾遜（Lynn Carlson, GISP）繪製。

老官臺文化的二十多處遺址中，大地灣是保存和發掘得最好的一處，它座落於關中西北方一百公里處的丘陵地上。大半個西元前六千紀中，按照季節入住這處遺址的人群，主要以採集和狩獵維生，但也種植及儲存黍，以供食用和餵狗。關中出土的器物顯示，農耕在當時並非維生方式的重要部分，這些器物包含各式各樣的非農具，例如骨箭頭、切割甲殼和石材的工具、以及可能用來刺魚的帶刺骨矛尖。來自少量人骨樣本的穩定同位素顯示，這些人大量食用小米（即使少於數千年後的人們），也食用許多魚和蚌。[18]

人口不多，但他們看來仍然降低了平原上動物的多樣性。關中西方林木茂密山區的考古遺址，包含的動物多樣性比平原上的考古遺址更大得多，最豐富的哺乳動物種類多樣性發現於關桃園遺址，它座落於關中西方山區一處三十多公尺高，俯瞰渭河的臺地上。某些農具在該處出土，但動物群以及多支魚叉和一個魚鉤卻顯示出，這些人從事許多狩獵和捕魚，大約一半的動物遺骸來自七種鹿，其他遺骸包括鯉魚、鵰、鶴、雉、川金絲猴、狐、豬獾、黑熊、犀牛、水牛、原牛和斑羚（近似於山羊）。這種處境顯然是由一群少數人充分利用該地區野生動物的多樣性，大多數年代更晚的遺址物種遠少於此。值得一提的是，我們並沒有一份極具代表性的動物相紀錄，因為直到最近為止，中國的考古學者都難得在考古挖掘時篩土，因而錯失了大多數小型動物的骨骸。[19]

就總數而言，該區域新石器時代遺址出土的多數動物遺骸由鹿和豬構成。野豬生活在多種多樣環境中，並以幾乎無所不吃的能力著稱，包括橡實、昆蟲、真菌和腐肉。豬和狗一樣，也被人類的可食用廢棄物引來人類聚落，人們大概感激、甚至鼓勵此事，因為聚落得以收拾乾淨，把豬殺了吃掉也更加容易。豬以某種半家養的方式和人類共同生活數千年，大地灣的多數豬隻在年幼時就被宰殺，這意味著豬群受到管理，但豬骨中的碳同位素顯示牠們的食物主要來自野外。人們未必以馴化豬為目的，但牠們顯然偏好那些較不易受驚、較少攻擊性的豬，由此逐漸導致更溫馴的品種產生，如同其他馴化動物的例子，牠們的腦容量也隨之縮小。人類當時仍有許多野生動物可供選擇，因此豬還得再過數千年，才能成為人們最喜歡的肉類來源。[20]

鹿專門生活在受擾動的環境中，牠們因而成為極少數能夠受益於農耕早期擴張的大型哺乳動物，莊稼地給了鹿集中的食物來源，將牠們引向聚落，讓人們得以獵捕。更重要的是，早期農民清理出小塊土地，經過數季再將這些土地拋荒，創造出縱橫交錯的植被型態——這正是鹿的完美棲地。華北出土的鹿以梅花鹿最為常見，這是東亞溫帶—副熱帶森林區域原生的泛化種，體型相對龐大（體重六十至一百四十公斤不等）；親緣關係密切的赤鹿（北美洲稱為馬鹿）也被獵捕。麋鹿（大衛神父鹿）體型和這兩種鹿大致相當，但牠們專在河谷和濕地活動，小水鹿也是一樣，這兩種鹿在低地遺址都經常發現。其他常被獵捕的鹿還有體型較小的北方種——麅，以及大小與狗相仿，以尖牙捍衛森林領域的麝香鹿。

人們也獵捕另外幾種大型哺乳動物，但這些動物無法像鹿那樣得益於農耕擴張，牠們最終也全部從關中區域消失。亞洲雙角犀（「蘇門答臘犀」）是該區域的原生種，由此顯示犀牛如今在熱帶的分布，乃是人類將牠們從溫帶東亞清除掉的結果。家牛的野生始祖原牛也是該區域的原生種，但如今已經絕種，至今對牠們的歷史仍然理解不足，因為牠們的骨骸很容易與家牛的骨骸混淆。從許多遺址出土、也經常描繪在青銅時代禮器上的水牛，並非人們一度以為的家養水牛始祖，反倒是如今業已絕種的野生物種；家養水牛日後才由印度傳入中國。該地區出土的其他物種也包括貉、山貓、豪豬、獾和瞪羚，換言之，人們只是這片地景裡的其中一種動物。[21]

早期定居社會，西元前五〇〇〇至三〇〇〇年

黃河流域中游的人們，首先在西元前五千紀和前四千紀逐漸大大仰賴馴化動植物，此時正值仰韶考古學文化時期，人們這時定居於村莊，人口也開始增長（參看地圖四）。常年存在的聚落留下的考古遺存，比起早先季節性的營地更可觀許多，中國保存最完善、出土最完整的幾處新石器時代遺址也都在關中，關中區域當時是東亞人口最密集的定居區之一。花粉和動物考古學證據都顯示，

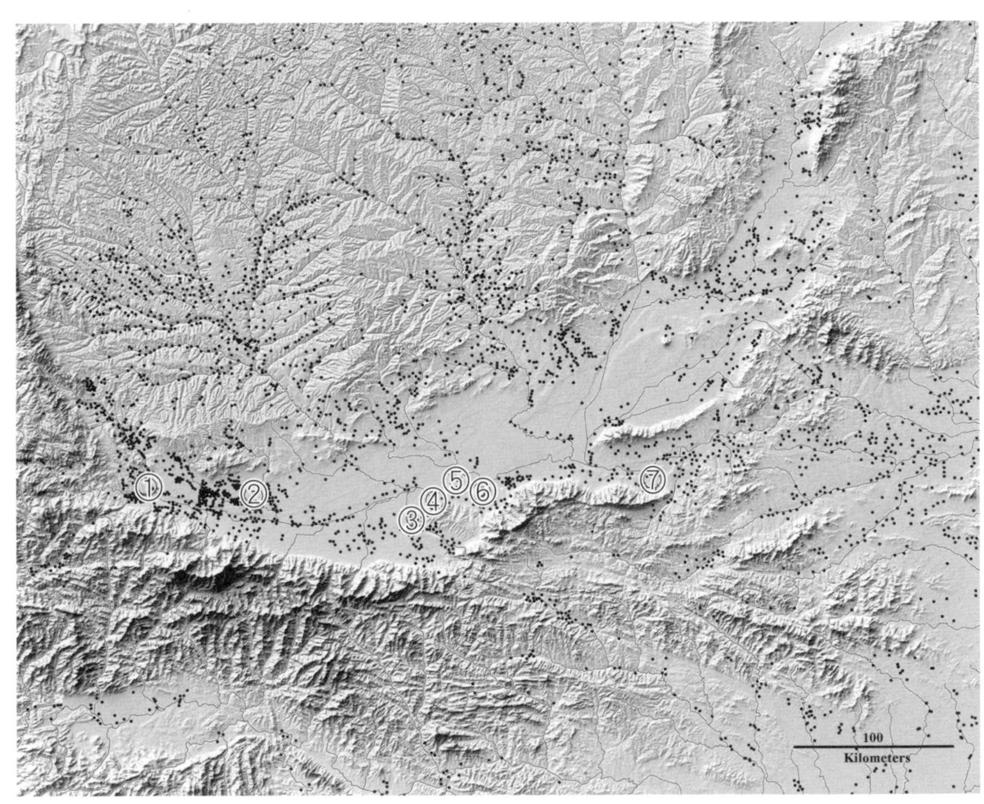

地圖四　仰韶文化考古遺址。

每一點都標示一處考古學者認為屬於仰韶文化（約西元前五〇〇〇至三〇〇〇年）的考古遺址。號碼標明大致位置：①北首嶺、②案板、③半坡、④姜寨、⑤零口村、⑥史家、⑦西坡。

圖／資料取自《中國文物地圖集》陝西、山西、甘肅、河南分冊，數位化於Hosner et al., "Archaeological Sites in China during the Neolithic and Bronze Age," supplementary dataset, PANGAEA, 2016: https://doi.org/10.1594/PANGAEA.860072. 地圖由地理資訊系統專家琳恩．卡爾遜繪製。

人類是該區域生態的一項重要因素，儘管如此，人口規模還是比日後的發展小得多，數百人定居的村莊散布於地景各處，為野生動植物留下大量空間，而野生動植物仍是人類飲食的重要成分。[22]

隨著人們愈趨定居，他們得以蒐集更多物品，並投注更多心力加以生產，陶器的數量和品質都提升了。[23]人們早先多半穿著獸皮和毛皮，但他們這時開始用麻之類的植物製作出更多織品，我們能知道這點，是因為這段期間的遺址，含有許多用來將纖維紡成線的紡輪（spindle whorl）。這段時期也出現了家族財富或地位分化的最早證據，相較於西元前五千紀的聚落房屋大小大致相同，後來的遺址往往有一間建築物明顯更大，並與其他建築物明確區分開來，由此表明若非某些家族取得了有利地位，就是這間建築專為群體活動而興建。墓葬的證據也顯示男性開始取得高於女性的社會地位，這意味著物質不平等一開始浮現，兩性不平等也隨之展開。[24]

本章的考古遺址地圖顯示，新石器時代的人們往往集中於水路沿岸，避開缺乏流水的平原。應當強調，地圖四和地圖五（八三頁）並不是有系統調查的結果，也並未描繪出某一特定時段之內的所有遺址，兩圖描繪的反倒是考古學者指出的特定考古學文化全部已知聚落。它們描繪很長一段時期的所有已知遺址，這意味著其中多數遺址並非同時有人居住，即使某些遺址含有厚層文化堆積，似乎在千百年間受到反覆使用，或者甚至有可能持續被使用，其他遺址的文化堆積則屬淺層，只被短暫居住過，無疑還是有些採集群體為了利用季節性資源而移動，他們的短期聚落不太可能被考古學者發現。即使在永久定居的遺址裡，人們也不會持續耕耘相同的田地，他們每塊田地會耕作數年，接著拋荒多年，然後加以焚燒並再次栽種，土地很充足，村民們即使住在同一地點，也能實施相對長久的休耕，讓他們省下了必須為田地施肥的力氣。[25]

西安以東姜寨和半坡兩地的仰韶文化初期遺址，顯然是關中任一時期出土最完整的村莊。正如同一時期的其他村莊，它們以一片共有開放空間為中心，房屋在空間四周圍成圈，房屋周圍再挖出約五公尺深的壕溝，這些壕溝的用途可能是防禦人類或野生動物，或許也作為花園使用。這些村莊分成幾個約莫相同大小的院落，意味著社會經濟甚少分層化。半坡是最早大規模發掘的中國新石器時代遺址之一，一九五〇年代開始發掘，它在數十年間都是學者據以分析中國史前時代的主要遺址之一，遺址出土了成千上萬件器物，包括陶器、石材切割工具、磨刀石，以及骨頭和鹿角製成的針、箭頭等多種工具，器皿形式包括盛水用的壺、放在火上煮食用的三足陶器、大容量陶罐，以及打磨過的紅色食器。甲殼和陶製成的切割工具，可能用於收割穀類；紡輪和陶器上的籃印紋，則顯示人們將多種植物編成織品和其他物品。人們看來食用不少魚，許多遺址都發現了有凹口的石頭，據推測是漁網墜，還有骨製魚鉤和繪有魚圖案的陶器。[26]

半坡東北方十五公里處的姜寨遺址，有六十多間房屋聚集為大約五個建築群，其中四個建築群顯然有一間建築大於其他建築，這些布局被解讀為代表全村分成不同的大家庭群體。家戶之間的財富有些差異，也出現了經濟專業化的跡象，兩者都顯示社會逐漸分化為擁有私財的家族群體。姜寨一如其他同時期遺址，物質文化也包括多種石器和骨器、紡輪，以及陶器。[27]

姜寨的花粉紀錄顯示，蒿屬及其他草本植物一如往常居於優勢，加上針葉樹和落葉樹混合。姜寨以東零口村遺址取得的十件花粉樣本則顯示，村民會清除聚落周遭的林地。西元前五四〇〇年之後的四百年間，該處遺址的樹木花粉平均水準從百分之十七下降到百分之三，草花粉平均水準則從百分之十三提高到百分之八十。更早時期的樣本包含雲杉、冷杉、松樹、鐵杉、榛樹、樺樹、櫟樹、榆樹、朴樹和楓楊的花粉，但後來只有松樹花粉會持續出現，人們大概清除了遺址周邊的大多數樹林，以取得木柴和農耕用地，香蒲屬（*Typha*，香蒲和蒲草）的平均水準時日既久也減少了，表明該地區的濕地縮小。[28]

這一時期的人類骨架相對高大，少見生理缺陷，他們的牙齒也很好，少見齲齒，與後世大量食用煮熟穀物的人們大不相同，這一切都意味著他們有著健康的混合膳食，野生和馴化物種兼有。人骨的同位素分析顯示，仰韶時代的人們比起早先的人們更仰賴小米和豬。小米是仰韶時代村莊的主食，但半坡發現的栗子、榛果、松子和朴樹果核，卻顯示堅果和果實也很重要。野生胡桃曾在其他新石器時代遺址發現，在關中同樣有可能採摘；堅果營養豐富又耐久，在一年某些時候可能是重要的食物來源，要是作物歉收，較不可口的橡實等堅果仍可供給不少食物。其後數千年間，隨著農業人口增長，人們清除森林和他們的堅果樹，降低了農耕社群應對作物歉收的韌性。也有證據顯示人們當時可能在釀酒。[29]

在這些早期村莊中，豬和狗自由晃蕩。豬在這時成了人類群體中不可分割的一分子，即使人類也食用許多鹿和其他動物，豬自行採集食物，清理村中廢棄物，並食用任何剩餘或變質的作物。新石器時代中國的豬，是中國原生家豬的始祖，近代初期的歐洲人將中國原生家豬與歐洲的肉豬育種，產生出如今全球工業養豬所使用的豬種。河南人相較於關中的鄰居往往食用更多豬，關中人食用更多野生動物。中國的狗體型也逐漸變小，如今隨意漫步於世界各地人類群體中的狗，相似得不可思議，這意味著體重十五公斤上下的褐色狗，在那個棲位中擁有某種演化優勢。從這時候起直到最近數十年，人、狗和豬在中國同居，共享彼此的聲音、氣味，乃至疾病。[30]

人們到了這時已經減弱了平原上野生動物的多樣性，但農村仍是野生空間包圍下的人類前哨。關中平原遺址出土的動物，包括野羊（可能是盤羊）、野馬、貉、豺、獾、豬獾、刺蝟、麝鼴，五種鹿（赤鹿、梅花鹿、麝香鹿、水鹿、麞），以及雉、鵜鶘、鷗、鶴、鯉魚、鱉和淡水螺，由此顯示人們從森林、濕地和山區採集動物蛋白。位於西方山中的同時期遺址大地灣，則包含更加多樣的野生動物，除了上述這些動物，當地還有豹、虎、石虎、鼯鼠、犀牛、野馬、鬣羚，還有一根謎樣的大象骨頭，這些動物大多必定曾經居住在平原上（山羊般的鬣羚和盤羊僅只生活在高山中），因此關中平原的遺址缺少這些其他動物，大概是由於人類活動。當然，我們無從確知骨骸未見於新石器時代遺址的動物，是否就不存在於這個區域。[31]

現在讓我們轉向仰韶文化後半期——西元前四千紀。人口持續增長，此時有幾處遺址比早先任何一處遺址都更大，其中包含了龐大建築物和夯土牆，這表示社會分層化和聚落間暴力行為都在加劇。尤其河南的仰韶中期西坡遺址，以及關中西部大地灣和案板的仰韶晚期層位，都比各自所在區域的其他聚落大得多，它們大概是區域中心。這三處聚落全都有一間建築明顯更大於其他建築，這若非不平等加劇的證據，就是祭祀活動中心化的證據。[32]

農耕增加、狩獵減少的趨勢，整個西元前四千紀一直持續。在姜寨，鋤頭及其他農具的比例提高到出土工具總數的三分之一，這些工具的品質也提升了，多數石器都經過打磨，許多也都鑽了孔，新農具也投入使用，例如矩形到半圓形的石刀和陶刀，還有石鐮刀和蚌鐮刀，後兩種刀大概都用來收割穀類。如同仰韶初期，漁網墜和紡輪都是紡線和織布的證據，魚叉的數量似乎逐漸減少，但漁網墜並未減少，漁網使用增加有可能表明較大的魚隨著漁獲壓力增加而愈來愈少見，魚叉的用處因此不如漁網，由於漁網能捕撈較小的魚，對魚類族群的影響可能更大。[33]

粟逐漸取代了黍而成為主要作物。隨著小米田面積逐漸擴大，各種各樣能適應環境擾動的植物移入田裡，成了農業雜草，其中多數是野生粟，但也有馬齒莧、五指草、砧草、紫蘇、藜和蓼等藥用植物。藜（例如羊腿藜）和紫蘇可能是人工栽種；大豆是在人類聚落周遭生長的一種雜草，能產生營養豐富的種籽。人們從某個時候開始揀選和栽種油含量更高的大豆，最終形成了含油更多的品種。人們也栽種旱稻，旱稻當時在長江流域已是廣為栽種的作物，但它需要的水比小米更多，在黃河流域中游仍屬次要作物。[34]

小米的蛋白質含量超過百分之十，但離胺酸及其他胺基酸的含量低，因此偏食小米會導致營養不良和齲齒。仰韶中期西坡遺址出土的人類顱骨口腔健康狀況不佳，意味著這些人的飲食過度依賴穀物，該遺址的人口密度高於關中任一遺址，最早的營養不良跡象出自當時最大的聚落，恐怕並非巧合，增長的人口往往過度利用狩獵或採集可得的資源，迫使他們必須更加依賴穀類，這種對穀類的依賴成為中國歷史大多數時候的普遍飲食趨勢。西坡的男女體型大小差異也大於其他更小的遺址，顯示男童在食物短缺時受到優先照顧。連同前文提及男女墓葬差異持續擴大的證據，我們可以大致看出性別不平等正在成形，朝向定居生活轉型讓女性得以生養更多子女，降低了她們的機動性，並將女性限定於能在住家附近從事的工作，而帶來了更加性別化的分工。[35]

人們持續試驗植物，並學習栽培更多植物。世界上有幾種最受歡迎的水果是在中國馴化的，但我們對這段歷史所知甚少。植物遺存的考古學研究在中國是頗為新穎的領域，考古學者更有可能獲取的是一年四季都受到食用的植物，而不是水果這樣季節性的植物。西元前一千紀《詩經》中的詩歌提及「棗」，又名中華棗（學名*Ziziphus jujuba*），還有梅屬的幾種果實，可能包含桃、杏和櫻桃。與現代人工栽培形式相近的最早桃核，發現於長江下游的西元前四千紀遺址，基因研究則顯示櫻桃首先在四川盆地周圍受到馴化。《詩經》也提及多種梨或海棠果，以及榅桲（木瓜），即使它們可能全都未必馴化。人工栽培的蘋果如今是關中區域最常見的水果之一，它大概是在近兩千年的某個時候從中亞傳入中國。我們可以確定，今後的研究將能揭開華北果實栽培的漫長歷史。栽培果樹和堅果樹，讓人們得以開墾不宜農耕的坡地，並在遠離住家之處種樹，只需在收成時節前往探視。[36]

正如人們在此一時期對馴化植物的依賴度提高，馴化動物相對於野生動物的比例也上升了，這在西坡等大型遺址尤其明顯，豬占了動物遺存的五分之四以上。豬和梅花鹿仍是關中多數遺址最常見的動物，除此之外，東營遺址還有原牛、野生水牛、水鹿和麝香鹿、獾、貓和野羊，直到馴化羊和牛在隨後的龍山文化時期傳入，馴化動物才能在人類飲食中多半取代野生動物。[37]

隨著農業占領了更多地景，多種動植物前來棲居，雜草和昆蟲在耕種過的田地裡繁衍，刺蝟、野兔和倉鼠也是如此。聚落中的全部食物皆為大小老鼠等嚙齒類所用，麻雀、鴿子及其他鳥類專門啄食農作物和危害農作的昆蟲，蝙蝠和燕子學會棲身於建築物中，這是絕佳的位置，可以獵捕繞著村莊飛行的眾多昆蟲。家貓尚未從西南亞傳入中國，但野生山貓經常來到人類聚落，獵捕所有這些小型動物。農村也正在自成生態系。[38]

農業社會正在擴張，它們對環境的影響也在擴大。河南西部系統性的考古學調查揭示，仰韶中期的聚落比起新石器時代任何其他時候都更大、數量也更多。調查也顯示，人口最稠密的地區隨後被拋棄，原因可能在於環境退化。黃河下游的沉積作用研究同樣顯示，華北的侵蝕作用大約就在此時加劇，至少部分是人類活動所致。也有在地證據顯示，關中農民開始添加有機材料和礦物顆粒以轉化土壤；仰韶晚期大概是青銅時代之前關中人口密度最高、遺址規模最大的時期。[39]

複雜社會興起，西元前三〇〇〇至一〇四六年

改變的步調在西元前三千紀以後加快了，甲骨占卜廣為流傳，多間式建築愈來愈常見，製陶技術持續進步，冶金術也從內亞傳入。牛、羊、馬的傳入則加速了愈益依賴馴化物種的趨勢，讓人們得以利用先前派不上用場的乾燥土地。這些動物使得人類有了全新的維生形式，這種新形式需要某些人變得更加流動；牠們也成了某種重要的新式財富。雞也在這時從南方傳入，和豬、狗及其他雜食動物一同在人類聚落內採集。正如下一章要討論的，社會在這一時期階層更加分明、也更不平等。龍山文化時期大型城邑興起於大半個華北，其後的青銅時代則是東亞最早的城市和國家興起。[40]

關中社會在這兩千年間不可思議地與關中以東的區域大相逕庭，陶寺、二里頭、二里崗等城市蓬勃發展於數百公里外，但關中的聚落反而比先前更少也更小。差異始自西元前三千紀，且隨著時間而擴大，其軌跡在關中不易追溯，因為考古學者依據遺址的出土陶器界定其年代，而某些陶器式樣很有可能在其他區域採用新式樣很久後才在某一地區產製。二里頭的城市和文化自龍山文化脫穎而出，在西元前一九〇〇至一五〇〇年間興盛於洛陽一帶，同時關中區域的物質文化則仍屬傳統龍山文化。二里崗的強大國家隨後興起於東方更遠處，二里崗人看來約莫在西元前一五〇〇年移入關中東部，隨後數百年間，他們的文化逐漸與關中西部的在地陶器式樣融合，並取而代之。[41]

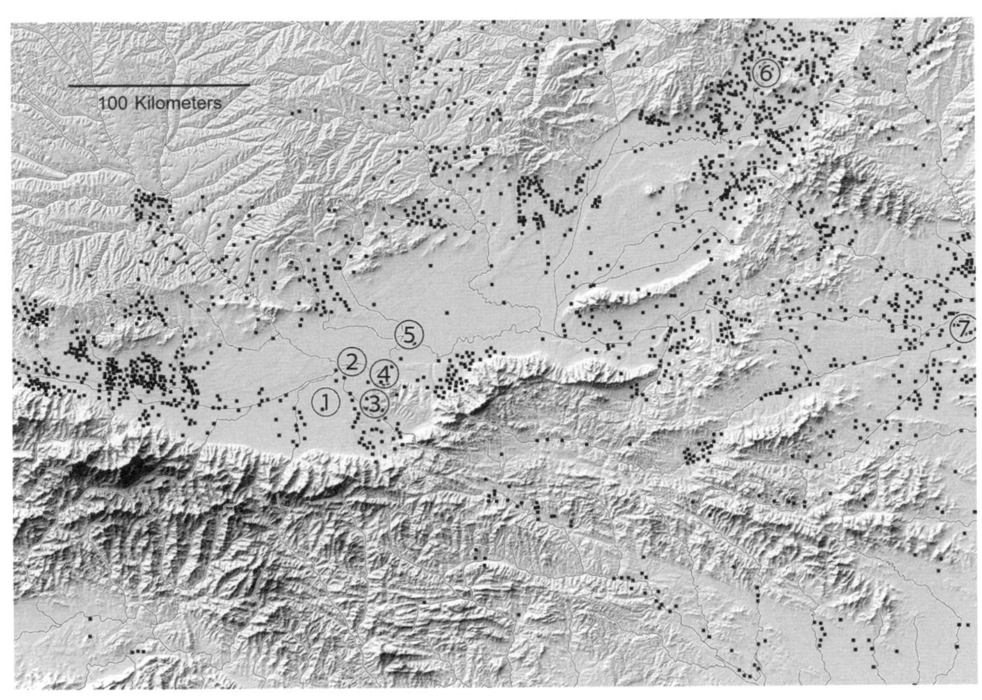

地圖五　龍山文化考古遺址。

每一點都標示一處考古學者認為屬於龍山文化的考古遺址。大多數遺址皆可追溯到西元前三千紀，但關中某些遺址或許可追溯到西元前二千紀初期。號碼標明大致位置：①灃西和客省莊、②東營、③老牛坡、④姜寨、⑤康家和白家村、⑥陶寺。我也將地圖最東邊的⑦後二里頭遺址包含在內。雙槐樹在二里頭附近。左上角沒有點，因為我們沒有甘肅的龍山文化遺址地圖。

圖／資料取自《中國文物地圖集》陝西、山西、甘肅、河南分冊，數位化於Hosner et al.,"Archaeological Sites in China during the Neolithic and Bronze Age," supplementary dataset, PANGAEA, 2016: https://doi.org/10.1594/PANGAEA.860072. 地圖由地理資訊系統專家琳恩．卡爾遜繪製。

關中和鄰近地區分化得很慢，西元前三千紀時，關中人口仍以周原和坡度平緩的渭河南岸為最多（參看地圖五），其中某些地區的聚落密度高到大半土地可能都被開發到相當程度。關中盆地的東北部人口仍然稀疏，鹿和水牛遺骸在康家和白家村遺址的密度之高，顯示該地區仍是許多大型野生動物的家園。但即使在這些地區，人們似乎也比先前的人群更加倚重農耕。龍山文化時期的關中一如鄰近區域，也出現了不平等加劇的某些證據，其中包括可能的殺人獻祭，以及家戶間可能為了區分個別家族財產而築牆的證據。但不同於東方各地，關中的大型城鎮不多，也沒有尊貴物品或豐富的墓葬遺物能表明社會經濟分層化。人口在西元前二千紀減少。[42]

年代可追溯到西元前三千紀的遺址所出土的工具，顯示出愈益依賴農業的趨勢仍在延續，除了農具之外，多數遺址還有臼和杵、骨針，以及紡輪。許多遺址出土的窖穴大概用於儲藏穀類，農具創新的證據極少，但並不意味著農業實務仍保持不變。數千年來，人們無疑持續試驗著栽種方法、作物變種、灌溉及其他技術。正如下一章所述，早期文本揭示人們既用火狩獵，也為了農業而用火清整土地。河南某些地區的西元前三千紀聚落，大得足以摧毀周遭植被而造成侵蝕，儘管我們無法量化這些做法的使用，但人們顯然用刀耕火種轉化了聚落周遭的環境。[43]

除了小米之外，人們也種稻、小麥和大豆，他們可能也在試種藜和燕麥，大豆看來仍是次要作物。小麥在西元前三千紀從西方傳入，但它的原生環境是夏季乾燥、冬季濕潤的地中海，因此未能茁壯成長，東亞農民用了數千年開發出能在東亞氣候中茁壯的品系，即使如此，小麥直到漢代才普及起來，人們當時開始把小麥磨成粉。對於擔憂歉收的農民而言，小米仍是更可靠的選擇。我們知道杏和桃也在這時期栽種，因為它們在西元前二千紀初期與黃河流域近似的小米、器物一起傳入中亞。關中的窖穴發掘出了野杏和文冠果，燒過的木頭保存在土壤中，同樣揭示出桃和杏的傳播，更普遍來說則顯示出用火焚燒在西元前二千紀更為頻繁。有些證據顯示，焚燒的增加和耕種在此時造成了侵蝕。[44]

痲在這時可能已經栽種數千年之久，但此時是我們能從土壤和陶器上的印紋證明織品存在的最早時期。其他植物纖維或許也有使用，人們也同樣穿著毛皮和皮革，大量紡輪和陶器上的織物印紋，表明了布料受到廣泛使用。最近在洛陽東北發現的雙槐樹遺址，有一個切入蠶狀形體的野豬牙出土，由此顯示人們此時已經學會抽繭取絲並織成布料。[45]

豬和鹿仍是主要肉類來源，即使極少有遺址能找到保存良好且受到充分研究的動物相遺存。東營遺址的豬和鹿比例早先有所增加，但梅花鹿仍是康家遺址最常見的動物。康家遺址三分之二的豬和羊，都在年齡不到三十個月時被宰殺，多數的狗也在幼年時被殺，由此證明人們飼養牠們是為了提供肉類。兩處遺址都有淡水貝、鯰魚、雉、野兔、狐、狗、貓、水鹿、水牛和牛，康家也有鯉魚、天鵝、金龜、黑熊和虎，東營則有麝香鹿和羊，大型草食動物的比例比起先前下降了。即使有這些動物骨骸，我們卻不該假定人們食用許多肉類，學者將康家的人類遺骨與仰韶時代遺址的人類遺骨對照，發現身高明顯縮小，還有貧血的可能證據，這是營養不良或長期寄生蟲感染所致。此外，缺牙、齲齒都更多，牙齒磨損則更少，這一切都意味著人們食用肉類更少，食用煮過的穀類更多，而有些營養不良。即使樣本數少，它仍強化了普遍印象：隨著人們逐漸更加偏食穀類，飲食的多樣性和營養都隨之降低。[46]

這樣的發現並非東亞獨有，隨著世界各地的農耕人民變得更加定居，愈益依賴穀物，日常生活逐漸接觸到更多馴化哺乳動物，他們的健康往往受損。以穀類為重心的飲食，尤其不如採集人群的飲食那樣多元，而可能導致營養不良，它也造成了齲齒，在沒有牙醫的世界裡可能會是嚴重問題。生活在固定聚落中也促成了疾病傳播，更多的人口可能支持著疾病永久棲居於人類社會中，還有蛔蟲、條蟲等存活於人類消化道的寄生蟲；肺結核自從人類離開非洲就如影隨形，其中一種特別致命的品系，則產生於新石器時代華北。馴化的牛科動物（牛、羊和山羊）傳入，大概也增添了疾病，近距離接觸動物讓寄生蟲和感冒、天花等疾病得以在人類和馴化的鳥類和哺乳類之間傳播。不幸的是，我們對於其他疾病在中國的早期歷史所知極少，但我們確實知道日後的中國人遭受天花、肺炎和痢疾等肺病，以及傷寒、斑疹傷寒和流行性感冒等熱病。儘管疾病讓個人承受不適，卻也讓農業群體取得了領先採集者的流行病學優勢。居住在人口稀疏地區的人們，往往比疾病纏身的農業社會人們更健康，尤其勝過擁有家畜的人們，但在兩個社會相遇時，後者的疾病卻帶來強大優勢。正因如此，如今南北美洲和澳洲的多數人，才是歐亞和非洲人的後裔。[47]

此時是我們握有明確證據，證明歐亞大陸各地文化交流的最早時期，牛、羊、馬、小麥和冶金術都在這一時期傳入東亞，並逐漸轉化了東亞社會，冶金術和馬匹大幅增強了統治者凌駕於被統治者的力量，正如下一章的討論。更直接影響多數人生活和環境的動物則是牛科動物，由於牛科動物作為反芻動物，演化到了能憑青草等低等植物物質維生，牠們得以在鹿之類的食嫩植動物無法承受的乾燥和高山地帶繁衍。馴化牠們為人類利用開啟了全新展望，人們的牧群逐漸取代原生動物相，由於牠們是社會性動物，人們就能加以牧養，由此產生了牧人的社會經濟新角色，他們往往有大量時間離群逐水草而居。牛、羊和山羊起初在西亞馴化，牠們和馬一樣，是不久後在歐亞大草原形成的游牧人群之基礎。牛和羊早在西元前四千紀就傳入東亞，但牠們直到西元前二〇〇〇年後才普及；雞在西元前二千紀末傳入黃河流域，但也直到後來才普及。[48]

牛科動物納入人們的維生策略之中，大概對社會和環境都產生了顯著影響，即使這些影響浮現得緩慢。牛可以拉動重物，東亞人民在這一時期可能已經使用牠們拉動輕犁，這點在中國找不到充分證據，但美索不達米亞的人們自西元前四千紀以來已經用牛犁田，東亞人民可能也同樣熟悉這種做法。牛科動物傳入最明顯的社會後果是，牠們成了一項重要的財富來源，由於每一種動物都是肉類、皮革，可能也是勞力的來源，一群動物就是有價的財產，這就意味著草地逐漸有了新的價值。牛逐漸取代了豬成為主要祭牲，由此顯示牠們被看作有價值且高貴的動物。[49]

我們不知道中國人是否使用乳汁，牛和羊生產肉的速度比不上豬，但牠們的乳汁從歐洲和美索不達米亞早期就受到重視。內亞東部的民族早在西元前三〇〇〇年就開始飲用牛乳和羊乳，其後一千年間，牛羊乳汁成為他們飲食中固定的一部分。中國人飲食中缺少乳製品的原因經常被解釋為乳糖不耐症（lactose intolerance），但歐洲人在基因突變、能夠攝取乳糖之前，就已製造出乳酪、酸乳等乳糖減量產品，藉以攝取乳汁。處理過的乳製品對於內亞民族的飲食也同樣重要，他們耐受乳糖的程度僅略優於中國人。一般推測，華北人民直到西元一千紀被內亞民族征服後才開始採用乳品，但問題或許不在於文化或生理排斥，反倒只不過是人口稠密的黃河流域低地缺乏牛科動物。[50]

馴化動物往往與其近緣野生動物占居相同的棲地，正因如此，馴化動物群的擴張縮小了野生動物可用的土地。在馴化近緣種擴張中仍能蓬勃發展的、唯一一種大型野生動物是野豬，反之，家牛、家羊和家馬的擴張，可能促成了原牛和野馬滅絕，乃至其他許多物種數量下降。牛、羊等大群食草動物往往吃掉樹木幼苗，阻止森林增長，這意味著人們砍伐聚落周邊的樹木以後，地景更有可能保持在無樹狀態。但在一個地區森林被砍伐且過度放牧以後，牛科動物依靠僅剩的貧乏植被維生的能力比鹿更勝一籌，牠們因此使得人類社會面對自身造成的環境退化更具適應能力。隨著農耕和畜牧在地景上和人類飲食中取代了鹿，鹿與早期農業人口之間形成的某種共生關係也隨之消逝。

牛科動物的傳入對應著輕微卻持久的氣候乾燥趨勢，全新世中葉的暖化期到此結束，這肯定有助於畜牧在華北乾燥的黃土區域成為一項關鍵維生策略。我們所見此一時期氣候變遷的最早證據是，西元前三千紀晚期大半個歐亞大陸都能感受到的氣候變化。此時關中發生了大洪水，即使未必影響到多數人口居住的地區，長江流域的都市文明約莫在此時不可思議地衰落，但長江以北的社會卻能蓬勃發展，因此我們必須尋求氣候之外的解釋。疫病在此時傳播於歐亞大陸其他地方，這提醒了我們，學者如今才剛開始發掘疾病漫長的史前史。或許更重要的是，我們必須思考愈益軍事化的政體與其鄰邦的關係，下一章也要探討這個主題。[51]

西元前二千紀末則是氣候不穩加劇的另一時期。出自西安南方一處洞窟的氣候紀錄，揭示了這一時期同時有著極潮濕和極乾燥的年份。黃河、渭河和涇河也發生了大洪水，規模遠遠超過近代記載中的任何一次。關中的地層學明確指出了全新世大暖期的終結：全新世中葉更潮濕條件下產生的黑土，回復為淺褐色黃土；關中區域各地的轉型情況不一，某部年份明確的地層剖面則把此事發生的時間記為數百年後。儘管如此，整體上的乾燥趨勢仍是明確的，周人及其盟友大約就在此時征服商朝，推測氣候是否發揮了促使周人滅商的作用，頗為耐人尋味。周代其他時期的氣候與近代頗為類似，因此本書接下來幾乎不會再討論氣候。[52]

當我們進入青銅時代，我們擁有的證據性質也改變了。隨著中國考古學者更趨近於文獻時代，他們的優先考量轉而聚焦於確認歷史文本所提及的場所和事件，這就意味著他們集中心力於發掘城市和墓葬，而非村莊。二里頭、二里崗等都市中心大受關注，因為考古學者將它們與歷史文本提及的夏、商兩朝聯繫起來。而在陝西，西安以東的老牛坡遺址與二里崗有著明確關聯，至於在涇河上游的碾子坡遺址，則因為可能是周人征服商朝以前的聚落而受到探討。

西元前二千紀的關中只有幾處遺址被發現，已出土者極少，其中包含大量工具和器具，與龍山文化的先行者相近，如矩形石刀、骨箭頭和骨針、甲骨和紡輪，也有些銅製器具和銅箭頭。老牛坡是關中最大、發掘也最徹底的西元前二千紀遺址，該地出自西元前一四五〇至一一二〇年間的層位，包含大批石刀和鋤頭、箭頭、甲骨和骨製工具。該地的漁網墜數量遠遠多過同時代其他遺址，魚類、軟體動物及其他水生動物，看來仍是水路附近社群重要的蛋白質來源，人們也製作小型的銅魚和銅龜。碾子坡出土的西元前二千紀中晚期骨骸，屬於牛、豬和狗，野馬、山羊和鹿則較少。書寫文字在西元前二千紀晚期出現時，這一區域的社會已經完全務農了，即使周代文獻明確表示，各式各樣的野生動植物仍圍繞著這些聚落。[53]

周代時期，西元前一〇四六至二二一年

西元前一〇四六年前後，一個由關中民族組成的同盟向東進軍華北平原，征服商朝並建立周朝。周王室自關中和洛陽統治了將近三百年（西周時期），西元前七七一年周王室被外敵攻破，勢力減弱的朝廷東遷到洛陽，有名無實地保持王位五百年，這段時期稱為東周。東周是巨變的時期，

尤其在東周後半的戰國時代，商業和國家權力都大幅擴張，即使社會在這段時期產生巨變，多數農民仍繼續使用木造、石造和骨造工具。本節將要討論此一時期的植物，繼而動物，並以農耕方法作結。

大半個西元前一千紀裡，關中的人口密度都遠低於東方各區域，周朝的建立將關中轉變成重要的政治中心，以及富庶且人口稠密的農業區。由於先前人口稀疏，關中區域的自然資源可能多於人口更稠密的東方各區域，這正是周人征服商朝之後將朝廷遷回關中的充分理由之一，即使他們確實在洛陽建立一處行政中心。土壤研究顯示，約莫就在此時，關中盆地東緣遺址的土壤侵蝕開始大幅增加，可能是農耕擴張所致。[54]

這是首先留下了文字記載的時代，意味著我們擁有的這批證據基本上不同於以往。儘管此時的考古證據多半出自墓葬，對於維生方式透露得不多，但成書時間可追溯至周代前期的《詩經》卻有大量提及動植物的文字。周代社會大抵是農業社會，但《詩經》顯示，野生動植物對於維生和文化都發揮了重大作用。西周時期並未出現市集的證據，人們消費的資源看來也幾乎完全取自生活周遭，隨後數百年將會看見社會深刻轉型，都市化、商業化，以及強大中央集權國家的成長，在在轉化了農民的生產條件。不巧，我們卻幾乎沒有周代農耕的物質證據，因為考古學者並未發掘和發表此一時期任何村莊的相關資訊。即使對農耕技術變遷理解不足，我們仍可確定，誘因結構和農民承受的壓力都深刻地改變了。

我們對這一時期農業的理解，不同於尚未擁有文本的先前時期，文本向我們透露了農耕方法，以及那些無法藉由考古保存的作物。小米在這一時期始終是主食，也是《詩經》中顯然最常提及的作物。麻的用途不僅在於纖維，也在於種籽，它通常在文本裡被列入「五穀」之一。大豆逐漸栽種得更為普及，即使不太被當成糧食作物；紅豆和綠豆也在東亞受到人工栽培。大豆在貧瘠土壤生長，並以固氮作用改善土壤的能力，有可能隨著人口愈趨稠密，休耕期間在戰國時代到漢朝之間縮短，而讓人們更加廣泛栽種。大豆在某些地區被當成救荒作物栽種，但或許不是在關中，因為大豆比小米更不耐旱，它們不被看重的理由在於不易消化，直到人們學會將大豆做成豆芽、豆腐和多種醬汁，才成為受歡迎的食物，其中多數製品都出現在本書研究的期間過後。周人食用肉醬和保鮮肉，隨後發展出的醬油加工複雜方法，看來可能有一部分是為了應對動物蛋白可用性降低的問題。小麥尚未得到普遍食用，直到漢代石磨普及，人們得以把它磨成粉，製成麵包和麵條，從此才逐漸成為關中區域的主食。[55]

《詩經》尤其有用之處，在於其中提及考古發現鮮少或不曾保存過的蔬果，讓我們得以一瞥可能長期受到栽培的許多不同物種。人們種植梅屬的幾種水果，其中可能包括桃、李、櫻桃和梅（Japanese apricot），周原一處窖穴發現了數百顆野生或馴化的杏籽，還有某些更小的野生梅屬果實種籽，這處窖穴可能用火處理過以確保乾燥，烘乾的杏可能存放其中，作為儲藏的水果；也有可能只保存了種籽，因為杏籽經過某些處理即可食用。另一處窖穴則存放將近兩百顆棗仁，可能是當成水果儲藏，因為乾果可以長時間貯存，種籽則不可食用。野生棗樹有尖利的刺，作為樹籬而廣泛栽種，人工栽培的棗樹則能結出更大果實，這兩種棗樹都能產生可食用的營養果實；在現代，人們則將棗乾加入湯和茶中，既提味又有醫藥價值。正如前文所述，《詩經》也提及幾種水果，可能是梨、海棠果和榲桲的某些種類。「枸」或許是指枳椇（日本枳樹，學名*Hovenia dulcis*），甜味的莢果至今仍在關中區域食用；柿子如今是區域內最常見的水果之一，但顯然直到漢朝以後開發出甜味品種和接枝技術，才得到廣泛種植；桑樹既能用桑葉餵蠶，果實（桑椹）也有用處。[56]

堅果大概也是重要的食物來源，《詩經》一再提及栗子和榛果，栗子如今在華北仍受歡迎。如前文所述，新石器時代的人們食用野生胡桃，周代的人們大概也是，即使《詩經》並未提及胡桃。野生胡桃比人工栽培的胡桃更小，馴化的胡桃最早大概在漢朝傳入東亞，從此成為大半個華北最重要的樹堅果。人們栽種各種各樣的葫蘆和瓜，葫蘆（學名*Lagenaria siceraria*）可食用，但主要由於它們能在晾乾後製成輕量防水容器而受到重視。葫蘆至少在一萬年前從非洲傳入東亞，它們的種籽在華北各地都曾出土，包括前文提及周原那處貯存杏籽的窖穴，那裡也存有超過一百五十粒甜瓜籽（學名*Cucumis melo*），甜瓜是亞洲的原生植物，甜的類型可當成水果食用，不甜的類型可當成蔬菜食用。[57]

《詩經》提及多種蔬菜，既然考古學者不太可能發掘出許多蔬菜的種籽，我們對這些蔬菜在書面文獻出現之前的歷史幾乎一無所知。蕪菁（學名*Brassica rapa*）此時可能已經存在著多種形式，例如大頭菜、小白菜和大白菜，要是包心白菜和油菜等其他蕓薹屬植物也在這時栽種的話，其實不足為奇；錦葵也作為一種綠葉蔬菜而栽種。這時的烹飪並沒有多少強烈的味道，因此可以確定，韭菜或蔥對於烹飪發揮了重要作用。令人麻痺的花椒（花椒屬，學名*Zanthoxylum* sp.），早在與新世界的辣椒結合、創造出川菜聞名遐邇的麻辣以前，就已用於調味了。[58]

中國的許多水果和蔬菜都有著漫長的馴化史，如今幾乎無從知曉。但無庸置疑，馴化任何植物的第一步，都要先發現其野生型態的有用屬性，採集野生植物則是《詩經》的常見主題。《詩經》

提及多種不同的野生及馴化植物，由此明確指出這是一個農村社會，其中多數人民熟知多種植物的特性和文化意義。除了前文提及的這些，《詩經》也提及其他許多種可食用植物，雖然未必能夠確認，但傳統上都把它們指為可食用的綠葉植物，其中某些可能已受到栽培。同樣應當強調的是，動植物始終都能供作藥用。[59]

植物也是織品的關鍵來源。人們用獸皮做衣服，也把植物纖維處理過後織成衣服，尤其是麻纖維，《詩經》中多次提到麻，包括浸漬麻使其纖維鬆脫的文句。西安以北涇陽出土的粗麻織物可追溯到周代，其他地方也發現過年代更久遠的織物，直到西元二千紀逐漸被棉取代為止，麻始終是普遍使用的衣料。《詩經》也提及了另一種纖維作物——苧麻的使用，以及用來製鞋和其他粗織品的葛藤。考古學者將西安以西的西周都城豐鎬遺址所發現的織物印紋確認為絲，桑葉用來餵蠶，桑則是《詩經》最常提及的植物，養蠶取絲作為理想女性的天職，由《詩經》及其他古典文本奉為典範，日後逐漸發揮重大作用，鞏固了中國的性別分工觀念。[60]

木本植物帶給人們大半材料和能源，人們使用的木材多半當成柴薪燒掉，用以煮食或為住家供暖，砍伐和收集木材肯定對人類聚落周遭的林地產生重大影響，缺乏柴薪則是人口增加首先帶來的後果之一。人們運用多種樹木製器和築屋，此時的屋舍往往是圍著泥牆的半地穴建築。從舊石器時代直到最近數十年塑膠廣泛使用為止，編織枝條、樹皮、草和藤在中國都用來製作許多日常使用的物品，柔韌的植物材料是人們使用的最重要原料之一，用途從籃子、袋子到魚筌、籬笆不一而足。早期文本也經常提到多種不同籃子，它們大概是用多種材料製成，包括蘆葦、草、藤和地下莖；人們也配戴草或竹編成的帽子，至今仍是如此。即使屋瓦使用在此時擴散開來，周代多數人大概仍以茅草為屋頂。[61]

出土骨骸顯示，關中的食用肉類多數取自豬、牛、羊，其他出土動物還包括馬、水牛、梅花鹿、熊、野兔、龜、鯉魚、蚌和雞。動物考古學者直到晚近才學會區分雞和野雉，這兩者即使到了今天還是很常見，因此我們對於雞的馴化仍然所知甚少。或許雞的馴化類似於豬、狗馴化，雞也是一開始被人類供應的食物吸引到人類聚落，人們發現牠們有用，就讓牠們融入人類群體，雞產生肉的速度比起大型哺乳動物更快得多，窮人終於開始吃雞肉和雞蛋，且往往更多於食用豬或牛。[62]

如同先前時期，魚大概是最重要的蛋白質來源之一。由於考古學者尚未發掘出這一時期的村莊聚落，我們缺少先前時期的漁網墜及其他捕魚工具樣本，但此時的人們確實用玉和金屬雕刻魚形配飾，他們也創作關於魚的歌曲，例如可能在宗廟獻魚的儀式上吟唱的頌歌。主要的捕魚方法大概是使用漁網和魚筌，即使《國風．召南．何彼穠矣》確實提到了絲質釣魚線（「其釣維何，維絲伊緡」）。漁網墜在新石器時代聚落十分普遍，即使我們無從比較周代的家屋遺址，《詩經》中仍有稱呼漁網和魚筌的多種不同用語。魚筌大概安裝於將魚群導向網籠的攔河堰上，可以在河流淺水處連同漁網一起設置，或將一排削尖木棍打入河床，形成一堵牆，既放走小魚，又將較大的魚引向網籠。隨著愈來愈多平坦乾燥的土地轉為農用，人們對於散布在水路兩旁，以及平原上排水不良之處的濕地也就利用得更多。專門在濕地生活的麋鹿和水鹿，最終從黃河流域一掃而空，水牛也被逼向滅絕，人們如今仍能捕獲蝸牛、蚌，以及至少三種龜等水生動物。[63]

正如其他許多社會，地位愈高的人吃的肉愈多，菁英不僅能取得更多家畜，也獵捕大型野生動物。隨著政治組織發展，其領袖逐漸把定期狩獵當成一種軍事訓練形式，並提供祭祖所需的肉類，這些狩獵行動可能是食物的重要來源之一。《詩經・小雅・吉日》這首詩描述馬車準備、行獵前的祭祀、周原上漆水和沮水之間的龐大鹿群，以及狩獵本身：

吉日庚午，既差我馬。獸之所同，麀鹿麌麌。漆沮之從，天子之所。
瞻彼中原，其祁孔有。儦儦俟俟，或群或友。悉率左右，以燕天子。
既張我弓，既挾我矢。發彼小豝，殪此大兕。[64]

儘管菁英仍持續發現可供獵捕的鹿和其他大型野生動物，平民卻不然，他們只能屈就於較小的獵物。鹿骨相對於馴化動物的比例持續下降，明確指出了人類土地利用愈益集約，這一趨勢自農業社會初建以來即持續不斷。鹿經常被描繪在西周器物上，但鹿的圖案隨後數百年間也減少了，隨著愈來愈多可耕地得到耕種，低地上的鹿變得稀少，其他土地也多半用來放牧牛、羊和山羊。正如低地農民人數增長，適於放牧區域的牧人人數也同樣增加。[65]

周代時期，游牧在乾燥的內亞各地持續擴張，儘管周和秦由於先後自黃土高原移居關中北部和西部，而在傳統上與游牧相關，但他們其實和關中區域多數人一樣，採取農牧混合的生活方式。農民密度提高逐漸減少了可耕低地的牧地數量，但黃土高原總有大量土地可供放牧。

且讓我們轉而討論農耕方法，由於文本證據，我們得以對這一時期略知一二。現代農民會認為周代農業是原始的，但從仰韶時代穿越而來的訪客，所見的周代農業卻頗為集約。周人所能運用的馴化動植物數量遠超過仰韶時代的先民，他們因而得以運用類型更為多樣的土地。由於作物種類更多且品種改良，加上農業方法改進，他們在給定空間內產出的食物更多。雖說我們大致知道人們運用了哪些動植物，但我們對於農耕的許多關鍵要素卻仍所知極少，例如休耕期、種植技術、肥料、灌溉，以及他們開始運用動物拉犁的時間點。雙期作、田畦栽種和施肥等做法都由周代文本首度提及，但把文本引述當成這些做法是新的或普遍通行的證據，卻是一大錯誤，農耕實務依照微氣候、土壤類型、人口密度、距離市場遠近，以及其他諸多因素而各異，歷史學者引證文本記載的軼事，主張作物產量在東周至漢代的一千年間增加了，這並不令人意外，但至今仍不可能證實。[66]

歷史學者十分留意灌溉這個課題，但灌溉在中國的起源仍是不解之謎。小規模灌溉想必普及於長江流域的新石器時代稻農之間，也很有可能普及於黃河流域，但很難找到考古證據證實。關中最早的人工治水證據是西周都城豐鎬挖掘的壕溝和池塘，豐鎬兩城位於西安以西的灃河兩岸，一條寬逾十公尺、數公尺深的壕溝，圍繞鎬京至少四公里長，壕溝的其中一段恰好穿越一處低窪地區，當時已是濕地或湖泊，日後成為漢代開鑿的昆明池最深之處，壕溝的用途或許是為該地區排水，並且劃定城邑界限和提供保護，這證明了西周人民有能力興建灌溉基礎設施，但我們無從得知他們是否真正修築過。一件西周青銅禮器（宜侯夨簋）上的銘文，提供了模稜兩可的治水證據，其中記載三百多條某種水道的賞賜，它們被假定為田間的小型灌溉或排水溝渠。[67]

至於肥料，最基本的施肥形式是休耕，也就是任由植物在田地上生長，再將它們犁進土壤裡，通常會先放火燒過。休耕的歷史和農耕一樣悠久，但休耕最早的證據出自《詩經．周頌．良耜》中的這幾句：「其鎛斯趙，以薅荼蓼，荼蓼朽止，黍稷茂止。」《禮記．月令》提到被夏天的雨水殺死的植物，「可以糞田疇，可以美土疆」；荀子同樣寫到「多糞肥田」。早年的農民可以逕自將田地拋荒，並焚燒植被以提供養分，但人口密度提高卻縮短了休耕期，迫使農民設法改良土質。數千年來，豬對於中國農業始終重要的理由之一，即在於豬糞提供了不可或缺的肥料。[68]

研究早期中國的歷史學者，長久以來都在爭論人們從何時開始使用家畜拉犁。馬在商代用來拖曳雙輪戰車，但在戰國時代文本提及牛拉犁之前，中國並沒有使用牠們的明確證據。獸力牽引具有重大意義，擁有牛的人相較於沒有牛的人，財富因而大幅增加。牛耕在給定面積內所能產出的食物少於園藝，但人類勞力每次投入卻能產出更多穀糧，富裕程度足以擁有土地的人們，其收入也隨之增加，他們還可以把牛租給別人，讓收入增加得更多。牛也能用糞便提升土壤肥力，並且拖曳輪車。隨著華北農業中心人口增長，土地凌駕於勞力，成為農業生產的限制因素，壓榨人類勞力也就比使用稀少的土地牧牛來得更便宜。[69]

牛拉犁最早的明確證據，出自西元前五世紀或前四世紀的文本。早期中國的著作並未揭示牛犁的證據，長江流域出土的三角形石器通常稱為犁頭，但當時並沒有馴化的牛科動物能夠拖曳，犁可能是由人類拉動，但這些器具更有可能另作他用。動物考古學者主張出土的牛骨顯現出拖曳重物的病理特徵，但這點尚無定論，考古學者也表示西周都城豐京的牛被宰殺時相對高齡，由此表示牠們用於勞動，但這兩例的牛拖曳的可能都是車，而不是犁。直到西元前三世紀左右採用更有效的胸帶輓具（breast-strap harness）為止，輓具都由一條繫帶繞過喉嚨，拖曳重物時很容易讓動物窒息，對於獸力牽引的廣泛使用構成重大阻礙。[70]

早期中國使用牛的一條重要線索，出自一名官員勸阻趙王與敵國秦開戰的論點：「且秦以牛田，水通糧，其死士皆列之於上地，令嚴政行，不可與戰。王自圖之！」（《戰國策・趙策・秦王謂公子他》）秦國土地廣大，該國官員保留土地養牛，正如我們從秦律所得知，他們也將牛租借給農民；官員知道多數人缺少牛，因此他們就提供牛。墓葬中放入牛拖曳輪車微縮模型的做法，可能始於戰國時代的秦國，而後傳到東方，由此也意味著牛在秦國更為普及。早期中國獸力牽引問題的討論方式，經常彷彿問題是出在人民熟習這項技術與否，但更大的問題可能出在牛和馬的運用；一般而言，動物在東亞農耕發揮的作用，比起在近東或歐洲更小得多。本書探討的時期結束時，黃河流域核心農業區的人口，已經多到可供牛使用的土地所剩不多，即使牛耕技術的知識普及，卻未將牛廣泛用於農耕的原因正在於此。[71]

本章卷首的《荀子》引文，正是西元前三世紀華北農業體系的例證。首先是穀物，其次是水果，再次是蔬菜，而後文本才提及動物，動物在多數人飲食中的重要性遠比不上植物。到了荀子的時代，華北低地的大型野生動物已經所剩無幾，原牛、野馬和野生水牛終究絕種，低地的農民人口稠密，但山區和濕地仍是多種不同魚類、爬蟲類、鳥類和野生植物的家園。由此說明了古代文本何以反覆提及「山澤」的出產，這兩種地景都無法輕易轉換為農地，它們仍為野生動物提供了棲地。

許多學者相信，農業生產力在周代最後數百年間提升了，鑑於社會、經濟和政治的深刻變遷，這並不令人意外。但多數人大概還是使用著與新石器時代先民相似的農具，由此顯示出影響農耕的主要因素是社會的、而非技術的，擴大市場創造出契機，誘導人們生產經濟作物，栽培更多食物以賺取收入。至少同等重要的則是，國家力圖向農民榨取更多勞力和資源的壓力，逼迫農民更努力勞作、產出更多食物。國家對人民和環境施加的力量愈益強大，正是本書以下各章的主題所在。

第三章

牧民方略——中國政治組織的興起

日費千金，然後十萬之師舉矣。

——《孫子兵法》（西元前五世紀）*

萬事皆自農耕始。人們靠著馴化動植物，獲得了建立生態系的能力，得以可靠地供給食物及其他材料。隨著農民對某些作物的依賴與日俱增，他們開始貯存穀物，好在乾旱、暴風或蟲害毀壞田地時度過難關，這種生產盈餘食物的能力，讓人類文明有可能崛起，因為這些盈餘用以餵養工匠、軍人、書吏和官僚等專業人員。統治者知道自己的命運取決於農業，往往想方設法拓展耕地面積。本章將追溯東亞農業政治體系的成長，從起始講到西元前三世紀的強大國家。

政治權力始終都關乎掌控人口的盈餘勞力與資源。由於穀物稅是主要收入來源，農業國家根本

---

* 卷首引文出自傳統上認為孫武所作的《孫子兵法》，由我本人英譯。楊丙安，《十一家注孫子校理》卷上，〈作戰篇〉，頁三〇；Roger T. Ames, *Sun-Tzu: The Art of Warfare; The First English Translation Incorporating the Recently Discovered Yin-Ch'ueh-Shan Texts*, 107. 開銷與物資和軍糧相關，士兵不支薪。關於黃金貨幣，參看François Thierry, *Monnaies chinoises: Catalogue*, 146.

上都有興趣拓展農地，增加臣民人口數和家畜口數，從而對於減少對他們無益的生態系所能使用的土地數量，而生態系這個範疇將多數生物都包含在內。國家為了建立軍隊，不僅必須動員官兵，也要調集供應飲食、興建營舍所需的材料，他們通常投入大量資源支持意識型態體系，使其出力說服臣民服從權威並納稅。他們修築道路等基礎設施以調動兵力，也興修龐大的紀念性建築，激發人們對政治制度的敬意，這一切資源都由人們利用環境而產出。政治制度讓領袖得以調用，藉以轉化環境的勞力和資源，遠勝於無國家的社會所能達成者。政治體系的組成為人類帶來強大的組織能力，藉以將自然生態系替換為農業生態系。如此一來，人類歷史自古至今，政治組織對於擴充人類社會的生產力，從而擴大環境影響，都發揮了積極作用。[1]

儘管強大的政治體系在人類歷史上僅演進過數次，但它們專以策劃戰爭為事，因此往往降伏周邊民族。[2]人們有能力、也確實逃過這些國家所要求的賦稅和勞役，但國家仍占有多數肥沃土地，把人煙罕至的深山和濕地留給逃避者。國家藉由控制最好的土地，因而往往統治最多人口，通常也想要這些人口繼續增長。有些事例是統治者出於政治誘因而保存自然生態系，例如保護森林以供應造船所需的木材，保留野生動物以供狩獵，還有印度國王保護森林，以確保戰象取用不竭。[3]但多數統治者有充分理由把野生生態系轉換成農園、果園和牧場，因此強國如何發展這個問題基本上是生態問題。

人們可能會想像，政治體系是在某個魅力型領袖說服人民跟隨他之時，或如同黑澤明電影《七武士》的情節，在害怕的農民提議聘僱保鑣之時興起。但政治體系構成得十分漸進，其過程或許反倒應該比擬為動物馴化。正如野豬歷經數千年才成為家豬，相對平等的社會也經過許多世代，才成為多數人接受一小群菁英支配，且視之為天經地義的社會。

我將在本章追溯東亞政治體系的形成，從最早的城市講到戰國時期的中央集權官僚制。我的目的並不在於說明這些體系如何或為何形成，因為那是考古學者探討的核心問題之一。我反而會探討這些政治體系的生態，意思是說，我會思考它們如何影響動植物分布，以及資源和能量的移動。政治體系如何從社會榨取包含人類勞力在內的資源？它們運用這些資源達成了什麼？它們採取了何等作為，維繫日益簡化的農業生態系之穩定？我的一般假說如下：國家力量的增長未必有益於人類個人，卻使農業生態系得以遍布於地景，終至於支配東亞生態。

我們在黃河流域可以將這個過程的起點追溯到六千多年前的小型農村，社群中早先共同持有的財產，開始由不同家族擁有。正如第一章所述，組織逐漸發展起來，讓某些人掌控社群中的盈餘勞力和資源，這些組織逐漸成長為政治制度。到了西元前二千紀中期，二里崗國家得以動員夠多工人興建一座龐大城池，並支配黃河流域中游（參看地圖六）。定都安陽的商朝承襲二里崗文化的治理手法，並發展出新的行政工具——書寫文字。西周在西元前一〇四六年征服商朝，其建立的諸侯國聯盟遠比商朝的聯盟更廣泛。西周王室在西元前七七一年敗落，產生了東周時期的權力真空和列國長期相爭，列國間戰爭頻仍，使得各國開發出新的行政方法，藉以延伸對人民和土地的控制，並向臣民榨取更多穀物和勞力，由此促成了東亞最初的中央集權官僚制國家形成，得以直接統治廣大領土上的千百萬居民。正如接下來兩章所述，秦國運用這些行政技術征服其他各國，建立了中國的帝國體系。

地圖六　青銅時代聚落。周朝統治周原、豐鎬、洛陽。
圖／底圖由地理資訊系統專家琳恩．卡爾遜（Lynn Carlson, GISP）繪製。

東亞政治權力的起源

關於社會如何逐漸分化為統治者和被統治者，考古證據為我們提供了一般概念，最基本的是聚落大小與其所能榨取勞力和原料的鄰近區域數量直接相關。最大聚落的規模在數千年間的增長，因此是控制和資源榨取機制成長的間接證據。城鎮周邊不斷擴大的護牆，反映著這些社群調動人力修築、進攻或防禦這些圍牆的能力。墓地也提供了重要證據，因為最大墓葬的規模和奢華程度增長，揭示出菁英找到方法，壟斷眾多其他人的盈餘資源和勞力，墓葬中隨葬的武器數量增加，也顯示出組織暴力——戰爭更受尊崇。細察這段歷史的任一面向，都會表明我們現有的知識何其局限，但宏觀視角則揭示一段社會文化的演進過程，讓社會更形複雜，政治結構也愈益精密。[4]

正如上一章所述，黃河盆地最早的社會

分層化跡象，可以追溯到西元前四千紀。這一時期的幾處遺址相對較大，含有夯土牆，由此顯示社會經濟分化和聚落間暴力都增加了。案板、大地灣和西坡等遺址都比鄰近城鎮更大（參看七二頁地圖三和七五頁地圖四），每一處遺址都有一間建築比其他建築更大得多，據推測是某個富戶的住家，或中心化祭祀活動的地點，或兩者皆是。到了西元前三千紀（龍山文化時期），某些地區呈現出人口顯著增長、社會愈益階層化，以及男性支配發端。考古學者發現了二十多個這一時期的城邑，由此顯示中心城鎮從鄰近村莊構成的網絡取得勞力和資源，並向其他城鎮施加暴力，同時防衛自身；墓葬中隨葬物的差異，揭示了不平等加劇。牛和羊從中亞傳入，使得某些人專門放牧動物，提供財富得以積累的一種新形式，從而讓人類社會的生態和經濟愈益複雜。我們在關中第一次看到個別家戶和家畜圈欄用牆隔開，由此顯示財富愈益由家戶分別持有，而非整個社群共同所有，但關中的社會分層化不像其他某些地區那樣顯著。[5]

西元前三千紀後半，少數更大的都市中心在長江和黃河流域各地興起，由此揭示了社會分層化和政治組織。充滿貴重物品的墓葬，揭露菁英雇用匠人為他們製作珍寶，最為顯著的是，東亞廣大地區都發現了相似型態的精雕玉器，這是長距離交流的證據。龐大的護牆揭示出組織有能力調動為數眾多的人民，其中至少有一個城鎮（良渚）重建了周遭地區的水文。黃河流域中游最早的大城鎮是陶寺，位於關中東北步行數日距離的汾河流域，該地興盛於西元前二三〇〇至一九〇〇年間，城牆涵蓋面積兩百八十九公頃（一百公頃約等於一平方公里），城牆內的較大建築群周邊都由圍牆環繞，將富裕的居民和其他人隔開。陶寺社會的分層化從幾處墓葬含有數百件隨葬物，但多數墓葬卻少見、甚至全無隨葬物也能清楚看出，較大墓葬的木棺內有男性遺骸，某些例子有女性隨葬在側，這是男性此時地位尊崇的明確證據。[6]

這些城鎮在西元前二千紀初期都縮小或消失了，其後一千年間，最大的都市中心全都位於現今的河南省境內。這些聚落一直受到中國考古學者密切關注，因為它們顯然是中國帝國體系的始祖，數百年後撰寫的文本也暗示了它們的存在。約莫在西元前一七〇〇至一五〇〇年間，洛陽以東的二里頭有一處規模與陶寺相仿的城址，城牆內有一處圍牆環繞的院落，其中包含數間大型建築的夯土地基，用途可能是宮殿或寺廟，也有生產陶器、骨器和銅器的作坊，幾處墓葬含有大量高品質物件，這是菁英地位的明證。隨著二里頭衰落，另一處城址興建於偃師以東數公里處，到了西元前一五〇〇年，偃師城址內部由結實圍牆圈出一片兩百公頃見方的區域，將幾處院落環繞於其中，院落之內則是菁英階層的建築和作坊。[7]

人們認為二里頭的建立是東亞青銅時代的開端，因為這裡是首先鑄造青銅禮器的遺址。青銅先前就用來製作刀具和其他小型工具，但東亞菁英舉行祭儀，並在其中使用青銅器飲食的漫長傳統卻從這時開始。其後一千年間，數量可觀的青銅用來製作這類器皿，以及武器，菁英壟斷青銅武器，使得統治者更容易將其意志強加於臣民。「青銅時代」一詞恰到好處，因為鑄銅技術改變了社會，但有一點值得指出：青銅被認為是貴重材料，幾乎不用於鑄造農具，因此對維生方式幾無影響，平民繼續使用木造、石造和骨製工具耕作，直到一千年後普遍用鐵為止，但他們的領主此時揮舞著鋒利武器。[8]

隨著二里崗城市和國家的成長，政治組織的規模在隨後一百年間急遽增長。二里崗位於二里頭東方九十公里處的現今河南省省會——鄭州，興盛於西元前十六世紀至西元前十三世紀間。不巧，二里崗被埋藏於現代鄭州市下方而無法發掘，但七公里長的外牆十分龐大，至今仍圍繞著鄭州市區一千八百公頃見方的區域。外牆之內有一片圍牆環繞的正方形區域，面積相當於整個二里頭遺址（三百公頃），內有多間大型建築，據推測是宮殿區，銅器產製的規模和精密程度大幅提升，顯現出國家既能從遠方取得大量的銅和錫，也能支持技術純熟的工匠。[9]

數千年來，宴飲都在人們的社會生活中發揮重要作用。二里崗時期的菁英祭祀宴饗時，將飲食裝在閃亮的青銅器中呈獻，這些器皿往往飾有露出尖牙的獸面，例如本書書名頁的那幅圖。我們欠缺這一時期的文本，但千百年後撰寫的文本透露，此時的統治者認為其權威來自各種鬼神，包括已逝的祖先在內，人們必須供養祖先，好讓祂們滿足，或至少不惹怒祂們降災，於是人們在祭儀中將野生或馴化的動物獻祭，有時也殺人獻祭；接著他們會煮熟動物的肉，用青銅器盛裝獻給祖先。這些器皿上雕飾的野生動物，或許發揮了將動物與靈界聯繫起來的某種作用，人類的祖先享用祭肉之處正是靈界。在祭牲或狩獵中殺害動物，以及在戰爭中殺人，都是統治的核心面向，宴飲也是如此，能取得肉類和小米酒的人們，得以藉由宴飲鞏固同盟和爭取追隨者。當然，建立政治組織也需要統治階級對平民暴力相向，因為他們自身的權力基礎正在於平民的勞力。[10]

二里崗人民建立了一套散布於廣大範圍的聚落網絡，對照現代城市的位置，這些聚落西至西安、東至濟南、北至北京，向南則遠達長江沿岸的武漢。不僅如此，即使二里崗城在西元前一四○○年後的某個時刻廢棄，二里崗文化仍持續擴張一百多年之久。青銅時代的政體不可能治理如此遼闊的領土，二里崗的歷史更有可能近似於數百年後的周人，周征服了上述區域的大半，並建立起一套由宗室和盟友統治的半獨立屬國網絡，且如後文所述，在王室權力衰微後的數百年間，這些屬國仍持續擴張，並與在地民族雜糅。總之，二里崗人民藉由在廣大區域內建立起共享文化的群體，為日後的商、周國家奠定基礎。[11]

二里崗沒落以後，政治權力中心遷移到了東北方約兩百公里外的安陽。當時的黃河向北穿越華北平原，在北京附近入海，黃河夏季的氾濫必定無預警地蔓延於平原上的低地，考古調查顯示，平原中央少見聚落，更多用於捕魚和狩獵而非農耕，即使這些地區的聚落也有可能掩埋在長達三千年的洪水沉積物之下。商的權力中心位於洪水頻仍的平原低窪處與太行山之間，一處排水相對良好的地區，該地區興建的第一座城市名為洹北，時間就在二里崗沒落後不久。這座城址約莫五百公頃大小，人們入住數代，而後又將它拋棄，該城尚未充分發掘，但明確表現出南方數公里處的著名遺址與二里崗之間的延續性，那處著名遺址正是商朝自西元前十三世紀中葉以降的首都，直到西元前一〇四六年被周人征服；商人稱該地為大邑商，但為求便利，我會逕稱為安陽。[12]

安陽不僅是全中國最完整發掘的考古遺址，也是東亞最早發現書寫文字的遺址，該處發現了數以萬計銘刻著占卜紀錄的骨片和龜甲，讓我們對於安陽的政治經濟有了更充分的證據，多過早先任何一處遺址，商王問卜的主要事項是收成、戰爭和獻祭。由於安陽是第一座發現文字的城址，也是迄今能確切證實數百年後歷史文本所述地點和人物的最古老出土聚落，安陽比二里崗更大得多，周圍無牆，但將近二十四平方公里的範圍內遍布許多聚落，其中之一是七十公頃的宮殿區，王陵內有龐大墓葬，尚未被洗劫一空之前，充塞著貴重隨葬物，包括玉器、青銅器，以及東亞已知最早的馬匹與戰車。遺址的鑄銅作坊數量之多，證明商朝能夠取得長途輸入的大量貴重金屬，作坊製品的精細程度亦足以媲美古代任一文明。

商朝人並不把他們的城市想成領土明確定義的國家之首都，他們對政治權力的理解，反倒以統治王朝居住的城邑為中心，尤其以統治者祭祀王朝祖先的祭壇為中心。商朝人相信，世界上充滿強大的神靈，包括天神、四方之神、山神、河神，還有他們自己的先人，對這些神靈全都要獻上祭牲。親屬關係和政治權力密不可分，因為人們相信統治者家族的祖宗之靈仍對治國發揮著作用，不論有多麼間接，而在更為世俗的層次上，父系世系群（即氏族）是劃分社會的主要單位。安陽是商朝王室嫡系祭壇所在的城市，但商朝國家也包含了其他世系群，其中某些世系群被理解為王室的血親，商朝王室與王室之外的世系群通婚並結盟。

父系親屬關係是政治組織的定義原則，將現世君王與強大的已故祖先結合起來。國家由接受商王支配的各個不同世系群及其屬地和臣民構成，其中多數世系群相對自主。商朝的軍隊則包含這些群體所能集結的所有武裝追隨者，商王不能指望這些世系群的支持，因此大多時間都用在出巡各地，賞罰並用地經營他和他們的關係。聯姻結盟的力量尤其強大，這類通婚所生的每個孩子，名副其實地將兩家結合起來，兩家共同後裔的成就也成了彼此的共同利益所在。這就說明了婚姻何以在這一時期始終是菁英們的關鍵考量，實際上人類歷史自古至今亦復如是，它是徹底的父權體系，統治者全是男性，力量最強的祖先也是男性，但女性在形式上對於治理的作用，仍能比中國歷史往後各時期更加重要。女性祖先也和男性一樣得到獻祭，即使祭牲的數量和重要性都不如男性祖先。我們對平民的性別關係在本章討論的兩千年間如何變化所知不多，但有證據顯示，人們久而久之對兒子的供養比女兒更用心，由此表明性別差異加大。商朝將敵方男性獻祭於神一事，意味著他們情願讓敵方女性存活，或許是認為女性危險性較低，可能也因為女性能生兒育女。[13]

商朝權力的基礎在於臣民的盈餘勞力，臣民貢獻作物和家畜，即使我們對其運作方式所知甚少。商朝的權力核心位於延伸到太行山東麓和南麓的弧形可耕地帶，在這片弧形地帶之外，商朝的勢力起伏不定。商朝的控制力不時能向西穿越山脈，深入汾河和渭河流域，向東則跨越華北平原直到海濱，並由海濱取得食鹽。即使在商朝軍力伸展於廣大範圍之時，我們仍可假定安陽多半取給於其腹地，因為由陸路運送穀糧及其他散貨的效率不佳。〈禹貢〉呈現出這樣一套邏輯，這部文本寫成於數百年後，最終收入《尚書》而成為經典。其中描述的體系由都城附近的農民向都城供應未加工的穀物和秸稈，還有勞務；居住地較遠的農民僅呈上精製的穀物；更遠處的一般農民僅向其他諸侯上供，因為他們將原料運往都城的距離太遠。這套通盤設想看來可由收成時的卜辭證實，即使我們對於哪個社會群體從事最多農業勞動，或是國家如何挪用其盈餘，能掌握的資訊都很少。我們可以假定商朝最忠實的臣民是各個相關世系群的成員，但此外還有淪為奴隸的戰俘及世系群之外的其他成員，而我們並不知道這些群體在人口中各占百分之幾。我們確實知道的是，王能夠動員成千上萬人即刻出戰，官員也直接經營一部分農耕，因此王的穀物歲入可能多半出自臣民在他的田地上無償勞動。14

在商朝的中心之外，結盟的邦國向商朝進貢物品。成千上萬片龜甲在安陽用於占卜，卻沒有龜骨的任何證據，由此顯示人們從廣袤的周邊區域將龜甲帶往城址。牛肩胛骨和龜腹甲（龜殼底部）的卜辭揭示，親近的盟邦往往定期供應龜腹甲，較為疏遠的邦國則往往向商朝提供人類戰俘和牛。鑑於龜甲是占卜使用的材料，牛和人則被宰殺供祭牲之用，這些卜辭記載看來極為偏重占卜相關的經濟活動，不應據以代表商朝與其他邦國的關係之全面，但也揭示出商王有時向親近的盟邦徵用人員、牛、馬和羊。[15]

安陽遺址消耗的大量家畜表明，牛和豬是商朝向其廣袤腹地徵集的兩種主要資源，馴化動物畢竟是可以自行走向都城的資源。一處製骨作坊含有三十四噸獸骨，由此揭示安陽有能力調集大量牛、豬、鹿，並將牠們的骨頭、豬牙和鹿角變為器具和裝飾針。考古學者估計，這處作坊含有十一萬三千頭牛的遺骸，在它派上用場的一百五十年間，平均每天處理兩頭牛，光用牛骨即可製作出四百多萬件器物，這還只是安陽三處製骨作坊的其中一處。製作如此大量的物品顯然不是為了在地使用，而是要行銷於廣大地區，大概用以換取家畜及其他物品，必定有一處屠宰場分送身體各部位，牛的小腿送往某處工作坊製作髮簪，肩胛骨用於占卜，我們可以確定牛肉也被分割開來，送往不同目的地。還有製作多種其他物品的工作坊，例如可能向農工發售的石鐮刀，以及最有名的青銅禮器。[16]

安陽消費的多數食物大概來自其腹地，它同時又透過與黃河、長江流域星羅棋布的遠方邦國網絡之間的關係，獲取更多貴重物品。寶螺從南方大海運來，其間大概經過一連串交易。金屬肯定是君主最看重的奢侈品，但用於青銅器的銅、錫、鉛開採地點，至今仍未能充分得知，其中某些金屬大概來自長江流域或更南方，且必定經由某種交易形式而取得，或許是商朝統治者與該區域統治者彼此互換贈禮。[17]

馴化馬此時也從內亞傳入，有助於統治者鞏固他們對臣民的掌控，不同於家狗、家豬和家牛經由數千年育種而轉化，馬的馴化差不多是被人類馴服所致。人們那時尚未開發出騎馬的技術，因此將馬匹套在隨著馬一同傳入的雙輪戰車上，雙輪戰車對於崎嶇地形的作戰並不實用，但菁英得以乘坐著這些嚇人猛獸拖曳的車輛，穿行於聚落間君臨臣民、耀武揚威。由於馬需要牧場，也需要專業人士照料牠們及其配備，身為菁英一員的代價變得更為高昂，馬匹也成了將有財有勢者和無財無勢者區別開來的關鍵方法之一。馬的崇高價值明確表現於《詩經》提及牠們的篇章中，以及包含馬和雙輪戰車的墓穴成為往後一千年間菁英墓葬的標準構造。[18]

狩獵是菁英文化的重要一環。狩獵帶來食物，其中某些食物在祭儀中供作祭牲，同時也是一種軍事演練。王經常為狩獵而占卜，例如以下範例：「乙未卜，今日王狩，光禽，允獲【虎匕】二、兕一、鹿二十一、豕二、麑百二十七、虎二、兔二十三、雉二十七。」這些獵獲物的數量經常達到數百，顯然以體型較大的動物為目標，消滅大型動物，也就清除了足以傷害作物和人的動物。正如一千年後的孟子所言：「周公……驅虎豹犀象而遠之，天下大悅。」（《孟子．滕文公下》）孟子這段話呈現出狩獵大型動物被當成某種公共服務。如果考慮到會有鹿、水牛、野豬等草食動物吃掉莊稼，又有狼、虎、豹吃掉家畜或兒童，在這樣的環境裡耕作和放牧有多麼困難，平民可能會感謝貴族狩獵大型動物，也就不足為奇。火用來將獵物引向獵人，為家畜和鹿創造出良好條件，鹿是大型野生動物，其是唯一一種能從低度集約農耕產生的縱橫交錯植被型態中受益的。[19]

儘管王室行獵在生態上的意義不太可能比得上為數眾多的平民所從事的日常狩獵，卻仍有可能對繁殖緩慢的大型動物產生重大影響，華北的犀牛最終絕跡，原牛和野生水牛也被逼向絕種。往後三千年間，狩獵仍是貴族的一項嗜好，對於大型動物的消亡肯定起了作用，但我毫不懷疑，大型哺乳動物被消滅的主要因素，仍是其棲地逐漸被農地和馴養的草食動物取代所致。人口稠密的河南低地，大概是這些巨型動物群在東亞最早被永久消滅的地區之一。[20]

青銅禮器上的動物圖像往往太過式樣化，令我們難以識別其所描繪的動物，但某些圖案仍是明確無誤，例如水牛角上每年增長的角輪。這些龐大又危險的生物，是商周青銅器最常描繪的幾種動物，我猜想原因與這些動物是菁英們喜愛獵捕的強大動物有關。菁英文化中如此重要的馬匹難得描繪在青銅器上，同樣顯示青銅器上描繪的動物是獵物。安陽遺址的情況顯示，野生動物遺骸在宮殿和寺廟中比起作坊或家屋中更為常見，這表示菁英往往吃掉他們所獵獲的野生動物。[21]

我初次接觸中國環境史，是我的大學本科老師葛瑞格・布盧（Greg Blue）給我看了伊懋可的論文〈不可持續的三千年成長〉（"Three Thousand Years of Unsustainable Growth"），那時他戲稱：「我猜商朝就此解套了！」[22]我花了好幾年時間才明白笑點在哪，但我最終明白他言之有理。其實，二里崗和商朝國家對於中國環境史都起了重要作用，因為他們發展出的政治組織，比早先存在過的更大得多。這些政治組織長期維持廣大範圍的穩定，鼓勵農耕擴展、人口增長，他們展現出成功的統治者能夠調動眾多人民的盈餘勞力和資源，用以製作複雜精細的青銅器、雙輪戰車、巨大建築，乃至其他不同凡響的目標；他們也發明了書寫文字，並開始運用這種強而有力的行政管理新工具。所有這些做法都啟發了他們的對手，因此當商朝被推翻後，征服者並未摧毀其文明，反倒加以複製，也就不足為奇。征服商朝的周人曾是商的盟邦，但在西元前一〇四六年前後，他們率領一個西方民族聯盟推翻商朝、建立周朝。[23]

周人是誰，他們又是如何變得這麼強大？就考古學觀點而言，人們不會預期到征服商朝的勢力來自關中，因為出自西元前二千紀的重要遺址，極少在關中發現，看來關中人口稀疏，但關中人民與東方的鄰居有不少共通之處。關中東部二里崗初期（西元前一五〇〇年前後）遺址的物質文化與二里崗本身極其近似，由此看來，這些遺址可能就是來自二里崗的殖民者，其後一百年間，二里崗的影響遍及關中全境，即使關中盆地西部的文化仍保有原生元素及其他鄰近區域的影響。安陽的商文化同樣也是首先觸及關中東部，最終影響遍及整個關中盆地，鑑於關中東部與安陽的關係更為密切，最終征服商朝的是關中西部的周人，恐怕並非巧合，他們距離安陽夠遠，得以維持某些獨立性格。[24]

老牛坡是關中這一時期發掘得最徹底的最大遺址，位於西安東方一處俯瞰灞河的臺地上，它在二里崗時期是一處小型聚落，考古學者由此發掘出與新石器時代晚期遺址類似的農具和漁具，以及鑄造青銅箭頭和戈（其刀刃垂直安裝在柄上）的鑄模，而戈至少顯然是用來對付人的。老牛坡東南方十四公里處的一處冶銅聚落，是關中冶煉技術留下的最早證據，這處遺址包含了漁網墜、青銅箭頭和戈、卜骨，以及兩件銅圓盤的半成品，銅從東南方的秦嶺開採之後，可能就在此地冶煉，而後送往二里崗、偃師等中心。遺址的五個小型墓穴中，埋藏的人骨在下葬前即已被砍去頭、雙足及身體其他部位，或許是在此地工作的奴隸或罪犯遺骸。[25]

到了安陽時代，老牛坡成了一處大型遺址，其菁英建築、重要的鑄銅業和墓葬，都仔細仿效河南的商朝慣習，該處西元前十一世紀時的大型墓穴出土了青銅禮器，以及被殺害殉葬墓主的人。這一時期也在老牛坡和西安以西的豐鎬（日後成為周的都城之一）發現了關中區域最早明確馴化的馬匹遺骸，老牛坡有一組按照安陽式樣埋葬的馬和雙輪戰車。關中也在此時進入了社會經濟不平等充分發展的時期，揮舞著青銅武器、乘坐戰車的菁英，統治著農耕工具仍近似於新石器時代晚期先人的人民。[26]

居住於老牛坡及其鄰近遺址的並非周人，他們大概是商朝的親密盟友。歷史記載指出，周人是人數相對較少、但軍力強大的群體，征服商朝之前即已在關中西部拓殖數代之久，《詩經・大雅》的兩首詩篇，描述周人在關中西部周原（「周的平原」）的拓殖。這些詩篇大致可追溯到西元前九世紀或前八世紀，其中反映著這段時期的觀念，而非文句中描述的更早期事件，[27]將近三千年前的文本能將拓殖過程描述得如此清楚，實在不同凡響，值得長篇引述。〈皇矣〉歌頌周人祖先拓殖這片平原的辛勞：「作之屏之，其菑其翳。脩之平之，其灌其栵。啟之辟之，其檉其椐。攘之剔之，其檿其柘。……帝省其山，柞棫斯拔，松柏斯兌。帝作邦作對。」[28]生活在更為晚近的定居殖民主義事件發生之地的我們，對這種紀念第一代殖民者披荊斬棘、以啟田園的敘述已是耳熟能詳。

另一首歌頌周人來到關中的詩篇則是〈緜〉，描述周人來到周原，發現土壤肥沃，於是燒灼龜甲，占卜築屋之地。詩中敘述他們丈量和布局新聚落的過程，如同關中區域的標準做法，至今偶爾也還能見到，築牆的方式是把這一區域的黃土填進木模具中，再重擊（夯）到結實：

周原膴膴，堇荼如飴。
爰始爰謀，爰契我龜。
曰止曰時，築室于茲。
迺慰迺止，迺左迺右。迺疆迺理，迺宣迺畝。自西徂東，周爰執事。
乃召司空，乃召司徒。俾立室家，
其繩則直。縮版以載，作廟翼翼。

捄之陾陾，度之薨薨。……
迺立皋門，皋門有伉。
迺立應門，應門將將。
迺立冢土，戎醜攸行。
肆不殄厥慍，亦不隕厥問。
柞棫拔矣，行道兌矣。
混夷駾矣，維其喙矣。[29]

宗廟和「冢土」都是被視為王朝精神核心的祭壇，統治者在此向祖先及其他神靈獻祭，這首頌歌在這些祭壇舉行的祭儀上吟唱的時間，或許已在它所描述的事件數百年後。注意最後幾句不言自明地把「清除不需要的植被」和「去除不需要的人」聯繫起來，按照詩中所言，周人征服關中的方式是攻打並驅逐在地民族，將其土地據為己有，這正是周人的子孫日後要面臨的相同命運。

考古證據看來確認了周王室先祖從北方黃土高原移入周原地區的這些故事。[30]日後周王室率領著不同人群組成的同盟，征服了由其他眾多群體（或許包括老牛坡的人們在內）支持的商朝，考古學者努力尋找周人征服商朝之前的蹤跡，但收穫甚少。鑑於關中受到考古學者矚目的程度大概不遜於地球上其他地方，這些遺址的缺乏可以視為不存在的證明（evidence of absence）。看來周人能夠征服商朝的基礎，並不在於複雜精密的都市政治體系，反倒是由於他們有能力團結不同群體，而這些群體的規模小到無法在考古上留下可觀的蹤跡。這就與周人克商的傳統說法相符，傳統上不把周描述為強國，而是一個邦國順天應人，團結眾多小型群體一同進軍安陽，既已征服商朝，周人就需要發展一套體系，得以將他們的小國聯盟，擴充為一個無需強大中央權力就能維持控制的組織，他們最終也得償所願。[31]

西周

西元前一〇四六年周人征服商朝之後，建立了一個強韌的邦聯，得以在其後八百年間統治大半個黃河流域。周代是中國文明的古典時代，此時撰寫成書的文本彙編日後被奉為經典，其文化意義近似於同時期的印度、希伯來和希臘傳統。八百年來，周的各個邦國既征服其他族群也彼此攻滅，在黃河流域的文化同質化，乃至中華民族誕生的過程中發揮關鍵作用。甚至有人假設，這段時期是中國語言形成的關鍵期，周代統治菁英的語言與他們所征服地域的語言彼此融合。周代也是華北環境史的關鍵期，因為周代邦國這數百年間的穩定，創造出農業人口擴張的理想條件。周代開始時，大半個華北仍未經開墾，周代菁英仍能輕易發現可供獵捕的大型野生動物；周代結束時，低地已是數千萬人的家園，巨型動物群已成追憶。[32]

周代分為王室以西方的關中為根據地的西周，以及王室衰微後退守東都洛陽的東周。儘管西周滅亡轉化了整個周朝世界的政治動力，但西元前一〇四〇年代周王在各地建立的邦國，多數仍能繼續興盛數百年。我們對這一時期的理解，由於我們知道帝國體系的肇建終結了周代而產生偏見，但周代仍值得按照周人自己的說法來試著理解。後來的中國歷代帝國頂多只能維持數百年，反觀周代的幾個國家卻能整整存續八百年之久，而且各國之間建立起蓬勃發展的外交體系，其運行更近似於近代初期歐洲，而非帝制中國。東周時期尤其如此，傳統上把東周分為春秋時代和戰國時代，名稱皆來自歷史文本，東周的分期令人困惑，因為嚴格說來，周在西元前二五六年被秦滅亡，也就終結了東周，但人們通常仍會考慮將戰國時代包含在內，而戰國時代結束於西元前二二一年秦帝國肇始。不僅如此，周代也並未隨著秦帝國肇建而完全終結，因為秦本身就是周王分封的諸侯國之一，周代最後一個滅亡的邦國，正是西元前二〇六年滅亡的秦。

周朝承襲了商朝的治理方法，周代諸國則象徵著愈益強大的行政架構長期發展的又一步。如同商朝，周朝也缺乏管理如此廣大疆域所需的官僚技術，反倒將征服地分給宗親和盟友。就環境觀點而言，西周國家發揮了核心作用，維持住農業社會的穩定和逐漸擴展，但其環境能力也僅止於此，周朝分權的程度，使得周王對自身領地之外的土地利用方式幾乎沒有影響力。

周朝體制能夠長久維持的關鍵，在於它對親屬關係和宗教進行政治整合，刺激著散布各地的邦國網絡既維持經濟獨立，同時又繼續作為聯盟一分子。征服商朝之後，周人在黃河中下游各地聚落駐軍加以統治，每一處駐地都分封一名親族或盟友，他們只在關中和洛陽地區維持直接控制，這些邦國多半由一個貴族家族統治，其父系可追溯到周王室始祖，而這種來歷有時純屬虛構。向共同先祖致敬的祭祀，將這些國家與朝廷聯繫起來，也將各國彼此聯繫起來，我們如今視為「政治性」的許多活動，是作為先人祭祀儀式而在宗廟進行的。這些國家承認周王的至尊地位，並在必要時隨同周王出戰，但不會向周王大量進貢。這套體系落實到真正的政治權力則有很大的彈性空間，相較於他處，早期中國政治體系的顯著一面，即在於中國有某種對於政治及宗教正當性的壟斷，中國既沒有元老院或議會之類的菁英合議性團體，在西元一千紀佛教傳入以前，也不具備擁有土地的獨立宗教組織。[33]

我們對於各地周邦國的國內行政所知極少，因此以下將會聚焦於關中和洛陽的周王室，這兩地是王室僅有的行政區域。周王室只能管理自己的領地，我們可以假定王室有著廣大領地，同時其他土地多半由經濟獨立的宗族持有和管理。東方的周邦國遠離中央朝廷，與朝廷的差異也愈來愈明顯，但關中的宗族卻是周朝統治菁英的重要成員，他們任職於朝廷行政部門，與王室通婚，也參與所有朝廷都會上演的各種黨爭和對立。如同先前的商朝諸王，周王也有許多盟友和名義上的臣屬，他們的忠誠無法保證，必須給予贈禮及其他榮譽。幾段銘文提及周王將聚落和田地賜給支持者，周王並未得到相應的回禮，這些贈予的土地逐漸將王室的大半財富和權力轉讓給其他宗族，王室衰落的原因之一正在於此。當然，諸侯也被指望在戰時貢獻資源和兵力，這筆開銷為數不小。[34]

西周國家的建立，使得直到那時為止仍屬閉塞之地的關中，一變成為繁榮的都城區。隨著關中人口增長，愈來愈多土地受到耕作，如同早先時候，主要人口中心位於平原西端，特別是周原，而平原東北居民仍然稀疏。早在周人征服商朝之前，周原就是他們的家園，此後仍是周的都城之一，設有多處祭壇，其他許多貴族之家也定居於此地；另一處人口中心則位於西周另一處都城區——西安以西的豐鎬兩城周圍。考古學者在周原和豐鎬的都城區都發掘出菁英建築的基址，可能是宮殿和寺廟；周原出土的一間建築，布局和屋瓦的使用顯然都是日後中國建築的先聲。考古學者近年在兩處遺址都發現河渠或壕溝，也在豐京遺址發現一處人工池或水庫，或許是為城市供水之用。[35]

其他西周城市並未發現，由此似乎確認了「周代社會多半由自給自足的莊園構成」這一傳統概念。鑑於考古學者為了尋找這一區域的城鎮遺址，業已投注大量時間與心力，他們未能找到任何這一時期的城鎮遺址，也就強烈顯示出城鎮並不存在。不幸的是，周朝都城豐鎬受到後世的活動毀壞，尤其是將近一千年後開鑿的昆明池，因此我們對豐鎬所知不多。在我們不了解豐鎬規模的前提下，我們還是可以相當確信，西周時期的關中聚落多半由相對自給自足的小社群構成，幾乎沒有證據顯示市場對經濟發揮過多大作用，財富往往以菁英間贈禮的形式流動，多數商品則在製造地附近消費。[36]

馬和雙輪戰車成了西周菁英地位的標準記號，相形之下，商朝只有安陽的君王擁有它們。周人大概已經比商人更仰賴放牧，周王室在關中的位置則使它得以輕易利用黃土高原的牧場，位於野馬自然分布範圍內的黃土高原是理想的馬場。此外，周原以北的涇河流域，則是周人領域與游牧程度更高的其他人群接壤之處，後者大概是馬匹的主要來源。如同在商朝，周朝菁英也經常以狩獵取得祭祀供品、從事實戰訓練，並取得大量可供食用的肉類（參看圖4）。[37]

西周都城豐鎬發掘出一處製骨作坊的窖穴，這處作坊主要製作髮簪，也製作箭頭和鑽子，多數製品以牛骨製成，但其中某些用馬骨、水牛骨和鹿角製成。商朝早先也在安陽大規模製作過骨製髮簪，為周朝菁英家族效勞的工匠，很有可能也製作小件飾物、工具和成衣配飾，並經由禮物經濟而廣泛傳布。但這種貿易的規模小，多數人的環境影響仍僅止於在地，如同早先時候，衣物用麻和皮革製成，《詩經》也提及貉和狐皮用於製衣。[38]

即使這段時期被稱做青銅時代，周代農民仍持續使用新石器時代晚期祖先們同樣用過的石造、骨製和木造工具。渭河流域發現的青銅工具，僅有數百件能追溯到商朝和西周的五百年間。鑑於該區域發現了成千上萬件青銅禮器、戰車部件和武器，銅器顯然是用於祭祀和戰事的貴重材料，平民

圖4　雕飾著狩獵場景的銅盆，約西元前五世紀。

四匹馬駕的一輛駟車在圖左追趕著四隻鹿，同時車上乘員用矛攻擊一頭野獸。上方有一輛兩匹馬駕的駢車，馬車上的乘員地位大概高於徒步者。注意挽弓射鳥的人，以及下方的魚。構圖看來沉湎於獵捕的鳥獸種類之繁多，以及獵物的恐懼。

圖／華盛頓特區史密森尼學會（Smithsonian Insitution），佛利爾美術館（Freer Gallery of Art）：查爾斯．朗．佛利爾（Charles Lang Freer）遺贈（編號1915.107）。感謝佛利爾美術館提供器物圖像，以及艾美．麥克奈爾（Amy McNair）和《亞洲藝術》（*Artibus Asiae*）准許自Charles Weber, "Chinese Pictorial Bronze Vessels of the Late Chou Period, Part IV", figure 69. 刊行圖畫。

使用木造、石造和骨製工具，直到鐵器在西元前三世紀和前二世紀普及為止。[39]

〈七月〉這首頌歌大概可追溯到春秋時期，它是對周代前期社會最為詳盡的描述，在形塑人們對周代社會的認知上起了很大作用。詩歌描述一個宗族的莊園每年周而復始的行事，將統治者和被統治者的關係表現得和樂融融，平民為領主下田幹活並從事其他工作，而後在年底和領主一同歡宴。詩中描述農民之女許配於領主之子，由此顯示領主與屬民之間並沒有社會分歧，不同於人們預期會在小莊園看到的情況。不管怎麼說，這首詩描繪的都只是一種聚落型態，我們可以確定社會組織還有其他形式。[40]

儘管使用的農具類型仍有延續性，但農耕方法很有可能改變了，某些詩歌暗示農民組成大隊勞作，例如本書卷首引述的〈載芟〉，對農作季節有一段描述。這首頌歌想必誦唱於周代宗廟祭祀之中，其中揭示了耕作穀糧、祭祖和政治權力之間的關聯，它看來描述的是普通農民為領主種田，並由領主監督和供餐。[41]

西周的政治權力基礎，在於農民向領主提供的勞務。在後世儒家思想家的傳統中，這套勞務體系以「井」字命名，四條線將空間工整地切成九塊，它通常稱做「井田」制，因為井字意指「穴地出水」，但這個字在此取其字形，而非字義，其概念是把每一塊地分成九等分，八塊分給各家私有，各家再合力耕作第九塊地，並將第九塊地的收成全部上繳領主。中國歷史自古至今，井田制都是中國思想中的一種烏托邦理念，因為它被理解為古代聖王施行的政治體系。正因如此，對西周政治經濟的爭論，多半聚焦於井田制是否真的以後世文本所描述的那種形式存在過，儘管將土地等分成方格的概念顯屬造作，但它確實包含著真理的精髓：農民大概真的為領主耕作公田，而不需用私田的收成納稅。[42]

井田制最早的證據出自《詩經》，《小雅・北山之什・大田》提及「雨我公田，遂及我私」，〈載芟〉則把共同耕作領主的公田與釀酒祭祀祖先聯繫起來，暗示耕作公田或許源自人們合力準備材料向共同祖先獻祭。如後文所見，這種農業勞務此後又存續了數百年，儒家主張這種勞務的剝削程度，小於徵收農民自身收成的一定比例上稅，不同於直接被抽稅的農民，耕作領主公田的農民缺乏勤奮工作的誘因，必須受到田官監督。我們僅有的土地所有制資訊，來自青銅器銘文（金文）記載的私有土地交易，由此顯示土地由宗族或其他法人群體持有，經周王同意即可交易。[43]

我們對西周的平民所知極少，青銅器銘文記載，周王將數以百計、有時數以千計的人，連同土地一起賜給新冊封諸侯或新任官員，這些人的處境有可能與奴隸或農奴相仿，但他們同樣有可能是普通農民，賞賜僅僅意味著他們今後向新領主提供勞務。周王也向地位介於低階官員和高階侍臣之間、卻沒有固定職掌的人們頒發賞賜；另也賞賜那些製作木、皮、陶或銅製品的工匠，他們大概還興建和修繕建築物，周原出土的一處製玦作坊，其中的工匠或許就是這樣的人。[44]

周代的核心人口多半組織成宗族，也可稱為氏族，就連高階貴族的宗族也在數百年間擴張，使得許多貴族後裔最終成為普通農民，這個模式在全世界多產的貴族階層中可說司空見慣。我們知道許多人是宗族成員，卻不能假定每個人都是宗族組織的一員，周王將大批人群賜給追隨者一事，可能表示某些人並不屬於任何宗族。正如後文所述，宗族作為社會機制的重要性，在周代八百年間逐漸衰落，中央集權國家致力於削減宗族的力量，因為他們和中央集權國家爭奪人民的效忠，尤其爭奪人民的穀糧和勞力，但中央集權在秦和西漢達到高峰之後，宗族又再次在社會上居於有力地位。

我們可以用這段話總結雙方關係：政府的集權能力與富家大族，為其利益而調動在地人民和資源的能力，三千年來此消彼長，變動不居。[45]

我們接下來要對西周政府進行更深入的思考。我們幾乎沒有證據能說明國家的資金來源，但王室的多數歲入看來很有可能取自其領地，事實上我們沒有證據能證明實質財富從其他宗族轉移到王室。周王被期望賜給臣下財物和土地，以維持其至尊地位，在我們看來或許怪異，但政治領袖將財富重新分配給有力追隨者，而不是向有力追隨者徵收財富，在人類歷史上卻很常見。王室擁有大量土地和眾多屬民，得以對其他貴族保持經濟獨立，也是常有的事；羅曼諾夫王朝的俄國和德川幕府的日本都是如此。[46]

儘管西周王室肯定是最大地主，它仍與其他許多家貴族共有關中和洛陽地區，每一家貴族都有自己的莊園。周朝政府由周王及其家族領導，但政府多數官員仍出身於這些貴族之家。僅存於世的西周行政文書，是數十份銘刻於青銅禮器上的文本，其中約有六十份是周王任命貴族為官的典禮紀錄。這些貴族個個奉派執行不同任務，意指政府派人從事亟需完成的特定工作，與更為官僚的體系將職責劃分為固定職位形成對比，兒子被指派的工作往往近似於父親。其中幾項任務與環境相關，例如負責在關中五大城邑保護「堰」的官員，堰可能是指人工蓄水池，或建在河流上捕魚的堤壩，甚至有可能是指廁所；另一名官員奉派管理「九陂」，可能是灌溉用的蓄水池。其他人則奉派管理森林和濕地，以及不供農用的土地（官銜為「林」和「虞」）。這些官員管理王室領地，因為周王對於其他家族如何使用領地其實無權置喙。[47]

職掌固定的官位總數大概不超過數十個，即使身兼數職的或許不只一人，許多官銜含有「史」

字，由此證明書寫文字在政府事務中發揮重大作用。政府的最高職位有三：「司工」負責營建、公共工程和某些一般行政工作；「司土」的官銜最終替換為同音的「司徒」，意味著管理農地之事多半是在管理耕田的勞動力；同樣，軍隊最高統帥稱為「司馬」，也表明了馬匹對於軍隊的重要性。[48]

官員供職是否支薪無從確知，官員的工作應當得到報酬似乎顯而易見，但即使在美國立國之初，許多人還是相信，唯有身家夠富裕的人不支薪任職，才會免於貪腐。官員很有可能不需要報酬（他們畢竟是有地貴族），或者如同帝制中國的情況，他們被預期運用權力牟利自肥。隨後東周時期的官員，往往被賜予特定幾處土地的收益，而非固定薪資或世襲封地。[49]周王將土地從某人名下轉讓給另一人的記載，或許包含了在官員履行職責之際，運用這類土地支持其生活的例子，即使這些土地看來更有可能是永久性贈禮，賜予新任官員的贈禮，有時包含可轉讓的財富，例如寶螺或粗銅錠，但國王更常將具有象徵價值、不能交易或用於支付的物品賜給他所任命的官員，例如顯屬御賜之物的衣服或戰車配飾。[50]

傳統上相信西周諸王向臣下徵收貢品，但幾乎沒有證據支持。鑑於早先的商朝和後來的東周君王都獲得較小的邦國朝貢，西周朝廷想必也會得到某種貢品，但問題在於貢品是否為鉅額財富，抑或僅是效忠的象徵。獻給商朝的貢品有時頗具價值，例如數百頭羊，還會有穀物、牛、人、手工藝品，還有鹿、象、猴、虎等野生動物，以及寶螺、金屬、象牙、玉等貴重物品。反觀東周的貢品則是表示恭順的儀式性姿態，而非實質財富的移轉，東周的大邦國向周王納貢，小邦國則向大邦國納貢。此時對於朝貢的討論，涉及誰向誰納貢和每年納貢與否，而非貢品價值。鑑於我們所見的西周史料出自政治菁英之手，往往涉及周代統治者與其他貴族和邦國的關係，其中欠缺朝貢的記載，意味著這並非當時最受關注的問題。[51]

馬匹是最受關注的問題之一。馬和雙輪戰車是載具、身分象徵，也是戰爭機器，不論是否與戰車合葬，周文化圈各地發掘的數百處菁英階層墓葬中，馬匹都隨葬於墓主身旁的墓穴。周代大多時候的人們都不知道怎麼騎馬，反倒用馬拖曳戰車及其他輪車，這就意味著馬在軍事上的重要性比起後代更受限縮。但涉及馬的銘文數量之多，以及軍隊最高統帥稱為「司馬」，卻都表明了馬匹對於周代統治者至關重要，大片地區必定用於飼養馬匹，官方也必定有一套獲取馬匹的體系，其中一部分大概來自周人勢力範圍之外的遊牧民族。正如下一章將要討論的，秦國正是作為在周的西部邊陲養馬的小邦而興起。[52]

此時的統治者開始為野生動物建立園囿，這大概反映著人口中心周邊的野生動物數量減少。西周諸王至少有一處王室園林，青銅器銘文和以下這首詩歌都有提及：「王在靈囿，麀鹿攸伏。麀鹿濯濯，白鳥翯翯。王在靈沼，於牣魚躍。」（〈靈臺〉）數百年後，孟子將西周的園囿標舉為周王室慷慨允許平民入園採集的榜樣，與貪婪的齊王禁止人民進入成為對比。孟子說的或許沒錯，因為秦法明文規定人民可在王室行獵的禁苑中獵捕小動物，由此證實傳統上允許平民在王室園林中狩獵，只要把最大的動物留給貴族即可。[53]

綜上所述，西周國家對環境的主要影響，在於它成功確立了和平，使農業文明得以在黃河流域各地乃至其外蓬勃發展。周王室看來只從自己的領地收取歲入，王室不向臣下收稅，反倒被期望給予臣下物品和土地，這樣的體系與散財宴（potlatch）體系的相通之處，多過中央集權官僚國家。隨後在東周時期發展出來的行政管理新技術，才讓國家直接控制臣民的土地和勞力，為國家帶來大規模轉化環境的力量。

春秋時代

西元前七七一年，周朝被外敵擊破，逃往東方的洛陽，在該地繼續作為小邦國延續了五百年，或許最初還看不出周王室的力量遭到永久削弱，但隨著此事顯而易見，周代各邦國開始彼此爭權奪利。其後五百年間，戰事的規模和持續時間與日俱增，這正是孔子等人回顧西周，將西周標舉為和平與德政時代的主因。東周時代開始時，周代各國的網絡向黃河流域以南延伸得並不遠，但隨後數百年間，地緣政治舞台急遽擴張，遠在南方長江流域的國家也成為主角。城市在這數百年間形成且大幅成長，都市人在政治上發揮的作用愈來愈大，他們支持自己愛戴的統治者，推翻不得民心的統治者，通婚仍是菁英們最重要的顧慮，也有些性別失衡的證據。[54]

春秋時代政治史的主要趨勢是強國消滅弱國。春秋時代開始時，或許有兩百多個邦國，但三百年後僅剩少數幾國，其中大多數邦國都是單一聚落，我們如今僅知其名。如同前文敘述的商朝和西周各國，春秋時期的大國由諸多宗族構成，他們名義上由一個統治者家族（公室）掌控，其實卻是半獨立的，為了增強權力，公室必須削弱宗族，控制宗族的土地和人民，此舉顯然遭受抵制。某些公室得以逐漸挪用對立臣下的稅收和兵役，並將司法管轄權適用於他們，但這些緊張關係有時會迸發暴力行為，幾個國家的對立宗族更設法推翻公室，自立為統治者。不論最終由哪個家族掌權，到了西元前五世紀，多數人民已是少數幾個大國的臣民。周代統治菁英共享一套文化，而他們八百年來的支配，有助於黃河、淮河、漢水流域的人民在文化上愈趨同質。強化國家的努力也包含同化非周民族，這一漸進過程涉及大量暴力，對環境造成的後果至今仍屬未知。回顧當時，在如此廣大的地域內創造出一群相對同質的人口，大大有益於日後秦漢帝國的建立。[55]

研究東周時期的學者對當時暴力的處理方式，往往宛如暴力是周王室中央權力衰微的自然結果，但周代貴族文化卻是出奇暴力的。戰爭並非他們盡力避免之事，反倒是排定時間進行，以免耽誤農時的例行季節性活動，他們不打仗的時候，就會組織大規模狩獵。殺害動物獻祭於神靈和祖先，乃是周代宗教及政治體系的核心要素，此時的政治協議經由盟誓儀式而達成，參與者在會上宰殺動物，口塗牲血，許諾誠信不渝。獻祭在本章討論的整個時期都是政治儀典的關鍵要素，隨著國家為祭牲專門徵稅，並撥出土地供應獻祭所需動物及其他資源，而逐漸趨向官僚化。[56]

春秋時代一如西周時期，身為高階貴族是擁有政治權位的必要條件之一，這就意味著任職於政府的多數男性都是統治者的親戚，因此成了潛在政敵。統治者為了減輕這種威脅，而允許愈來愈多弱小宗族出身者出任政府高官，但此舉也使得這些弱小宗族權力增強。在幾個大國之中（尤以齊、魯、晉為甚），這些卿相家族最終推翻公室，奪得政權。顯然，任官掌權最安全無虞的人選，是家族關係無足輕重的男性，這正是「士」（有「武士」或「學者」等多種英譯）崛起掌握政治權力的理路所在。這些男性通常來自式微已久的貴族家系，接受過任官所必需的教育，也有政治敏銳度，但欠缺家族關係作為權力後盾，[57]他們由於自身技能而被任命為官，並向上司直接負責，對一技之長的重視，大大增進了政府的穩定性和專業性，也是職業官僚發展過程的關鍵一大步。

另一項行政上的創舉是成文法的發展。西周有一些審理及懲罰歹徒的法規，卻沒有成文法的證據，西周並沒有一套由法學專家供職的正式法律體系，人們反倒將訴訟提交給西周的不同官員，甚至上告周王尋求裁決。中國複雜的成文法律規章之悠久傳統，起源大概可追溯到春秋時期寫下的法律文本，其中明訂特定罪行的適當刑罰，多數法律文書都是為了用於國內而撰寫，同時國家也自西元前六世紀起公開頒布法律。此舉立即遭受傳統主義者反對，理由是得知法規將有助於人們挑戰官方裁決，孔子斷言公布刑法會摧毀周代的貴族統治，他準確地將法典當成對貴族特權的攻擊，因為法典建立了國家與人民的直接關係，削弱了像他本人一樣日漸式微的次要貴族未經定義的權威。[58]

如同早先時候，邦國並不被理解成領土單位，而是被理解成特定統治家族的領地，他們持有的土地往往散布於廣大範圍之內。統治者將其疆域同時構想為親自治理空問和分配給臣下空間的那種領土國家之發展，與控制廣大範圍的官僚技術之發展直接相關，即使在那時，國家的力量仍奠基於控制人民而非土地。直到現代監控及運輸技術發明於二十世紀為止，國家權力的樣貌始終不一而足，從強力控制人口中心，到對其內地僅有空泛霸權。[59]

直到此時為止，作為周代國家特徵的分權權力架構，在世界史上十分常見，中央集權官僚制政府的發展則遠遠少見。整個東周時期，中央政府對最終為數達到千百萬的人口，逐漸確立了直接行政控制，戰爭看來對此發揮了關鍵作用。隨著戰爭的規模和開銷增加，統治者向各宗族尋求兵員和資源的新來源，宗族名義上從屬於君主，但傳統上各自率領屬民參戰。這些改革看來始於為增進募兵能力而設置軍區，此舉大概是中央朝廷試圖直接控制通常在宗族領袖率領下參戰的兵士，因此減弱了對立宗族的軍事能力。[60]

首先著手從事徹底改革的國家，是在今日鄭州附近的鄭國。改革始自一項水利計畫，這項計畫侵犯豪族利益，於是豪族聯手反叛，殺害多名執政大夫。子產的父親也是遇害的大夫之一，隨後在西元前五四三年，鄭國統治者（當國正卿）試圖任命子產實施更多改革，但他推辭，推辭的理由表明了國家力量在當時的局限：「國小而逼，族大寵多，不可為也。」唯有在當國承諾支持子產對抗豪族利益之後，子產才同意執政，他著手實施改革，「使都鄙有章，上下有服，田有封洫，廬井有伍。」（《春秋左傳．襄公三十年》）鄭國將行政權擴及於眾多宗族的土地與人民，讓國家成為貴族身分的仲裁者。秦國日後採用的五家連坐制，子產改革或許也提供了最早的證據。數年後，子產開徵丘賦，「賦」這個詞起初大概是指兵役，但最終轉為徵稅。[61]

春秋時期強化國力改革最詳盡的描述，出自南方楚國的記載（參看一三五頁地圖七）：

> 楚蒍掩為司馬，（令尹）子木使庀賦，數甲兵。甲午，蒍掩書土田，度山林，鳩藪澤，辨京陵，表淳鹵，數疆潦，規偃豬，町原防，牧隰皐，井衍沃，量入修賦，賦車籍馬，賦車兵、徒兵、甲楯之數。[62]

這項清查工作交由司馬完成，表明了清查資源、強化治理與獲取軍用物資的密切關聯，它也透露出國家正在從事更有系統的清查，藉以將控制權擴及於先前不受他們掌控的資源。國家為了控制新的土地和臣民而設置空間單位，並任命官員治理，而非交由其他宗族。由於這些單位是首先由官員直接治理的領土單位，其設立通常被認為是中國邁向官僚制領土管理的第一步，這些單位被稱為「縣」，而「縣」字首見於春秋時期的這一脈絡下，但當時的縣更接近於世襲封地，而非中央派員治理的領土。晉國的許多縣都屬於強宗大族，並非公室所有，而楚國的縣「很大程度上保持自主，縣尹可自行決定將部分居民編入行伍，亦可自行徵稅」。世襲封地的傳統歷經數百年，才逐漸被受薪行政官職取代。將縣稱做「郡」的傳統譯法，在西元四世紀起才被接受，因此唯有在四世紀以後，縣逐漸成為中央政府的行政延伸才算合適。[63]

增強國家權力經常需要摧毀既有的社會組織形式。我們從近代史得知，此舉經常遭遇某種抵抗，但對於早期中國農民抵抗的日常形式，我們僅有的蛛絲馬跡是秦朝人民逃離國家控制的記載。然而我們確實有大量證據，說明其他國家保守的下層貴族抗拒行政標準化，其中最著名者當屬孔子和他的學派，他們捍衛更能變通而又講究階級分際的早期傳統，反對國家領導的標準化改革削弱貴族特權；他們也批判國家將控制權擴及於森林、濕地等非農用土地的做法；他們認為森林和濕地都是共享資源，尤其既然人們求生或作物歉收都要仰賴這些資源，國家予以接管也就違背了他們的道義經濟。這些批評的各種版本日後成為官方儒家的意識型態，但國家終究勝出，並持續強化其官僚制度。正如周代邦國早先促使人民服勞役和繳稅的措施，這些強化國力的改革也有許多始自激進構想，最終成為現狀。[64]

鑑於徵稅是國家藉以收取運作所需之能量和資源的舉動，我們掌握的早期中國賦稅史資訊竟是如此之少，實在令人氣餒。如前文所述，西周向平民榨取盈餘的方式，並非對作物徵稅，而是要求平民為國家履行農業勞動和其他勞務。此舉由於政治單位小，領主和屬民相對來說近乎親密無間而有可能實現。隨著國家在東周時期成長，各國逐漸以一定比例的作物上稅取代勞務，此舉有益於國家之處，在於消除了監督農業勞動的需求。早先的人民耕作領主的公地可以慢慢來，但此時他們既然要用自己收成的一定比例繳稅，實際上也就把他們為了自身利益的勞作給了國家一部分，標準化的榨取對國家官員很省事，對臣民卻不然。

我們對於徵稅的最有力證據，出自儒家傳統文本所記載的抗拒改革。《春秋》（春秋時代名稱的由來）記載，魯國自西元前五九四年開始按面積對田地徵稅（初稅畝），人們一致同意此舉意指徵收一定比例的收成為賦稅，但對於此舉是否取代了為領主公田提供勞務，抑或勞務之外另行加徵收成，卻是眾說紛紜。數百年後注釋《春秋》的何休（一二九－一八二）斷言，魯國國君由於「無恩信於民，民不肯致力於公田」，而不得不按田畝徵稅。由此表現出一種意識，認為徵稅是比勞務更加嚴苛的榨取形式，因為不論人民同意與否，都能將稅賦強加於人民。《春秋》緊接著魯國「初稅畝」的記載是這句話：「冬，蝝生。饑。」某些注疏者將這句話解讀為更動古代稅收制度所招致的天罰。[65]

另一段對於徵稅的記載，則涉及一百年後魯國的改革。孔子反對魯國官員對田地徵收常規稅的計畫，因為田賦先前只在戰時和其他急用時徵收。孔子說，（西周的）「先王制土，籍田以力，而砥其遠邇；賦里以入，而量其有無；任力以夫，而議其老幼。於是乎有鰥、寡、孤、疾，有軍旅之出則徵之，無則已。」[66]（《國語．魯語下》）換言之，榨取應當依照生產者的能力和國家的需求而有所變通，而非一體徵收常規稅。這段文字寫成的時代，至少遠在事發一百年後，此時孔子早已逝世，但文中的行政保守主義，以及合理對待平民的關懷，皆可確認出自儒家學派之手。孔子除了反對課徵新稅，也駁斥行政標準化的不公不義，可變通的制度能夠考量個人處境，但標準化卻必須泯滅惻隱之心。孟子也呼應這種看法，他主張標準化的徵稅是殘虐的，因為在能夠多收的豐年和應當少收的兇年，它都照樣徵收相同稅額。（《孟子．滕文公上》：「治地莫善於助，莫不善於貢。貢者，校數歲之中以為常。樂歲粒米狼戾，多取之而不為虐，則寡取之；凶年糞其田而不足，則必取盈焉。為民父母，使民盻盻然，將終歲勤動，不得以養其父母，又稱貸而益之，使老稚轉乎溝壑，惡在其為民父母也？」）[67]

儘管受到孔子及其門徒反對，魯國的統治者大概還是認為這些改革勢在必行，因為敵國也都在採行類似措施。更為變通的稅收制度在周初體制中頗為實用，當時多數人生活在小型社群裡，但要建立更強大的國家卻需要標準化的榨取。這些改革的強度在戰國時期有增無減，因為少數強國編組愈來愈龐大的軍隊，進行更長久的作戰，魯國即使施行改革，最終仍被楚國滅亡。孔門師弟的反對在他們生前幾乎毫無作用，但這些反論的影響力在其後兩千年間與日俱增。最終，關於徵稅之適當程度和國家干預社會的諸多論爭，也逐漸由這些概念組織起來。

增強國家權力的另一種方式，則是找出可供榨取資源的新經濟領域。周初各國本質上僅由統治宗族的領地和人類屬民構成，換言之，邦國對特定領土主張所有權，其他土地則不屬於任何一邦。隨著國家擴張控制權，他們指派官員對更加偏遠之地取得的資源抽稅，這種行徑被認為是不道德的，因為這些地區先前為平民供給了食物和材料。其中一段明確的陳述，是批評魯莊公「規虞山林草澤之利，與民爭田漁薪菜之饒」。《穀梁傳》注疏也說明，山林資源之利是要幫助人民的，設官監督並不適當（〈莊公二十八年〉：「山林藪澤之利，所以與民共也。虞之，非正也。」）同樣，齊國某位官員也抱怨：「山林之木，衡鹿守之；澤之萑蒲，舟鮫守之；藪之薪蒸，虞候守之；海之鹽蜃，祈望守之。」（《春秋左傳．昭公二十年》）據說自責的國君隨後撤除了這些引發民怨的官員。孟子也明確相信，周初諸王的園囿向平民開放，政府並未控制攔河堰。[68]

國家將控制權延伸於資源不只是為了壟斷，也涉及資源永續利用的強制施行，一如戰國時期諸多提及節用的文本所明示。許多統治者和西周時期的先人一樣，也擁有自己的苑囿，保護在別處變得稀有的大型動物；秦國在春秋時代或許也有自己的苑囿。正如其他貴族文化和近代保育主義的情況，有財有勢者獵殺野生動物的欲望，往往正是確保野生動物受到保護的最強大力量。[69]

春秋時期見證了國家權力的許多關鍵創舉，而在恰如其分地稱做戰國時期的隨後數百年間，這些過程只會愈演愈烈。

戰國時代

戰國時期只剩下幾個強大的王國，這個時代以一群相對穩定的國家為特徵，其規模與近代初期的歐洲國家相仿。這些國家也和歐洲一樣，組成一個多國體系，遵行既定的外交禮儀，頻繁且規模擴大的戰爭促成了行政革新。戰爭的規模遽增，到了西元前三世紀，某些國家的軍隊已有數十萬人規模，每一國的實力都足以抵禦鄰國入侵，但又各自小心留意任何讓敵國可能取得優勢的發展，因此行之有效的創舉往往遲早也會被敵國採用。[70]

這一時期政治上的深刻變化，也反映於生活的諸多其他面向，貿易大幅擴展，影響及於多數人的生活。司馬遷記述，商人在此時富可敵國的方法，是買賣穀物、木材、竹、水果和家畜等未經加工產品，以及醃製食物、酒類、織品和獸皮等加工產品，還有漆器和鐵器等製成品，鐵器直到戰國末年才首度普及起來。貿易增長可能是此時工藝製造技術革新的主因之一，例如製陶的新窯、紡線用的更好紡車，以及織布用的改良織機；漆器也更為普遍流行。貿易擴展和技術改良，大概使得手工藝品更加廣泛使用，可能提高消費水準，從而增加了一般人的生態足跡。商人藉由買進農產品、售出各種各樣製成品而發家致富一事，表明了這既不只是菁英的奢侈品貿易，也不是偶一為之的農產交易，商業交易普遍發生。[71]

此時的戰爭規模也更大得多，而且更加兇殘。早先的戰爭通常在農閒的冬季進行，戰鬥也遵照貴族行為準則，彷彿其目的既是為了擊敗敵軍，同時也要替統帥爭光。而在戰國時期，軍事專家率領下冷酷無情的大規模步兵作戰，逐漸取代了以往的戰爭方式，城市築起堡壘並遭受圍攻。草原游牧民率先精通騎術，周代各國也逐漸引進。隨著草原上的戰士嫻熟於騎馬，他們的力量也愈發強大，北方的秦、趙、燕等國控制了部分草原地區，並持續與境外游牧族群往來，由此獲得馬匹，並得以先於南方敵國，掌握騎兵的作戰技術（參看圖5和地圖七）。[72]

不同於春秋時期逐年記載的編年史，我們對戰國政治史的認知，來自條理不甚分明的史料。理由之一在於秦國征服各國之後，將敵國的編年史全部燒毀，後世史家只能看到秦國的編年史（即使各國的編年史日後從墓葬中出土了一部分）。基於這些理由，我們對西元前四世紀秦國商鞅變法的記載，比其他任一國的改革知道得更多。由於秦國採用魏國及其他敵國的許多改革內容已是眾所周知，人們往往假定秦制與其他各國相仿，但其實距離秦國更遠的某些敵國（特別是楚、齊），體制可能與秦大不相同。不管怎麼說，我在下一章會用更多篇幅討論秦國，因此以下我只會概括戰國時期行政的某些主要發展。[73]

真正的官僚制首度發展於中國，正是在戰國時期。「官僚」的字面意義是「坐辦公桌統治」，原先是貶義用語，創造這個說法的人們大概認為政府應當由貴族和戰士統治，而不是交由大批文書。官僚日後成為政治組織研究的核心概念之一，儘管古代許多統治者都任用書吏代替自己讀寫，但在書吏或文書構成政府核心之前，國家都不能算是全面採行官僚制。統治階層頂端的朝廷或立法機構作出重大決策，但真正治理國家的卻是官僚。韋伯指出，相對於標準化程度較低的行政管理形式，官僚制的長處在於其準確、持續、慎重、可預期、成本降低，當然還有多數資訊記載為書面文字，便於官員運用。[74]

圖5　秦都咸陽塔兒坡一處西元前四世紀晚期墓葬出土的陶俑。

這是東亞已知最早的騎馬人像，證明了秦與內亞游牧民族的密切聯繫，此時內亞游牧民族騎馬已有數百年之久。注意上色的馬籠頭。

圖／感謝孫周勇和陝西省考古研究院准許使用圖像，取自 Yang Liu, *China's Terracotta Warriors: The First Emperor's Legacy*, 121. 陶俑高二十二點六公分。

文字起初是一項僅由書吏運用於特定需求的技能，但隨著人們找出新的用途，文字在這一時期更為普及。儘管早先的治理往往涉及成群相互認識的人，文字卻能以更為客觀且標準化的實踐取代個人信任關係，少了這些行政技術，國家就不可能擴張到涵蓋千百萬臣民。中央政府監督自身官員能力的每一項改進，都增添了它所能控制的領土總量和人民數量。規範官員行為的成文法、執法的程序，以及可靠調度資訊、材料和人民的整套體系，都包含在這些行政創舉的要求中。周代初年的

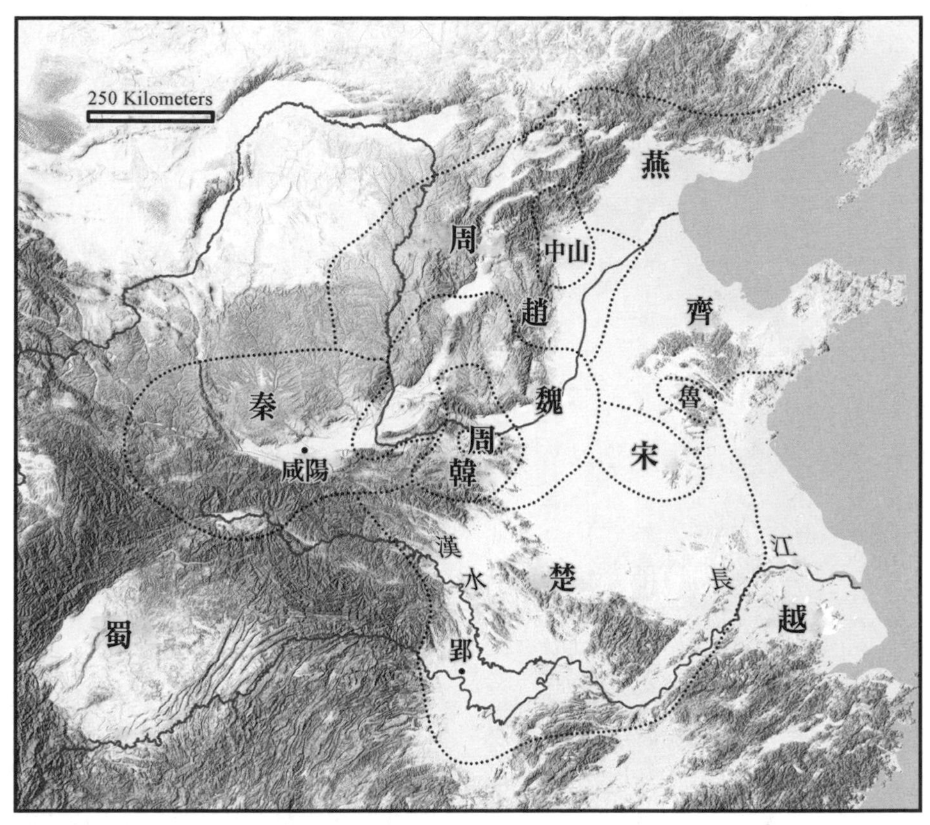

地圖七　西元前三五〇年前後，戰國時代大國掌控的大致領土範圍。

晉分裂為趙、魏、韓三國。韓併吞鄭，此時包圍了洛陽的周朝廷。秦、楚、趙、燕的外部邊界僅示意其國力的大致範圍，我們甚至無從估計蜀與越的勢力範圍。

圖／根據譚其驤，《中國歷史地圖集》第一冊，頁三三至三四。底圖由地理資訊系統專家琳恩．卡爾遜繪製。

行政官員共享有效治理的利益，因為他們都是統治階級的一分子，然而出身低微的專業人士一旦取而代之，他們的上司就需要想方設法給予評價，他們的表現必須受到其他官員監督，繼而獲得升遷、貶降或懲處。權力集中的關鍵技術之一，是任用別無其他收入來源的能幹之人，並以穀物支付薪資，而不給予土地，這些人的官場生涯因此有賴於取悅統治者。如前文所述，增強中央政府權力就必須削弱其他貴族宗族的權力，隨後也正是這些陷入貧困的宗族男性，在官僚制日漸成熟的國家出任官員。國家愈趨中央集權，不僅減少了恩庇關係的其他來源，統治者也能給予能幹的僱員豐厚報酬。某些統治者確實會把土地賞賜給能幹的追隨者，但他們往往以某一地區的稅收獎賞臣下，而不讓臣下直接控制土地。[75]

標準化的行政實踐需要成文行為準則的發展，如前文所述，這樣的發展奠基於數百年來的成文規範。管控官員的重要性在秦國法律中明確可見，後續各章還會談到。常規行政中的文字運用增加有一項考古學指標，那就是璽印的使用，璽印早先的用途是將文字和圖樣銘印於陶器印模和青銅鑄模上。到了東周中期，人們開始用璽印將官方的記號銘印在文書封泥上，此舉成了一種常見做法。璽印是確認和證明的正式機制，用於國家各種不同公務員的聯繫，例如官員和軍人之間，璽印的激增顯示出國家行政部門規模正在擴張，任職其中的官員不再認識自己所聯繫的對象，文書也被長途傳遞。正如國王將兵符交付軍隊統帥，藉以制止其未經許可擅自開戰，璽印也是國王授予權威的實體標誌。這些璽印表明了官員權力來自其上司，可以和璽印本身一同收回。[76]

除了讀寫能力外，某些官員還需要更為專門的技能。數學是徵稅、評估田地、不同種類商品換算和修建基礎設施等行政任務所必不可少的，這些技能在行政管理的數學實用，以及秦漢墓葬出土的「算數書」中皆顯而易見。重要用途之一是調整田地的大小，此舉對於賦稅標準化和授田於平民都不可或缺。由此表明度量衡對於行政的重要性，國家因此得以將距離、重量和體積等計量單位標準化。早期帝國文獻往往充斥著數學錯誤，這證明許多官員不曾受過多少數學教育。[77]

這些改革轉化社會何其徹底，最有力的證據或許來自民間宗教。儘管早先的祭牲、占卜等慣習仍有人從事，冥界卻愈發被理解成一套官僚體系，人們和冥界官員的溝通也逐漸運用與國家打交道的相同行政慣習。官僚成了人民生活的例行部分，官僚制也成了人們對宇宙運行方式的榜樣。[78]

國家的成長大幅增強了人類社會轉化自身環境的能力。商朝和西周國家締造了農業文明擴張所需的穩定，但他們的環境影響也僅止於此，因為他們對土地和勞力的控制有限。而在東周時期，愈益強大的國家展開更大的戰爭，加上貿易擴展，官僚、軍事家和商人大量取代了社會上層的舊貴族。西周平民為在地菁英勞動，但在戰國晚期，他們為無關個人的龐大國家納稅，並履行徭役和兵役。改良的行政部門使得中央政府調動資源的能力突飛猛進，貿易和運輸的成長則使人們得以將自身環境的產品賣到遠方市場，反過來也消費從遠處輸入的資源。

戰爭的壓力，尤其是尋求更多資源和軍力的需求，迫使東周各國革新自身的行政組織。其中包括消滅對立的貴族宗族，並將納稅及服役需求適用於先前得以豁免或被忽視的人們，國家也掌控了先前屬於共有、或至少未被抽稅的資源。因此戰國時期見證的是國家形成，這些國家轉化環境的力量都遠勝於其前身。接著在西元前二二〇年代，強大的秦國突然征服各國，建立中國的第一個帝國。秦國將是下兩章的焦點所在。

第四章

雄踞西方——秦國到秦朝的興盛史

秦地被山帶河以為固，四塞之國也。自繆公以來，至於秦王，二十餘君，常為諸侯雄。豈世世賢哉？其勢居然也。

——賈誼，〈過秦論〉*

秦朝是中華帝國史上為時最短的朝代，立國卻又最久。秦在西元前二二一年建立中國第一個帝國，歷時十四年即滅亡，但秦王室在敗亡之時已經在位六百多年。這六百多年的大多數時候，秦國都是一個地域性強國，實力夠強大，卻沒人預料得到該國會征服整個已知世界。但秦國確實一統天下，為東亞兩千多年來的官僚制農業國家奠定基礎。秦朝的後繼者們發揮了重大作用，將次大陸的生態系改頭換面。

秦朝滅亡數十年後，著名思想家賈誼（前二〇一—前一六九）思索秦國戰勝周代其他國家的原因，他得出結論：秦的成功是關中盆地的肥沃和天然屏障所致。鑑於秦國是唯一一個不需為都城築牆的周代國家，地理的作用很難否定。不同於多半匯聚黃河流域中下游的諸敵國，秦國能夠承受內鬥或國君無能，且免於遠方鄰邦直接攻擊的威脅。秦國也不像東方敵國那樣，面臨超越鄰國的強大壓力，開展並實施強化國力的改革，而是有餘裕在自己設定的時機改革。

但又不盡然是地理因素所致，秦國軍力不夠強大的話，就不可能征服關中，該國的統治者也特別強勢。不同於多數敵國的公室與實力相近的其他貴族家系共治，秦國的統治者家族看來在國內毫無敵手，秦國是周代從未被推翻的唯二公室之一，如此長久統治產生了舉足輕重的正當性。如同兩千年後的英格蘭，身為二等強國數百年的秦國能夠一舉稱霸，部分原因在於其政府的中央集權程度始終高於敵國。少了公室的實力，秦國恐怕就不太可能在西元前四世紀成功施行激烈改革，重組該國社會和地景。[1]

秦國的變法正是該國對於東亞環境史如此重要的理由所在，因為變法大幅增強國家權力，得以改造其掌控下的生態系。秦國在最初數百年間藉由征服土地和人民而成長，但該國的變法卻不只是簡單的擴張而已，國家向既已掌控的人口榨取盈餘的能力也隨之長進。這些政策傳統上歸功於執政的商鞅，他不僅將中央政府系統化，也將社會重組，增進國家治理社會的能力。為了增強軍力，國家依照戰功將爵位授予男性，大大激勵了男性從軍參戰。秦國將都城遷到先前人口稀疏的關中盆地中央，並將田地劃分成標準規格，重新分配給各家，爵位愈高，得到的土地就愈多。

秦國注重於擴展農業，肯定有助於解釋關中區域土壤的木炭含量何以在西元前一千紀激增。人

---

* 卷首引文出自司馬遷，《史記》卷六，〈秦始皇本紀〉「太史公曰」，頁二七七。William H. Nienhauser, *The Grand Scribe's Records, vol. 1*, 164.（英譯略有改動。）引文第一句在其他文本也能找到，大概是戰國時代的一句流行語。劉向集錄，《戰國策》中冊，卷十四〈楚一．張儀為秦破從連橫〉，頁五〇四。James Crump, *Chan-kuo Ts'e*, 244.

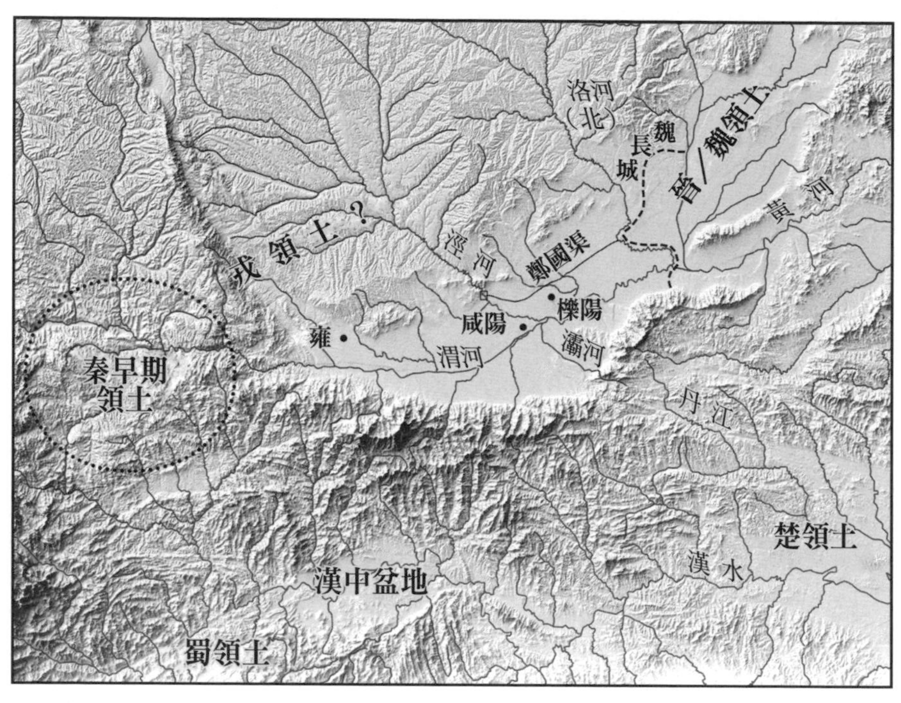

地圖八　秦史重要地點。

圖／底圖由地理資訊系統專家琳恩．卡爾遜（Lynn Carlson, GISP）繪製。

們焚燒植被開闢新的田地，同時準備耕耘原有的田地，秦國也修築水壩和河渠，重組整個區域的水文，包括都城咸陽正北方的鄭國渠（參看地圖八）。秦國和其他周代國家，也藉由征服並同化其他族群（例如秦國的世仇戎人），讓社會在族群和生態上都整齊劃一。秦國的變法創造出一套有效的行政體系，隨後由漢朝承襲並改良，成為帝國的經典模範。秦國的制度藉由轉化核心區域的農業地景而開展，日後也逐漸轉化了東亞各地的生態系。[2]

本章探討秦國歷史，從該國起源說到西元前三世紀中葉、日後成為始皇帝的秦王政即位之時。我們會從農民生活的年度循環入手，回顧社會的生態基礎，接著回顧秦國謎樣的早期歷史，而後討論該國遷入關中中部、強化國力的變法改革，以及鄭國渠工程。下一章則將接續分析秦始皇（前二五九—前二一〇）在位期間，秦國國力鼎盛之時的政治生態學。

季節循環

談論政治菁英事務之前，且讓我們先思考普通人的生活，畢竟他們的勞作才是國家權力的基礎所在。習慣了電力和內燃機的我們，可能很難想像少了這些東西的生活會是怎樣。那個世界比我們生活的世界更緩慢也更安靜許多，近代的光害尚未出現，天體在夜空中更加耀眼，人們也仔細加以觀察，最響亮的聲音是鳥囀、犬吠、豬哼和雞啼，人們的交談、咆哮、歌唱和歡笑就更不在話下。正如《詩經》所表明，那個世界的人們熟悉動植物的程度，遠比近代都市人所能想像的更加深入，他們的生活也比近代都市人更為緊密地遵循歲時。

我們對這一時期年度農耕循環的認知，來自本書第二章所呈現的多種考古證據和文本證據，以及數種闡明季節變遷的早期「月令」，其中最著名的一篇是《禮記·月令》。這些曆書大概是某種口傳民俗的文字範例，人們藉此傳遞關於季節遞嬗的常民智慧，其中包含的許多資訊在我們看來會是失實或迷信的，例如「鷹化為鳩」、「田鼠化為鴽（鵪鶉）」、「爵（雀）入大水為蛤」。我會把這些問題留給智識史學者探討，僅在此引用我以為可信的文句，這些文本遵循早期中國的幾種不同曆法，因此我會按照公曆（Gregorian Calendar，國瑞曆）的月分加以組織。[3]

就先從人們歡度新年的冬季說起。十二月「冰益壯，地始坼。鶡旦不鳴」，冬天晴朗而乾燥，難得降雨或降雪。關中尋常的一月天，氣溫在午後上升到攝氏零度以上，入夜後又降到零下，人們燃燒柴薪煮食，也為無處排煙而煙霧瀰漫的土牆房屋供暖。冬季是農閒季節，人們把握時機建造和修理一年的其他時間要用的設備，他們把麻捻成線，用簡單的織機編成布，再用麻布製作衣裳；也把蘆葦、竹和其他植物材料編成籃子、草蓆和籬笆；打造和修理農具，雕刻木柄、磨利石刃。即使水面冰封，人們仍繼續捕魚。水牛、犀牛等大型動物此時多半已從低地消滅，但鹿和野豬在這一時期的最初數百年仍很常見，人們也加以獵捕。由於狐、貉和山貓等野生哺乳動物會長出冬毛，人們也獵殺或設陷阱捕捉牠們，藉以製作自己的冬衣。領主也在這時候召集臣民從事勞務，內容可能包含營造和修繕、大規模狩獵，還有戰爭。[4]

三月初「蟄蟲咸動，啟戶始出」，隨後數週「始雨水，桃始華，倉庚鳴」，「玄鳥至」，韭菜也開始生長，這是春季最早的香草。四月「句者畢出，萌者盡達」，「桐始華」，「鳴鳩拂其羽，戴勝降於桑」。桑樹的珍貴既在於它的甜漿果，也因為桑葉是蠶的主食，抽繭取絲織成的布料遠比麻布和獸皮更輕便。晚春時分「乃合累牛、騰馬，遊牝于牧」，牠們被分開飼養，母牛和母馬照顧幼兒，這時獲准交配，好讓牛犢和馬駒能在來年年初誕生。人們修繕溝洫、堤防等水利基礎設施，以備雨季來臨。來自內亞的沙塵暴在每年此時侵襲華北各地，天空成了灰褐色。即使植被茁壯生長，食物卻也在每年這個時候開始短缺，人們則採集野生資源加以補充，他們希望雨水能如時降下。冬麥在此時收成，這是秋天以來第一次收穫。[5]

每年的降雨多半集中在夏季，有時暴雨如注，六月到八月間的午後氣溫經常突破攝氏三十度。六月「囿有見杏。鳴蜮。王萯秀」，「蟬始鳴。半夏生，木堇榮」，任何一個有在中國度過夏天的人都知道，蟬聲有可能非常喧鬧，這些樹棲動物的交響曲有如微型電鋸，蚊蚋群集，此時正是農作旺季，作物易受乾旱、暴風和有害動物襲擊，編年史定期記載成群昆蟲侵襲作物，且不時導致饑荒。七月「土潤溽暑，大雨時行，燒薙行水，利以殺草，如以熱湯。可以糞田疇，可以美土彊」，隨著千百年來人口增長，休耕時間縮短，人們不得不投注更多心力為田地施肥。夏季是新鮮水果的時節，可以吃到桃、櫻桃、桑椹和瓜，錦葵等葉菜類、以及葫蘆和豆類等其他植物也很豐盛。[6]

九月「盲風至，鴻鴈來，玄鳥歸」，秋季天氣宜人，要是豐收的話，食物也能充足。但有許多工作要做，人們用石造的鐮刀收割小米，割下乾燥的成熟小米穗，完整地貯存在穀倉裡，未去殼的穀物能儲存好幾年。小米必須脫粒、簸穀後才能烹煮，或者煮成濃稠的小米粥，或者等水分蒸發再乾吃。由於小米缺乏某些胺基酸，人們太過依賴小米會營養不良，此時出土的人骨遺存顯示，人們的健康程度往往遠不及新石器時代的先人；這對於肉食的貴族就不成問題。周代初期，秋天是人們必須為領土收成作物的時節，但這項勞務逐漸轉換成稅賦，於是人們必須向國家繳納一部分穀糧。根據〈月令〉，君王在每年這個時候「乃命有司趣民收斂，務畜菜，多積聚。乃勸種麥，毋或失時。」[7]

十月「草木黃落，乃伐薪為炭。蟄蟲咸俯在穴，皆墐其戶」。[8]棗在秋季收成，這是僅有的幾種能貯存過冬的水果。此時也是收割野生藺草，用以覆蓋屋頂和編籃子的時節，麻莖也在水中浸泡，將纖維從其中分離出來。隨著植被凋萎，家畜食物所剩無幾，人們宰殺自己飼養的許多動物，或許也向領主獻上一隻豬（參看圖6）。他們用鹽醃和醃漬方式準備肉類，也製成當時流行的肉醬。十一月「水始冰，地始凍」之時，人們取出大衣、麻襯墊的衣物和毛皮，少了這些衣服，他們

圖6　出自咸陽漢景帝（前一八八—前一四一）陽陵的家畜陶俑。

此時家畜和人類一樣，成了低地區繁殖數量最多的動物，反觀六六頁圖 2 列出的許多動物都已經消失。

圖／關於這座陵墓，參看漢陽陵博物館編著，《漢陽陵》。感謝孫周勇提供這些圖像，以及陝西省考古研究院准許使用。

就活不過冬天。隨著天氣轉冷，人們開始為住家加熱，也引來了害蟲：「七月在野，八月在宇，九月在戶，十月蟋蟀入我床下。穹窒熏鼠，塞向墐戶。」（《詩經．豳風．七月》）隨著人類生態系擴及於整個地景，定居其間的多種生物隨之滋長，例如在領主收取的穀糧之外，大小老鼠也要自行瓜分穀糧，人們以寄生齧齒動物暗喻敲骨吸髓的統治者，他們吟唱道：「碩鼠碩鼠，無食我黍！」[9]（《詩經．魏風．碩鼠》）

勞動依照農業社會常見的方式，依性別劃分。懷孕或育兒的女性留在住家附近，她們因此往往從事更多編織和製衣，治絲織綢成了刻版印象中的女性活動。按照古典中國的性別刻版印象，這反過來說就是男性理當下田工作，即使我們可以確定，女性也會下田工作。根據小樣本人類骨骼進行的考古學研究揭示，人們對男孩的供養優於女孩。後來的中國歷史裡，為此事辯解的說法往往是女性結婚即離家，男性則仍是家族重心。[10]

在此描述的季節循環大多數面向持續了千百年，但有些內容改變了。隨著人口密度提高，核心農耕地區的牧地數量減少，牛羊等草食動物被排擠，只留下能在人類聚落中生活的動物，亦即狗、豬和雞。人們巧妙地把豬關在豬圈裡，並把自己的廁所蓋在豬圈上方，此舉防止了豬破壞作物，也將家庭廢棄物轉換為肉類，並提供了現成的田地肥料來源。此時人口最稠密的地區多半位於今天的河南省、河北省和山東省，這些地區的牧地所剩無幾，唯有富人有能力養牛，從而用牛犁田。秦國的腹地人口不如這些區域稠密，牛因此更為普及。當然，正北方的黃土高原上還有廣大牛群。

除了國家權力成長之外，社會上最重要的變遷大概是貿易增長。市集漸漸成長，逐漸將過去自給自足的莊園和村莊，整合於地方和長程貿易網絡之中。西元前三世紀時，商人靠著販賣穀物、木材、竹子、水果和家畜等商品，醃製食品、酒類、織品和獸皮等製成品，以及金屬、陶器和漆器等工藝品而致富；更大的市場促使工匠發明製陶的新窯、紡線用的更好紡車，以及織布用的改良織機；關中等農業中心的農民可以出售自家產品，並買進品質遠勝於自己能力所及的工藝品。他們再也不需依賴自身所在的地方社群取得物品，不巧，此時的商業活動鮮少留下歷史記載，我們也無從估計商業活動對人們生活的影響，或是人們如何運用自己的環境，我們可以確定的是，在地森林和濕地的出產，愈發被當成商品運用。鐵製工具在西元前三世紀更為普及，即使直到漢代才真正無所不在，鐵大概讓某些農事更為便利，也有利於掘井和挖溝，但在這一時期的大多數時候，秦人使用的石造和木造工具，仍與新石器時代晚期農民所使用的並無二致。我們既已簡短回顧此時的維生經濟，接著就來回顧秦國史。[11]

秦的興起

秦的早期歷史多少像是一個謎，這樣一個強大的邦國是如何興起於周代世界的西陲？秦國早期歷史的記載太過零星，我們經常對於參與其中的民族幾無所知，因而逕稱為「秦」，彷彿那是單一個人。我們主要依據的史料是司馬遷《史記》（西元前一〇〇年成書）的〈秦本紀〉，其中包含秦國編年史的資料，那是秦朝征服天下以後、僅存於地表的戰國時期官方歷史記載（即使此後仍有其他史書發掘出土）。〈秦本紀〉最早一筆可靠的記載，大概可以追溯到西元前九世紀。據說，周孝王指派一名地方領袖非子養馬，並將他分封於渭河上游的秦地，秦朝之名正是起源於此。秦所掌控的絕佳養馬場，歷史上自始至終都是該國國力的重要來源之一。[12]

〈秦本紀〉進一步記載，周宣王為了獎勵秦攻打周和秦共同的敵人——戎（下文還會談到這群人），把另一塊地也分封給了秦莊公。這兩處封地都在渭河上游，也都能和該區域出土的西周晚期墓葬聯繫起來。我們可以將毛家坪一處墓地埋葬的屍骨確認為秦人，是因為後來的秦人都以頭部朝向西方的屈肢形式埋葬死者，這些墓葬與秦的關聯，又因為出土器物與正南方禮縣大堡子山發掘的早期秦公大墓所出土者近似，而進一步證實。這些都是最早能夠令人信服地與秦相關的考古發現，意思是說葬於毛家坪的人們和秦國源起的幾群人相同，倒不是說這些人直接隸屬於秦這個邦國。不幸的是，如今卻不可能將任何特定的出土遺存有把握地確認為文獻記載中的戎人，即使他們大概都與名為寺窪的考古學文化有關。[13]

周王室在西元前七七一年垮台，當下對於秦國領袖大概是創鉅痛深，但長遠看來，他們因此而得以遷入關中盆地。那一年，心懷不滿的周朝貴族和戎人聯手，將周王室逐出關中，播遷到東方的洛陽，此事標誌著西周時期過渡為東周。秦軍協助周王逃往洛陽，周王則將秦君的地位提升為「公」，秦國得以和其他周代國家在外交禮儀上平起平坐。〈秦本紀〉記載，周王隨後將關中的核心農業區，亦即周原和今天西安以西的周朝都城區域賞賜給秦。這其實稱不上贈禮，因為該地區當時被戎人占領，秦用了六十年左右才能攻下。西元前七一四年，秦國終於將都城遷到關中西部寶雞一帶的某地，秦人來到關中從考古看來很明確，因為秦人頭部朝西的屈肢葬，與商周兩朝將死者仰身直肢，葬於南北向墓室中成為對比。新來的秦人大概統治著既有的周人和戎人平民，他們逐漸融入成為秦人。[14]

西元前六七七年，秦國都城東遷三十公里，來到位於周原上的雍地，此後定都於雍將近三百年。雍位於四通八達之地，輻輳於此處的旅行路線，將西方的渭河上游、南方的四川盆地和東方的黃河流域聯繫起來，該地自然成為這些區域人群和商品往返流動的會合點。周原一如其名（「周的平原」），被看作是周人的核心地帶，該地曾是西周國家首要的儀典中心，秦國占領周原想必提升了該國在周代諸侯間的地位，因為每一位諸侯的世系都能追溯到周朝始祖。奉祀周朝的開國之祖，仍是象徵性地將周代邦國聯盟團結起來的禮制之核心所在，即使周王室的重要性業已衰退。[15]

秦國公室的權力明確展現於秦公墓葬規模之龐大，春秋時期其他周代國家的菁英墓葬，其規模和財富等級都顯現出等差，國君的墓大於上層菁英，但除此之外兩者則近似。但在秦國，國君的墓卻遠比其他宗族的墓更龐大也更奢華，而其他貴族的墓「與周代領土其他地方同等身分者大致相仿」。此事從大堡子山配置奢華的龐大墓葬已是清晰可見，築墓之時的秦國仍以渭河上游山區為根據地。定都於雍的三百年間，秦人將國君葬於城南一處面積二十四平方公里，由壕溝圍繞的陵區，其中有四十四座陵墓。秦國國君所能動用的勞動力規模，明確顯現於其中一座已被發掘的陵墓（參看圖7），這是東亞直到那時為止，我們已知規模遠遠最大的陵墓，一般相信是秦景公（？—前五三七，前五七七即位）的墓。其中包含一百六十六人的遺骸，他們被殺害為國君殉死；另外幾處秦公陵墓也幾乎同樣龐大。興建這些墓葬群的開銷還只是開始，每一位秦公的陵墓也要定期獻祭，數百年來陵墓的數量自然有增無減，每一處墓葬群都撥給一片莊園，以供獻祭所需的家畜及其他資源，久而久之，關中的廣大範圍就成了獻給公室祖先的儀式性地景。秦國為國君大造陵墓的傳統始終未曾間斷，直到秦始皇陵為止，秦始皇陵不僅是中國歷史自古至今最大的墓葬群，更可說是人類史上為單一個人興建過的最大墓葬群。[16]

這些龐大的陵墓透露出秦國國君試圖匹敵於周王，青銅禮器的銘文宣稱秦國公室「受命於天」，則表現得更加露骨，秦國國君或許自認為有權這麼說，因為他們的朝廷就座落於昔日周人的核心地帶，但他們選擇定都於雍，大概不見得是因為該地在象徵上對於周代禮制的重要性，而是由於該地是關中境內最好的農地。雍的秦國宮廟基址是此一時期菁英建築群保存最完善的其中一處，雍都興建於天然水路旁，規模逐漸擴大到由兩道壕溝保護，一道圍繞城中央的宮殿區，另一道圍繞整個城址，城址西北也有一座小型堤壩，藉以蓄積或擴充一個小型湖泊，供應全城用水，可能也提供魚類及其他可食用生物。這些發現揭示，早在秦人興建鄭國渠之前數百年，他們就已經投入大規模治水工事，而鄭國渠是傳統史料所記載的最早水利工程。這倒是不足為奇，因為周人早在數百年前也已經改造過豐京周圍的水路。[17]

當時的周原似乎有許多野生動物，從西周滅亡到秦人入主之間長達一世紀的戰爭，大概減少了人口，為野生動物騰

圖7　一九八〇年代初期發掘的秦景公墓。

攝影之時，考古學者正要開始挖出被殺殉死、在地下侍奉主君的上百人的棺柩，主槨室就在這些人殉下方。一如中國的多數大型墓葬，這座墓千百年來也已被徹底洗劫。該墓東西兩墓道之間長三百公尺、深二十四公尺。

圖／感謝焦南峰提供此圖像，並准許使用。

出空間。如同先前商周兩朝的統治者，秦國國君也定期狩獵。東周中葉某個時候，秦國國君在大型的鼓狀石墩上，銘刻狩獵和捕魚的詩句。這些千百年後出土的石鼓，成了東周文字最著名的範例之一，如今展示於北京故宮，其中紀念秦國菁英獵捕梅花鹿、麋鹿、野豬、雉和野兔。有一面受損的石鼓文提及，秦在周原設置一處獵苑。或許秦國擴展農業的成功，縮減了野生動物棲息的土地面積，國君因此需要保護牠們縮減的棲地，才能繼續加以狩獵。[18]

秦國初期的行政與該國日後發展出的中央集權官僚制幾乎沒有相通之處，一如當時的其他周代國家，秦國也沒有幾個職責明確定義的固定官職。國家由一群貴族治理，他們為國君從事顧問、將帥和行政官員等工作，這些人並未被派任官職，而是以特定爵位任命，藉以表明他們在政治階層中的地位，同時奉命執行必要的行政任務。文字對於此時的秦國行政尚未發揮重大作用，但也還沒有將行政管理推陳出新的強烈動機。秦國的都城雍位於周代世界的西陲，距離其他任何強國都有數百公里之遠，秦國就從這樣的地位開始增強實力。[19]

秦的擴張

秦國一如其他東周國家，也靠著征服和吞併其他邦國而壯大。秦遷入關中之後征服諸多聚落，由此促成了治理土地和人民的新方法試驗。據《史記》所述，秦在四個被征服的聚落設「縣」，這是歷史上對「縣」的最早記載。正如第三章的討論，縣起初更像是封地，但隨著中央政府逐漸更加直接治理，縣也就更趨近於如今慣常英譯的「郡縣」。早期的這四個縣設立於渭河沿岸低地供水充足，可作為優良農地的地點。反之，秦隨後征服北方乾燥區域的城址時，就不再設縣，而是任由當地人民自治，原因想必在於這些地方的歲入不足以酬報直接治理的開銷。秦國征伐的文本記載明確指出，政治權力首先是以人類臣民來理解，而不是領土，人口稀疏的程度使得眾多聚落之間仍有大量未經開墾的土地，因此秦國著重於人口中心。[20]

在秦國歷史最初數百年間，該國由來已久的敵人是一群名為「戎」的民族，字義為「武器」或「尚武」，這是華語使用者對他們的稱呼，而不是他們的自稱。傳統上都是經由定居中國人和游牧民日後的衝突來看待戎人的歷史，時空錯置地將雙方的衝突解讀為周、秦農民對抗游牧的戎人。事實上，定居農業國家和游牧民之間，當時隔著一大片農牧混合的地帶，農牧混合也正是周人、秦人和戎人共有的維生策略，包括秦在內的周代國家征伐戎人，對於挑起草原區和播種區之間的爭鬥起了重大作用。

游牧往往被想像為某種原始生活方式，早於更為先進的定居農業階段發生，但這種設想其實正是開倒車。游牧其實是一種極為專門的維生策略，唯有在人們累積了牧養羊、山羊和牛的數千年經驗後才會產生，這種形式在過去兩千紀之間發展於內亞草原，正是黃河流域農業社會自行組成強大政治組織的同一時期。其中大多數時候，草原區和播種區都不會簡單一分為二，原因也很簡單：將這兩種生存策略結合起來，比起區隔它們更為合理。任何人會選擇完全以放牧維生的唯一充分理由在於，歐亞大陸中部有一大片區域十分適於畜牧，但又太冷或太乾燥而不足以支持農耕。人們一旦馴服馬，日後又馴服了駱駝，就能和牧群一同移入這些險惡之地，但隨著牧群吃光某一特定範圍的所有植被，他們又不得不定期遷移。即使如此，（不帶任何農耕的）純游牧在人類史上仍十分罕見，僅限於內亞草原，游牧民族也仍需倚賴農耕民族提供的穀糧及其他資源。[21]

在草原上愈趨游牧的人群和黃河流域低地的定居農民之間，隔著一片廣袤區域，其中的人們在狹窄的河谷耕種，同時在山丘上放牧，[22]這些農牧民不僅包含戎人，也有許多周人和秦人。秦人尚未遷入關中之前定居於渭河上游，該地多半由半乾旱的高地構成，其間由狹長的可耕谷地分割開來，這樣的環境完全適合農牧混合的生活方式，該區域的人民飼養豬、馬、牛、羊、狗和雞，其間幾處出土墓葬的研究成果顯示他們吃了很多肉。我們沒有理由認為戎人和秦人的謀生策略有任何不同之處，他們都耕種作物和牧養家畜。[23]

東周時期在西元前七七一年開始之時，黃河流域有數百個或多或少獨立的聚落，其中包含眾多不同的文化和語言群體。隨後五百年間，少數幾個周代國家征服並同化了這些聚落，這一文化雜糅過程由征服者占得上風，如此的征服與同化過程，創造出秦漢帝國相對同質的核心人口。占領北方半乾燥農牧地帶、接著開始繼續向游牧地帶推進的是，戰國時代最北方的三國——秦、趙、燕。秦國的北伐尤其逼使游牧人群團結抵抗，成為他們建立世界第一個游牧帝國——匈奴的一項影響因素。草原區和播種區的邊界往往被解讀為生態邊界，但它卻是政治事件人為產生的，亦即互相敵對的農業和游牧帝國成長所致。事實上，包含大半個黃土高原在內的半乾燥地帶人民，仍持續農耕和放牧，他們或者向北方游牧帝國納稅，或者向南方農業帝國納稅，就看由誰控制而定。[24]

秦國的早期歷史包含了和戎人的一連串戰爭，關中的戎人聚落一經征服，秦就繼續東進，在西元前六五九年攻打今天三門峽附近的戎人聚落，秦在西元前六二三年對戎決戰獲勝，拓地上千里，攻取十二座城邑。儘管我們無法確知這些戎人聚落的位置，但其中有些可能位於關中以北和以西，黃土高原上的渭河和涇河流域（參看六一頁地圖二）。我們知道秦國拓殖了涇河流域，因為秦人的墓地自西元前六世紀開始出現於該處。[25]

秦征服戎人不僅去除了心腹大患，也在馬匹對於戰爭愈益重要的時候，讓秦得到更多上好的牧馬場。周代最初數百年間人們並不騎馬，而是用馬拖曳雙輪戰車，在缺乏良好道路的世界裡，這種行進方式頗為笨拙。到了東周某個時刻，人們學會騎上馬背，馬匹在戰爭中因此用處更多，對於國家權力的重要性進一步增強，騎馬也大幅提升了人們能夠移動的速度，對於秦國的擴張不可或缺。秦國掌控大片優良牧馬場，使得該國對黃河中游的小國取得了顯著優勢。隨著歐亞大陸各地的人們將愈來愈多牧養野馬的土地改用於飼養家馬和其他家畜，他們終於逼使野馬絕種。[26]

不同於周人的戎人群體，隨著秦國等周代王國將戎人同化，或許也被北方游牧民同化而消失無蹤。隨著秦人征服早先橫亙於他們和北方游牧人群之間的土地和人民，他們也開始和游牧人群頻繁往來，秦和游牧民定期交易，秦的工匠更以北方游牧民的式樣加工金屬，他們大概用這些金屬製品交易草原出產的毛皮、皮革和馬匹等物。正如取得北方馬匹在秦國政治文化中發揮重大作用，掌握秦國送來的奢侈品同時也成了草原菁英權力的重要層面之一。向來的說法認為秦、燕等北方國家由於習得游牧民族的騎術，而對其他國家取得優勢，但此說略有誤導之嫌，因為其中暗指農民和牧民除此之外便是截然二分。事實上，秦國的地位令人稱羨，該國既是周文化群體的正式成員國，同時又有眾多騎術精湛的臣民，也和黃土高原乃至更遠處的牧民往來已久。[27]

由於這一時期的多數歷史記載成書於東方，對這段期間秦國歷史最詳盡的記載，乃是秦國與東鄰晉國關係的敘述。這兩國彼此敵對不足為奇，因為晉國是周代強國之中距離秦最近的，晉國的根據地位於汾河流域，地理上同屬於關中盆地，只是被黃河隔開。秦晉兩國爭奪的是渭河以北，沿著黃河西岸一片平坦肥沃的狹長地帶，這個地區與西方的秦國其他聚落之間，隔著一大片季節性濕地。秦國首先在西元前六四四年從晉手中攻下此地，但隨即失守；西元前四世紀晚期，晉國的三個強宗大族推翻公室，瓜分晉國領土，成為趙、魏、韓三國（參看一三五頁地圖七），這三國之中的魏國接管了與秦相爭的河西地，並修築長城防禦秦國。秦國直到西元前三三〇年才設法從魏國手中奪取這片土地，從而掌控關中全境。[28]

西元前六世紀中葉和晉國交戰之後，秦國國君往往在其他周代國家的頻繁戰事中置身事外。秦國的都城雍距離其他周代國家都有數百公里之遙，在其他國家看來地處偏遠。秦國缺席於戰國初年周代列國的例行事務，使得敵國能夠輕易稱之為野蠻國，後世史家也把這種汙衊採信為事實。實情大概是秦國國君明智地察覺，與其他周代國家交戰徒勞無功，並轉而鞏固他們在渭河流域及周邊地區的霸權。此舉起初是要移民拓殖關中的更多可耕地，並掌控鄰近山區的資源，但秦國也想要征服肥沃的河谷地帶。東方的河谷地帶由強國占領，於是秦國南下擴張。即使秦國南進頂多只留下參差不齊的記載，但這些記載確實顯示秦國在西元前五世紀初活躍於秦嶺以南，這就意味著秦國此時已經牢牢掌控幾條穿越秦嶺的要道。秦嶺必定提供了秦國大量木材、毛皮及其他森林材料，正如秦朝末年勞工在秦嶺區域伐木的記載所示。秦嶺的大部分地區都崎嶇不平，唯有能以馬背馱載或人力背負的小件物品才能實際送出，但秦國終究找到了大量可供利用的人力和獸力。[29]

秦嶺是寶貴的資財來源，卻也是秦國向南擴張的一大障礙。秦國無意征服北方或西方的乾燥地帶，因為該處幾乎沒有可耕地；東方和東南方則是強國環伺。但秦嶺西南方卻有肥沃的漢中盆地，更遠處則是四川盆地，四川是東亞全境最大面積的可耕平地之一，然而秦軍必須行經充斥著狹窄、危險路段的山徑，穿越高聳的秦嶺，才能抵達漢中甚至四川；圖8呈現的那條山路還算是容易通過的。四川是蜀國的所在地，該國大概相對弱小，不受侵犯的理由在於地處偏遠而非軍力強大。秦和蜀看來爭奪過漢中盆地，這是兩國之間唯一一片廣袤的可耕地，不巧，秦國向西南擴張卻只留下少數幾條簡短記載。《史記》講述，秦國在西元前四五一年為漢中盆地的一座市鎮築城，該地區十年後反叛，秦蜀兩國又在西元前三八七年開戰。我們可以確定秦國終究接管了漢中，因為秦國在西元前三一六年滅蜀，征服成都平原，而秦國唯有先出兵征服並殖民漢中地區，才能入侵蜀國。對於漢水上游這段理當錯綜複雜的外交、戰爭和征服歷史，我們如今所知僅限於此。征服四川是秦國歷史的一件大事，秦國能從南方調動的資源大增，即使我們當然也不該低估秦國在此統治的開銷，但我們對於被征服的蜀人幾乎毫無所知。[30]

向東南穿越秦嶺的道路並不如西南方向的道路那樣險峻，但秦國在東南方向卻和強大的楚國發生衝突。秦軍從關中盆地中央可以經由陡峭小道上行，沿著灞河支流入山，短暫而艱難地步行一段路之後，就會抵達丹江上游谷地，由此即可輕易順流而下，進入楚國的心臟地帶——漢水流域（參看一四〇頁地圖八），楚國領袖清楚意識到，掌握丹江流域是防禦秦國的最有效方法。秦國似乎在西元前四世紀中葉攻取丹江上游，大約與該國遷都於關中中部同一時間，兩國在隨後數十年間反覆爭奪這一地區，秦國征服四川應當從這個脈絡理解。秦國征服四川不久就開始著手墾殖，建立起一處產量豐饒的根據地，由此東下攻打楚國。西元前二七〇年代，秦國征服漢水流域全境，迫使楚國遷都於長江中游（即郢都，今天的荊州；參看一三五頁地圖七）。秦國這時掌控了四川盆地、漢水流域全境，以及連接兩地的長江流域，這些地區之間橫亙著一大片荒無人煙的崎嶇山地，秦的行政

圖8　二十世紀初期秦嶺山中的一條路。該地區以地勢陡峭為典型。

圖／照片出自「一九一四年中國考古任務」典藏，攝於謝閣蘭、奧古斯都．吉爾貝德．瓦贊、拉蒂格的中國考古踏查期間。此圖取自「秦嶺」（Tsin ling），法國國家圖書館、Gallica數位圖書館（gallica.bnf.fr）惠予使用。

控制大概始終不曾深入過。擊敗楚國後，秦國確立為東亞的超級強權，並且開始逐步東進，向中原擴張。[31]

更為晚近的帝國歷史顯示，征服並統治新領土所需的創舉，深刻地形塑了政治權力行使於母國的方式，為治理被征服的人民和土地而開發的技法與技術，到頭來經常也應用於本土。征服和兼併新領土的過程，肯定對於秦國開發新的行政技法起過作用，隨著秦軍持續征伐，為了供給大軍所需，秦國在征服地域的最佳農地上建立起一套農業殖民地網絡。在某些例子裡，秦國驅逐被征服的人民，並將土地賜給可靠的臣下，可能也包括官兵在內，但秦國人少地多，將忠誠臣民重新移入征服領土的能力因而受限。隨著秦國持續擴張，秦國反倒開始逼迫數以萬計的被征服人民遠離家園，遷居其他征服地，此舉侵害了被征服人民的團結能力，因為其中多數人都有強烈的地域認同感。此舉也有助於秦國統治戰略重地，例如逼迫製鐵技術精湛的家族遷居南方邊區，讓他們既能致富，也能供給秦軍所需物資。長久下來，強迫移民與秦國其他眾多標準化方案並行，創造出文化同質性更高的人口，大概有助於其後漢朝的穩定。[32]

強國之道

西元前四世紀，秦國國君實行一系列改革，轉化了國家自身的本質，大幅提升國家對其疆域內人民和土地的控制力。這些改革用了一百多年才完成，但在歷史記載中卻肯定無疑地與商鞅（原名公孫鞅）聯繫在一起，他對戰爭、法律和刑罰的強調，逐漸成為秦國殘暴不仁的典型，其後兩千年間，他的改革成為某種嚴法治國的典範。但秦國的中央集權、標準化且依法行政的官僚治理方法，卻由後續的帝國承襲並改進，成了中國政治思想心照不宣的典範。正如魯惟一（Michael Loewe）所言：「所有成功的帝國政權皆自命為遵照儒家道德理想治國，但若不借助商鞅創行之法，能長久享國者幾希矣。」由於商鞅變法大幅增強了國家對其生態系所能行使的權力，這些改革措施也代表著中國環境史的一個轉捩點。[33]

如同前一章的討論，其他周代國家都早已實施改革強化國力，秦國的改革始自秦獻公（前四二四－前三六二，前三八四即位）和秦孝公（前三八二－前三三八，前三六一即位）。秦獻公即位前數十年間，秦國失地於魏，宮中權臣則先後強行廢黜兩位國君，這大概是不同貴族家系試圖擁立親人即位的衝突所致，如此情節在世界各地的君主國皆已司空見慣。但自獻公即位以降，歷任秦公的在位時間往往長達數十年，這大概是秦國保持穩定強大的一項重要因素，正如該國任命商鞅這樣富有才幹的官員領導政府的慣習。[34]

商鞅是衛國的公子，衛國歷史悠久，但此時早已衰微。他首先在魏國參與政事，學會了最先進的治國和戰爭概念，魏國強有力的民政和軍政，讓該國即使四面被強敵環伺，仍堪稱西元前四世紀初期最強大的國家。商鞅的變法措施以魏國及其他周代國家的改革為基礎，即使在商鞅死後很久，秦國官員仍繼續研習魏法，商鞅之所以聲名大噪，原因在於他所掌握的權力遠遠凌駕於其他大多數政治思想家（至少直到他被車裂處死為止），但他的理念或許並不特別新穎，其他政治理論著作也提倡類似的改革，其他思想家的理念（例如申不害〔前三八五－前三三七〕）也已實行於秦而沒有受到多少矚目。西元前三世紀的思想家韓非（約前二八一－前二三三）指出，申不害著重實用的行政技法（術），例如因任授官、循名責實，確保官員各稱其職。反之，韓非所描述的商鞅則強調成文法和明確的刑責與賞罰體系（《韓非子・定法》：「憲令著於官府，刑罰必於民心，賞存乎慎法，而罰加乎姦令者也。」）申不害的治理方法在當時的政治組織發揮了重要作用，但他聚焦於內部行政，故而不像商鞅那樣顯而易見。[35]

秦國能夠相對迅速地實行這些改革，原因似乎在於公室力量強大，秦國的公族也是周代世界歷史最悠久的統治者家族之一，由此獲得的正當性大概很可觀。秦國在東方的多數敵國都歷經數百年的試驗和協商才能實施這類改革，其間往往涉及貴族家門之間的流血衝突。秦國國君的權力乃是變法改革成功所不可或缺，因為變法直接打擊貴族不勞而獲的種種特權；其他國家類似的改革嘗試，則導致其他菁英家族推翻公室。考古證據顯示，變法產生了顯著影響，秦國菁英帶入墓中的隨葬物丕變，由此顯示變法破壞了貴族展示身分地位的傳統方式。日後的中國作家認為秦國變法嚴苛也就不足為奇，因為帝制中國時期大多數書籍的作者，都是既憑藉自身才能、也同樣憑藉家族財富和功名而取得身分地位的男性。即使秦國平民沒有留下文字記載，他們從變法中看見不少值得稱道之處的可能性仍值得考慮，畢竟變法確實為所有人帶來經濟機會，也減少了貴族菁英獨斷專行，而讓治理變得更能被預期。[36]

關於商鞅，最重要的史料是司馬遷半屬虛構的《史記・商君列傳》，以及後人依據他們認為足以代表商鞅學派思想的內容編纂而成的文集《商君書》。大致說來，司馬遷對商鞅變法的描述，與出土秦國文獻所見的制度極為吻合，下一章還會說到出土文獻。但應當強調的是，這些變法措施在他死後仍持續推行，我們無從辨析哪些部分在商鞅生前已經落實。我們知道商鞅確實出任過早期文本所記載的官職，因為出土的物品上銘刻著商鞅頒布的命令，這些物品確認了商鞅將行政措施標準化，並監督武器生產。商鞅的重要地位還有另一項明確指標，那就是戰國晚期和漢朝初年的政治理論家一再提到他，這表明了他是個評價兩極的著名人物。《商君書》最重要的幾章可以追溯到商鞅在世之時，他本人也有可能親自寫下某些內容，其中的用字遣詞顯現出一名政府官員為了說服國君而寫下的文本，撰文者不但幾乎不曾試著主張自己所提倡的理念能嘉惠百姓，文本更公然敵視古典主義者（即儒家），以及貴族不勞而獲的特權。換言之，這本書幾乎冒犯了所有人，也就意味著訴求的對象是高官或國君，很有可能是寫給秦王看的。[37]

《商君書》的宗旨在於「強國」，其內文力主農業是強國的關鍵所在，該書擁護一種農業基要主義，將農業之外的行業一概視為欠缺經濟生產力、本質上寄生於社會，這種信念在當時並非罕見。從政治角度而言多少有些道理，因為西元前四世紀的秦國取自商業稅的所得極少，國家運轉的燃料在於農業盈餘和傜役。該書力主國家應阻止人民從事農業之外的營生，並鼓勵拓展農地，可行方式之一是直接控制非農地景，迫使其居民轉業務農：「壹山澤，則惡農、慢惰、倍欲之民無所於食。無所於食則必農，農則草必墾矣。」（《商君書・墾令》）這段文字表現出，常見於農業國家對於依靠土地討生活，維生方式卻又難以課稅之人的一種鄙夷。由此也揭示出國家驅動著維生方式從農耕混合轉型為倚重農耕，而這一轉型往往被錯誤想像成自然發生的過程，鼓勵人民務農不僅是為了增加國家的稅收，也是要確保人們長居於同一處，以便輕易調動人民從事傜役和從軍入伍。商鞅也在常規的穀物稅之上新徵賦稅，即使其具體內容不明。[38]

強國變法的目的在於增強軍力，《商君書》也有數章論及戰爭。為了擴充軍隊，國家必須盡其所能徵召、裝備和供養最多男性，激勵男性去戰鬥則是同樣重要的。激勵男性的關鍵在於讓從軍成為提升社會和經濟地位的正途，為了達成這一目的，秦國創立一套等級制（更準確的名稱或許是「軍功爵制」），依照戰功將爵位賞賜給男性，男性每受封一個爵位，就有權獲贈特定大小的農地，兒子繼承的爵位低於父親，藉以激勵他們奮勇戰鬥獲取封爵。犯罪之人可以用爵位交換減刑，由於刑罰包含身體殘毀、鉅額罰金和嚴苛苦役，這個選項相當寶貴。國家能夠區別對待土地和人民，意味著土地為國家所有、而非農民所有，這正是第一章提到的勞動者與其維生方法分離之範例。

這套爵制最激進的其中一面，在於它對貴族一體適用，以軍功取代貴族特權。司馬遷〈商君列傳〉記述：「宗室非有軍功論，不得為屬籍。」這套爵制的目的同樣在於裂解宗族，改以核心家庭為社會基本單位，而周代社會正是依照宗族這種基於親緣的、更大規模社會組織形式組織的，此舉意在建立國家與個別家庭之間的個人關係，以確保這些家庭納稅和服役。這是一項激烈改革，我們可以推想，這套爵制要是不能信守承諾給予多數人獎賞，就會無以為繼。司馬遷說，商鞅「明尊卑爵秩等級，各以差次名田宅，臣妾衣服以家次。有功者顯榮，無功者雖富無所芬華。」下一章探討的文獻顯示，這套爵制確實明訂於秦國法律，我們可以依據某處秦墓出土的魏國律令推想，這些法條有一部分取自魏國，魏國的《戶律》明文規定，有幾種類別的人不應授予田宅。[39]

建立一套適用於全體成年男子的爵制，需要對人口高度控制，正如《商君書》所指示：「舉民眾口數，生者著，死者削。民無逃粟，野無荒草，則國富。國富則彊。」[40]作者在數行之後以一套更詳盡的論證說明行政知識的重要，力主國家應當統計國內糧倉、人口、青壯、老弱、官員、軍人和馬、牛、芻、藁的數量。蒐集這些數據需要特地撰文主張，正說明了此舉在當時並不普及，反倒是創舉，周代國家先前確實進行過調查，以確認可供徵稅的資源和青壯年人口數，但這些調查看來只是一時為之，並非規律的行政慣習。定期調查所需的官僚制，在當時仍是方興未艾，秦國大多數人口定居於關中的有限區域之內，變法首先施行於在當地生活的人們，但在距離都城乘車行船一千多公里路程的湖南里耶，當地出土的秦國晚期戶籍資料，則證明了秦朝最終得以將其縝密行政管理的許多方面，施行於帝國廣闊領土各處，這樣一套體系唯有在都城區行之有效，才有可能通行於全國。[41]

秦國不僅試圖裂解大家族單位，將核心家庭確立為標準家戶，也將這些家庭每五家編為一組，一家犯罪則全體連坐受罰，這是一種讓人民彼此監控的廉價方式。男性五人一組互相聯保的組織方式，看來源自於軍中，日後才擴大使用於民間，「伍」（五人為伍）這個字逐漸成為官方稱呼平民的用語，由此示意官員看待臣民的方式。連坐體系藉由逼迫人民監控鄰居，彌補了官員人數在群眾中相對稀少的問題，這正是國家試圖運用嚴刑峻罰彌補其行政能力薄弱的經典範例之一。[42]

由於每一級爵位皆與土地一同賜予，政府必須將地景重組為標準的田地大小，以便將地塊授予獲得封爵的軍人，男性去世時，官員就從其子嗣手中收回土地，除非他們能夠掙得與父親同等的爵位。司馬遷說，秦國「集小（都）鄉邑聚為縣，置令、丞，凡三十一縣。為田開阡陌封疆，而賦稅平。」（《史記．商君列傳》）將土地賜予願意納稅和當兵的任何人，另一個目的則是要招徠拓殖者。如同大家族單位的裂解，農業地景的重組也是國家重組社會，令社會符合自身治理邏輯的顯例之一，第一章已經討論過，將領土劃分為標準化的行政單位「縣」，乃是另一項重大創舉。[43]

四川北部出土的一部秦律說明了秦國的田制，頒布時間為西元前三〇九年，已是商鞅死後三十年，隨後幾乎一字不差地抄錄於漢律：「田廣一步，袤八則（三百三十二公尺）為畛。畝二畛，一陌道。百畝為頃，一阡道，道廣二丈。封高四尺，大稱其高。」[44]大致概念是每隔三百三十二公尺修築一道田畛，構成田地的廣度，而在田畛之間則每隔一點三九公尺修築狹小的步道，與田畛垂直相交而形成狹長的田地，這些細長的田地每片面積為一畝，百畝為一頃，正是賜予無爵之人的土地面積。每十頃修築一條阡道，與田畛垂直相交，由此將地景劃分為標準單位的方格，便於向男性授田、重新分配土地和估算稅額。當然，土地未必都能如此整齊安排，官員也會接受訓練，以估算形狀不同的田地。[45]

細看關中平原的地圖或衛星影像，會顯現出許多地區被規劃為寬三百二十至三百五十公尺不等的狹長地塊，平均下來三百三十二公尺上下，與秦漢法律規定的田地標準長度兩百四十步相符。當然，這只在平原的某些地區成立，即使在這些地區之中，田地間的道路也不盡然筆直。儘管如此，大片地區以這種方式組織，只能是國家投入努力的結果，有幾個理由可以確信這種土地規劃發生於秦漢時期。首先是計量單位在往後千百年間長度漸增，因此日後的兩百四十步會比三百三十二公尺更長得多；其次，儘管日後的北魏帝國和唐帝國也都實施了土地管制（均田制），但兩者控制關中區域的時間，都不及自商鞅變法到漢朝滅亡的五百年；第三個理由尤其明顯，標準化的田制一經存在，日後的國家更有可能沿用，而非再次重建全部地景。因此這些標準化的田地計量單位，看來有可能在秦漢帝國統治下確立於關中。[46]

即使秦國將土地持有和徵稅合理化，但只要高階官員仍被賜予廣大土地，封建成分就仍然存在，我們從商鞅、呂不韋（？—前二三五）、張儀（前三七三—前三一〇）等秦國重臣獲贈人口眾多的大片土地之記載，都能得知這點。還有一段可追溯至西元前三三四年的陶瓦銘文，記載一塊地被永久賜予一位高官，用以興建宗祠；[47]看來似乎只有最高階的官員才能獲贈土地。

鑑於秦國統治在商鞅變法後又延續了一百多年，關中也仍是其經濟重心所在，變法措施至少很有可能嚴格執行於該地。變法也確實讓秦國更加強大，某位秦國官員在西元前三世紀這麼說過：

> 秦地半天下，兵敵四國，被山帶河，四塞以為固。虎賁之士百餘萬，車千乘，騎萬疋，粟如丘山。法令既明，士卒安難樂死。[48]（《戰國策・楚策》）

從秦國國君的視角看來，變法是成功的；從生態角度看來，變法重建了農業地景，大幅增強了國家對人民和土地所能施展的權力。還有幾項重大變革伴隨著政治改革而來，最重要的是，秦國從關中西部遷都於關中的中心，並在這次轉移之後永久定都。

秦的東遷

出於迄今仍然成謎的理由，秦國在西元前四世紀從關中西部遷都到關中平原中央。約莫同一時間，人們開始移入平坦的盆地中心，從此該處始終都是關中區域的人口中心，這是一項重大變遷。自農耕起源以來，人們都聚集於周原和渭河以南的土地上，這些地區水分充足，傾斜的地形也能排除過剩水量，反之，關中中部的大多數土地若非地表水不足，就是排水不良而積水或鹽化。地圖九清楚呈現出這一變遷的重大意義，其中顯示人口從新石器時代和青銅時代的主要人口中心——周原，轉移到秦漢帝國定都的盆地中央。考古紀錄揭示了人口轉移的時機，關中西部出土的多數墓葬，年代大致都在西元前七〇〇至三五〇年間，此後的秦國墓葬則多半發現於距離新都咸陽更近的關中中部和東部。[49]

關中平原中央幾乎沒有活水，但地下水位在許多地方僅有數公尺深，因此人們得以掘井取水。井在後世是灌溉用水的來源，對於秦國遷入該地區或許也起了至關重要的作用，正如咸陽附近發掘到的許多口井所示；溝渠對於容易積水的平地也很重要，可將夏季降雨排出。鐵器在此時的普及或許促成了這一切挖掘工作，鑑於冶鐵技術在此一時期由中亞傳入，周代區域最早用鐵的證據出自秦國控制下的西陲，也就不足為奇，鋤頭等鐵尖器具或許也有助於此一時期的大規模地表變更工程，包括鄭國渠工程。中國學者受到蘇聯的技術決定論影響，經常過度強調金屬工具對於農業經濟的重要性，鐵刃工具對於社會史的重要性，不該被認為高於人們投入工作的時間、擁有的土地數量，以及施加在他們身上要求生產食物的誘因和壓力等種種因素。但鐵無疑促進了這些土地改造工程，整體來說也增強了人類對土壤的影響，秦國很有可能提供某些鐵器以促成此事。[50]

秦國國君在西元前五世紀晚期非正式地遷入關中中部，到了西元前三八三年，獻公將政府遷往涇河東岸的櫟陽，櫟陽從此成為大城，城牆周長九公里，即使在西元前三五〇年正式將都城向西遷回咸陽之後，櫟陽仍是一處重鎮，而咸陽從此定都，直到秦朝滅亡。秦國將都城從櫟陽向西遷回咸陽，使得涇河再次將秦都和東方敵國分隔開來，涇河連同渭河構成了天然護城河，防阻東來和南來的外敵。某些人相信秦國遷都於河谷中央，乃是國家由上而下將關中中部闢為農地的努力，但獨立農民率先在此地落腳，國家隨之而來也是可能的。不管怎麼說，國家必定參與了新都城周圍農地拓展的過程，秦國臣民必須為國家服徭役，而農業改進正是國家經常投入勞力的那種工作類型。[51]

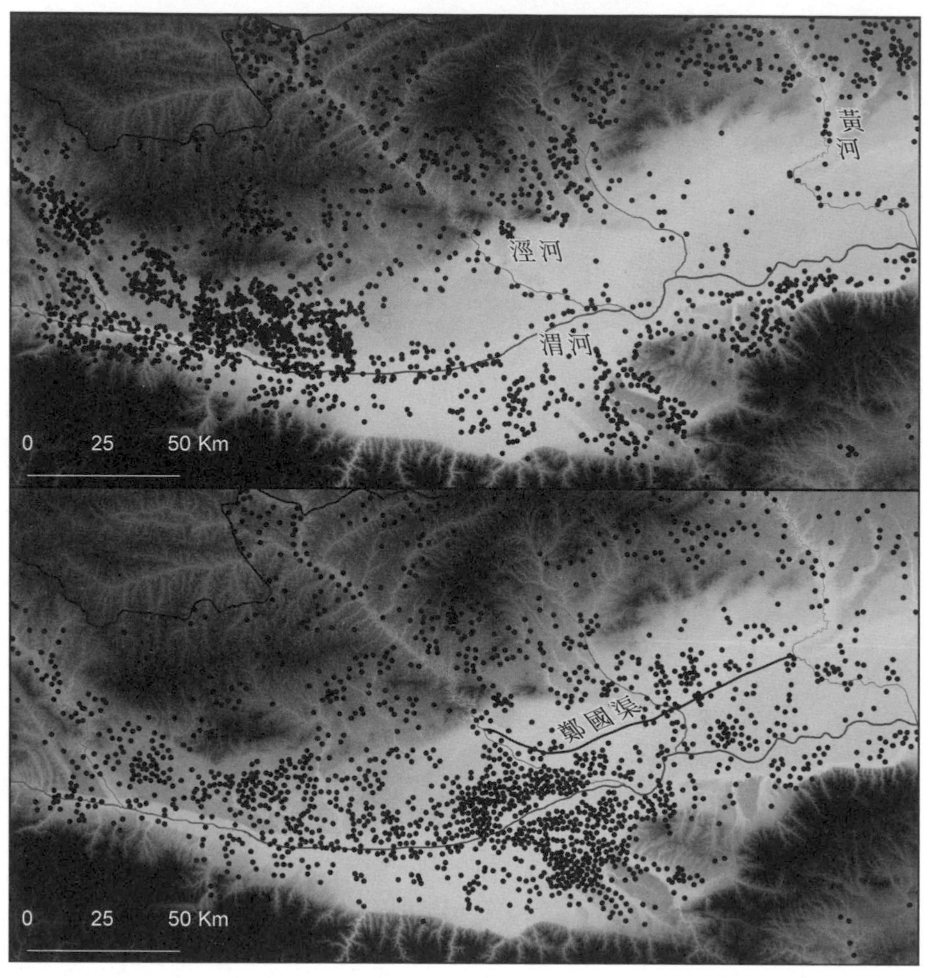

地圖九　人口向關中盆地中央移動。

上圖標記西元前五〇〇〇至七七一年仰韶文化到西周時期所有已知的遺址。

下圖則是西元前二五〇至西元二二〇年秦、漢時期的遺址，包括戰國晚期的某些遺址，以及鄭國渠路徑的大致位置。

圖／資料取自《中國文物地圖集》陝西分冊。

接著讓我們討論都城本身。一般而言，讓人類得以將控制力擴及整個地球的政治和經濟過程，向來是由都市區域組織而成，這使得人類的都市化與文明興起密不可分。社會複雜性增強也和勞力分工擴充密不可分，而勞力分工的中心組織通常都以城市為根據地，資源往往在城市裡集中、加工和重新分配。正如作坊的任務分工是製作更複雜的手工藝品所必需，國家擴張其勢力範圍和權力，也需要提升軍中和民政部門內部的分工程度。向初級生產者榨取盈餘價值，並決定如何加以運用的政治制度，通常都以都市區域為根據地，這點與我們的故事最為相關。

既然如此，能對咸陽的經濟和社會多了解一些，就是好事一樁。但除了城牆、道路和宮室的整體布局之外，秦國都城留給我們的資料極少，考古學者在咸陽發現二十六處大規模建築群的基址，其中七處位於由八百七十五公尺長、五百公尺寬圍牆保護的中央宮殿區之內，該區正是王室居住和中央政府官員工作之處。考古學者猜想，平民居住在宮殿區西南方，儘管平民住宅區和市集肯定都存在過，但在宮中居住和工作的人口很可能為數不少。國家在商品製造上發揮的重大作用，想必縮減了不受國家掌控的經濟規模，若非如此，宮外的城市會被帶動著成長，秦朝鼎盛之時，都城的宮中和周邊地區必定有數萬人居住和工作。[52]

信史時代的大多數時候，西安地區都是關中最大、最重要的城市所在地，因為地處渭河以南，可由秦嶺大量供應淡水。秦國在渭河北岸缺少重要水路的地區修築咸陽城，因此就有些不太尋常，咸陽城的人民看來是掘井取水，考古學者在該地發現一百多口井。考古學者也發掘出蘭池的遺存，這個人工湖大概不只用於妝點景色，也作為水庫和養魚池之用，陶製管道構成的地下汙水處理系統將廢水排入渭河。秦國國君最終察覺了渭河以南地區的優勢，因為他們隨後在該處興建了幾座主要宮殿，日後成為漢朝都城長安的核心。考古學者從一九五〇年代開始調查咸陽城址，至今仍未在該城四周發現城牆，其他所有周代國家的都城皆以高大的城牆環繞，因此咸陽不築城牆既證明了秦國的強大，也證明了地理位置帶來的優勢。咸陽由涇河和渭河，以及關中四周的天然屏障保護，我們應當記得，關中一詞正是「關內」之意。[53]

中國歷代帝國更為詳盡記載的證據顯示，中央行政部門和皇親貴胄消耗的國家預算比例可觀，明朝將多達四分之一的稅收用於支應宮內開銷，秦國大概不至於如此，因為秦國並沒有大運河將穀物輸送到都城，但我們至少可以猜想，關中的盈餘大半消耗於都城之內。《周禮》（又稱《周官》）是一部特別有助於想像宮內經濟生活的史料，成書時間大約就在秦國都城蓬勃發展之際，該書十分詳盡地闡釋作者所見的理想官僚制，包括供給宮廷所需的各部門。文本內容出於想像，卻並非完全脫離現實，出土的秦漢文獻和璽印封泥，證明了近似於《周禮》所述的許多官職確實存在，顯然該書的作者（們）對宮廷生活及其管理有著深刻了解，我們可以預期，該書提及的許多其他細節也有其事實根據。[54]

《周禮》所描述的官僚機構，對於供應數千人衣食的宮廷來說恰如其分。食物方面，有負責屠宰和烹調的官職，也有負責肉類保存、醋保存、酒、飲品、鹽、米、醃肉，以及儲備冰塊保存食物的官職。許多原料由專責為宮廷捕捉或栽培食物的人員供應，例如獵人、漁民、捕龜人，以及照料園圃和果樹的人們；衣物方面則有裁縫、修鞋匠、理髮師，以及處理毛皮、獸皮、絲、麻和染布的專家。還有許多官職是關於人員和動物醫療、清潔、營造、修繕、監獄、馬匹，以及帝王的侍衛，衛隊本身就是一支小型軍隊。其中許多人員負責生產獻祭和人類日用的食物與衣服，《周禮》也包含一整套祭儀專責人員的官制，秦國想必也有。秦國以郡、縣等標準行政單位治理關中，但關中也有王室的苑囿，以及秦國先君的陵墓，陵區涵蓋了廣大場地和村莊，其稅收用以支應維修開銷，並提供祭祀所需的動物，此時秦國負責維護的歷代先君陵墓已有五百年之久，這些陵墓大概消耗了大量土地和資源。[55]

千百年來，掌控工匠的勞力一直都是關中區域菁英的經濟權力來源，因此秦國不僅生產宮廷和軍隊所需的商品，大概也用於銷售，其實不足為奇。《周禮》列舉為某個戰國宮廷服務的各種不同工匠，包括戰車工人、武器製造者、陶工，以及織布者，這些工匠秦國肯定也都有。咸陽留下許多製陶的證據，包括刻有作坊名稱的數百件陶片，私營和國營的窯同時存在；還有由國家擁有的鑄銅、鑄鐵工場，產出多種不同製品。發掘者認為某處鑄造金屬箭頭的遺址原是國家兵工廠，大規模的金屬加工和製陶，必定會產生大量煙霧——早期的空氣汙染，在此消耗的柴薪必定不少，但大概只占全城消耗量的一小部分，即使我們無從得知這些木料來自何方，其中一部分肯定是從渭河上游船運而來。[56]

都城之外的關中地區由內史治理，整個區域也因官職而稱為內史，字面意義為「宮內祕書官」。關中的行政區劃不同於秦國的其他領土，直到秦朝滅亡都是如此，人們必須提交正確的文書，才能出入關中周邊的關口。西元二年時的關中人口大概有兩百三十多萬人，每平方公里的人口密度達到一百五十人，我們可以假定秦國統治下的人口想必較少些。由咸陽向南渡過渭河，今天西安城的大部分地區看來都在咸陽縣境內，其中包括幾個鄉和哨所（亭），還有許多村莊，那裡也有墓地，至少有一座橋連接渭河兩岸的宮殿。橋的南端近年發掘出土，工法是將大量結實木材插入河床，頂端再鋪上木板，這座橋及後世其他橋梁在該處的位置，揭示出流經該地的渭河最晚在西元八世紀轉向北流，破壞了秦國咸陽城的一部分。[57]

秦國有多處苑囿直接由國君本人擁有，而非政府所有。《韓非子．外儲說右下》提到，秦國曾經發生饑荒，當時某位貴族如此請求秦王：「五苑之草著：蔬菜、橡果、棗栗，足以活民，請發之。」但秦王拒絕，理由是此舉會推翻人民有功才能受賞的政策。由此可見，至少其中幾處苑囿內含園圃和果樹，君王獨占某些地區狩獵和休憩的慣習一直持續到二十世紀初，苑囿是古代中國絕無僅有的、保存土地不受農業侵奪以利野生動物繁衍之一例。秦國最大的苑囿是上林苑，座落於今天的西安西郊，傳統上相信漢代的上林苑從渭河到秦嶺山麓綿延數十公里，即使我們無從得知秦時的上林苑有多大，其中包含池塘、河流，以及秦朝未能完工的龐大阿房宮；漢代的上林苑中有農園，秦時很可能也是如此。秦二世皇帝在上林苑內打獵時遇見一位平民，二世立刻殺了他，這個故事可以說明平民禁止進入上林苑。[58]

我們對於秦國的其他苑囿所知更少，僅有的詳細資訊來自更久以後的史料。秦始皇在咸陽西北約五十公里處山區的梁山苑築有行宮，而在咸陽以東約四十公里處的秦嶺山麓則是驪山苑，距離秦始皇陵不遠，驪山如今仍是以溫泉著稱的風景名勝區，考古學者發掘出一套陶管系統，用途大概是將溫泉注入浴池。上林苑和驪山都是君王的獵苑，今日西安的東南方也有宜春苑，秦國征服其他王國時也一併控制了他國君王的獵苑。儘管我們對這些苑囿所知極少，但它們顯然都是為帝王帶來大筆收入，或許也保護野生動物以供君王獵捕的大片地區。[59]

就在咸陽以東的涇河對岸，秦國修築了一項龐大的治水工程，轉化了關中東部，讓關中平原上最後的荒無人煙之地首次得到開墾，此即中國歷史上最著名的水利工程計畫之一——鄭國渠工程。

重建水景

隨著權力增長，國家也就有能力以更具雄心的方式轉化地表，秦國的重大工程計畫正是範例，這些工程都需要成千上萬人的勞力配合。鄭國渠工程是秦國在戰國晚期建造的兩大灌溉工程之一，也是東亞有史以來最大規模的治水工程之一（參看一四〇頁地圖八）；另一項工程則是秦國征服四川成都平原之後建造的都江堰，它把成都平原永久轉化成了肥沃的農耕區。鄭國渠的興建使得關中盆地的農業拓殖大功告成，大幅增長了秦國（以及漢朝）都城地區的農業生產力。不幸的是，我們對於鄭國渠工程仍有不少未知之處，早期的文本讚頌它的成功，但晚近幾個世紀的歷史卻揭示，要在那個地點運用前近代的技術維護一套灌溉系統並非易事。

直到近年為止，早期中國治水的多數歷史記載，都以《史記．河渠書》和《漢書．溝洫志》為依據，但考古資料如今正在揭露的歷史卻更長也更複雜。比方說，考古學者在華南發現了一套大範圍的治水系統，時間可追溯到西元前三千紀，如前文所述，我們如今也得知西周和秦國都改造了都城所在地的水文。國家資助的水利工程最早見於文本記載，可追溯到西元前五六三年，鄭國某位大臣下令挖掘溝渠，導致強宗大族損失土地，於是他們共謀將他殺害；西元前四三〇年代，魏國挖掘一條十公里長的灌溉渠道，為該國創造出某些最優良的農地；吳國和楚國也在此時開鑿運河。[60]

但歷史文本僅止於探討規模最大的水利工程。我們知道，規模較小的水利工事是普遍的，因為許多文本都提到負責治水系統的官員。例如荀子寫道：「脩隄梁，通溝澮，行水潦，安水臧，以時決塞，歲雖凶敗水旱，使民有所耘艾，司空之事也。」（《荀子．王制》）《呂氏春秋》同樣有一段文字透露挖掘灌溉渠道是常見的作為。[61]

司馬遷描述的鄭國渠故事如下：韓國派遣一名治水專家鄭國，勸說秦國將精力投注於建造大規模公共工程，使該國無法侵略韓國。[62]秦王在施工期間發覺這項陰謀，要將鄭國處死，但鄭國設法說服秦王，這項工程事實上將能有益於秦國（《漢書．溝洫志》）：「始臣為間，然渠成亦秦之利也。臣為韓延數歲之命，而為秦建萬世之功。」）這個故事屬於《戰國策》所收錄的那種機智客卿、詭計多端的傳奇故事文類，內容不能當真。但渠道確實完工，司馬遷如此為故事作結：「渠就，用注填閼之水，溉澤鹵之地四萬餘頃，收皆畝一鐘。於是關中為沃野，無凶年，秦以富彊，卒并諸侯。」[63]（《史記．河渠書》）按照司馬遷的說法，這條渠道從涇河向東注入洛河，正如一六六頁地圖九所示，該地區一直都人煙稀少，不僅缺乏活水，也因為太過平坦而在夏季降雨時積水不退，並在水分蒸發時自然積累鹽分，正因如此，該區始終保持在半野生狀態，是關中區域僅剩的一處未開墾低地。鄭國渠工程將這片地區的一部分轉為農用，挖掘溝渠為低地排水，並用涇河注入的水加以灌溉，將土壤淡化，鄭國渠完工於西元前二四六年，正是日後的秦始皇即位為秦王政的那一年。[64]

渠道的總體規劃很明確，渠道與渭河平行，但海拔高於渭河，讓渠道得以在許多地點設置閘口，灌溉渠道以南的土地。渠道也切穿許多小型水路和泉水，使它即使無法從涇河進水，仍能有限度地運行，這種處境在日後的時代經常發生。司馬遷敘述，渠道由涇河沿著北山向東注入洛河，由於北山的位置以及北山以東的地貌，任何渠道流過這兩點之間的徑路都不可能差異太大，正如一四〇頁地圖八和一六六頁的地圖九所呈現。[65]

司馬遷所描述的四萬餘頃，相當於一千八百四十四平方公里，由此構成一個每邊四十多公里長的正方形，這與渠路和渭河之間的總面積相去不遠。儘管司馬遷所說的四萬餘頃傳統上都被解讀為鄭國渠工程的灌溉面積，這個說法大概只是誇飾，但或許是指可能使用渠水灌溉的總面積。即使到了灌溉系統重建起一座混凝土水壩的現在，涇河的水量也難得能夠灌溉這麼大片地區，而涇河的長度也不及洛河的一半，涇河的水可能一路被引向洛河，或用於灌溉，但兩者不可能同時發生，即使在上游植被不像今天這樣被過度放牧破壞、涇河流量因此更為穩定的時候，大概也會是這樣。[66]

興建鄭國渠最困難的技術問題，在於想方設法將水引出一條流量大幅變動的河川。地表封凍的冬季，涇河的平均流量只有每秒五至二十八立方公尺，低到人們大概可以從某些地方跳到河的對岸。但夏季汛期的流量曾被測到每秒八千立方公尺，不僅如此，一九一一年的一場洪水可能超過每秒一萬四千立方公尺，據估計，歷時四千年的沉積物也是由每秒超過兩萬立方公尺的洪水所致，洪水來得迅速。一九三一年夏雨時節，人們看見涇河不到十分鐘就上漲了七公尺，這些洪流極為混濁，因為它們在上游的黃土區域造成嚴重侵蝕。秦國的工程師必須築壩蓄水，堤壩又不能被夏季汛洪摧毀，才能將水引入渠道，即使他們圓滿達成目的，充滿淤泥的河水也終將塞滿渠道，讓他們不得不疏濬。在那個地點築壩的難題，直到二十世紀才用混凝土解決。[67]

關鍵在於築起一道堤壩將河水蓄積起來，在乾旱時注入渠道，同時讓部分沉積物沉澱下來而不進入渠道。理論上，結實的攔河壩會擋下太多沉積物，使得沉積物最終淤塞水庫，但前近代工程師的難題更多是在於如何保持堤壩完好。正如一七六頁地圖十所示，陝西省考古研究院的秦建明和同事們發現並描繪了夯土築成的攔河壩，我們知道這是秦國建造的，因為有漢朝初期至中期的墓葬埋入堤壩內。司馬遷在關中區域度過大半生，要是漢初曾建造過巨大的堤壩，他就會在《史記》中提及，因此這座堤壩必定是秦時建造，壩長兩千六百公尺，就古代堤壩來說頗為巨大。相對於現今的水壩和近一千年來建造的引水渠皆位在更上游處狹窄的河谷中，秦時的攔河壩跨越過一段特別寬的河谷，使用夯土這樣薄弱的材料修建，大概也只有這個辦法才能築壩攔河，殘存的壩體基座寬約一百三十至一百六十公尺，高出土壤層二到八公尺，即使地圖十的壩體剖面圖顯示，堤壩最高的一段大概已被河水沖毀（在ＡＢ兩段之間）。[68]

堤壩終究毀壞了，我們可以假定是洪水所致，出土堤壩蓄積而成的水庫遠遠太小，留不住夏季汛洪在河中流過的水量，因此堤壩必須有一套溢流機制，但他們要如何建造一套能抵擋住激流的溢流機制？晚明學者袁化中（一五七二—一六二五）表示，秦時的堤壩一如同時代的都江堰，是以竹籠填滿石塊築成。這很有可能，即使這樣的堤壩必須一再重建，往往是每年都重建，後世也會在汛期到來以前拆除導水結構以防損壞，堤壩只在低水位的季節使用，這是一種極其勞力密集的問題解決方式，但秦漢帝國憑藉其源源不絕的不支薪勞力都有可能達成。鄭國渠或許是一個高度平衡陷阱（high-level equilibrium trap）的早期範例，隨著時日既久，維護所需的持續努力超過了該工程的初期利益，堤壩的興建可能也永久轉化了河谷的形狀。攔河壩尚未築起之前，洪水可能在洪氾區四散，水流因而減弱，但秦國築起堤壩，攔住了一段寬闊的洪氾區，當水流終於切穿堤壩，剩餘的幾段堤壩將整條河流逼入單一水道中，增加流量並迫使河流下切，從地圖十的剖面圖可以看出這種下切作用，後世的工程師被迫在更上游處開鑿引水渠，他們也就必須在河谷側面的岩石上鑿出水道。[69]

鄭國渠的灌溉面積肯定不到四萬餘頃，但無從確知它能夠灌溉多大面積，我們所見關於灌溉對象的最佳指標是一五九頁地圖九呈現的秦漢時期考古遺址分布，該圖將新石器時代至青銅時代初期的考古遺址分布（地圖九上圖）與秦漢時期的分布對照，圖中揭示，秦漢時期人口增長最多的地區，並非鄭國渠灌溉所及之地，而是正西方的秦都咸陽（渭河北岸）、以及西漢都城長安（渭河南岸）城內和周邊。唯一一處極有可能得到鄭國渠灌溉之地，就在西安城東郊的北面，地圖九的「渠」字下方，此地也正是鄭國渠系統如今仍在灌溉之處，其面積遠少於四萬頃，但我們仍不應低估如此規模的區域得到可靠灌溉所發揮的價值。都城正對岸有這麼一大片土地得到灌溉，意味著秦國即使在最嚴重的乾旱期間，仍有一處可靠的食物來源，更東方的某些地區可能也受到灌溉。

灌溉可能也有助於小麥更受歡迎，小麥此時已經傳入一千年之久，我們或許也可以想見冬麥更為普及，因為在食物儲備經常不足的春季，冬麥具有能在春季收成的重大助益。但小麥需要的水分更多於小米，在缺乏灌溉時大面積種植風險過高，小麥在關中的擴張，可能是灌溉增加的結果，也因為石磨的發明讓人們得以把小麥磨粉，中國出土的最早石磨在秦國的櫟陽城發現，時間可回溯到戰國晚期。但石磨直到本書討論的時期過後，也就是直到漢朝才真正普及，麵包、麵條和餃子等小麥製食品，就在那時首先開始成為華北的主食。[70]

灌溉的另一項益處，在於藉由反覆水淹田地，再用溝渠排出充滿鹽分的水，灌溉可用於沖洗土壤中的過剩鹽分，鄭國渠可能不僅用於灌溉，也用於將土地淡化。除了司馬遷所宣稱的「溉澤鹵之地」，《呂氏春秋》論及農業的數章，也包含一處用田溝之水清洗土壤的含糊引述，我們甚至無從猜想此舉是否普遍通行或成功與否，但肯定有人試過。儘管如此，許多低窪之地土壤仍然含鹽，至

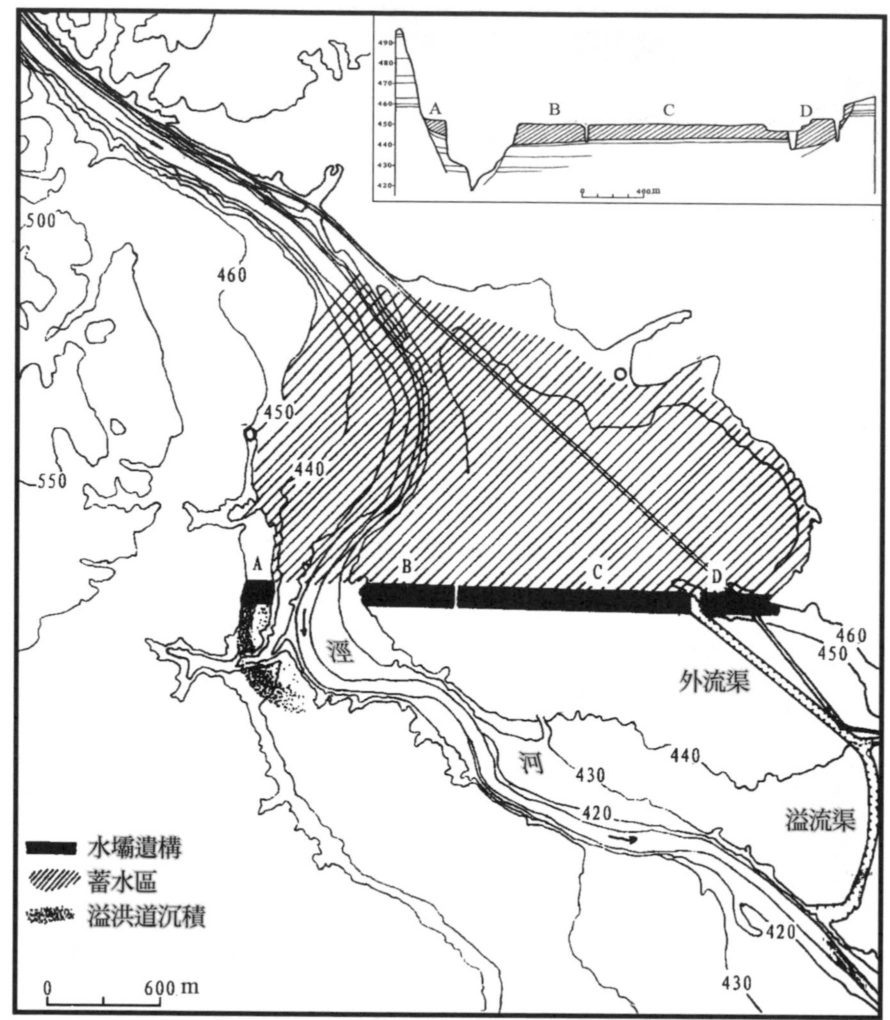

地圖十　考古調查發現的鄭國渠首堤壩遺跡。

本圖描繪的位置在一四〇頁地圖八中央處，以小正方形標記。涇河由西北方流入，填滿水壩，渠道始自外流渠將水東引，外流渠過多的水釋放到圖右底部的溢流渠，水壩處過多的水大概在Ａ段附近流出，該處發現了溢洪道的沉積。上方的剖面圖呈現出水壩剩餘各段的相對高度（單位公尺）。

圖／感謝《考古》雜誌准許使用此圖，出自秦建明、楊政、趙榮，〈陝西涇陽縣秦鄭國渠首攔河壩工程遺址調查〉。

今也仍少用於農作。[71]

總體而言，鄭國渠看來至少在某些地區確實發揮作用，正如司馬遷所言，它實現了「無凶年」。它不僅在毗鄰都城之地，帶給秦國一處不受乾旱影響的糧倉，也開闢了先前被拓殖者當成「棄地」的一片廣大區域。這套灌溉系統在漢朝擴建，三百年後班固寫下這段話時，顯然也還在運行中：「下有鄭白之沃，衣食之源。提封五萬，疆埸綺分。溝塍刻鏤，原隰龍鱗。決渠降雨，荷插成雲。五穀垂穎，桑麻鋪棻。」[72]（〈西都賦〉）

秦國作為周代世界邊陲的小邦而興起，終於征服天下，如此轉型所需經歷的變遷，深刻到了把秦國自始至終當成同一個邦國的認知幾乎毫無意義。但國家和朝代的延續性又是真實的，秦國領袖也由此取得了重塑社會和生態的正當性。

秦國在西元前七世紀必定已經相當強大，才能在那時掌控關中，隨著征服的土地和人民愈來愈多，國力也有增無減。在周代世界西部的關中盆地一經立足，秦國面臨的外力威脅相對稀少，秦的公室出奇強大，軍力也和東亞任何一國不相上下。到了西元前四世紀，秦國遭逢強大的魏國，秦國國君意識到自己的行政部門相對原始，商鞅變法為一個地理位置理想、宜於長期戰爭的國家帶來了行政實力，變法著重於控制人民和土地。秦國藉由丈量資源、計算人口，試圖找出疆域內所有可用的資源和勞工，並加以有效運用。鄭國渠工程將平原東北部開闢為農地，讓關中的農業拓殖大功告成，從那時起，低地的大型野生動物，只剩下秦王苑囿裡的野生動物了。

秦國強化國力的變法，深刻且永久地轉變了人類社會和環境的關係。秦國的土地重新分配體系，一如該國對非農資源的掌控，讓國家成為土地如何組織與利用的重要參與者，該國動員眾多工人的能力，大幅提升了其轉化環境的能力。中央政府得自變法的新權力，令其得以按部就班地鼓勵農業擴展，該國憑藉大量勞工而能夠擴充基礎設施，得以向新征服地榨取資源，最終將國力增強到征服其他周代國家，並創建一個帝國。下一章將要探討秦始皇在位期間，秦國鼎盛之際的生態學。

第五章

守在倉廩——秦朝的政治生態學

彊國知十三數：境內倉口之數，壯男壯女之數，老弱之數，官士之數，以言說取食者之數，利民之數，馬牛芻藁之數。

——《商君書．去彊第四》（西元前四世紀）*

西元前二二一年，秦國降伏了最後一個敵國（齊國），秦王自封為「始皇帝」。此時的秦國已經龐大到足以被當成帝國數十年之久，但秦王正式稱帝，至今仍被視為中國帝制體系的正式創建。稱帝之時，秦國征服的領土面積相當於西歐，包含數千萬人民，以及東亞的大多數良田，但秦王不讓臣民從戰火中喘息，而是繼續征伐，揮軍向南打到海濱，也深入乾燥的北方，並在北方築起第一座「萬里長城」。秦自封為帝國到滅亡不過十四年，但其體制不久就由漢朝重建，享國四世紀的漢

* 卷首引文由我本人英譯。蔣禮鴻，《商君書錐指》，〈去彊第四〉，頁三四。Yuri Pines, *The Book of Lord Shang: Apologetics of State Power in Early China*, 154.「芻藁」顯然被當成同一項計數。《商君書》頻頻批判「以言說取食者」，將他們納入十三數，只是為了與「利民」對比。

朝，讓秦國的中央集權官僚制成為中國政治組織的標準模式，至今仍是如此。秦的後繼者們同樣發揮了關鍵作用，把東亞各地的自然生態系替換為農地。[1]

本章的主旨在於分析秦王政／秦始皇在位期間（西元前二四六至二一〇年），秦國國力如日中天之時的政治體系生態學。秦始皇由於拱衛其陵墓的兵馬俑而舉世聞名，但在東亞則以中國帝國體系的創造者、以及暴虐之君的典型而著稱。本章討論的對象不是他本人，而是他的帝國如何運行，正如動物藉由攝取食物而獲得能量和形體，農業國家也藉由向人口榨取勞力和農產而資助自身。由於秦國國力的關鍵在於其調動資源和勞力的能力，該國官員也就努力建立起易於控制和徵稅的社會組織，並鼓勵人民開闢更多土地務農。穀物體積過大，無法經由陸路運送太遠，因此國家歲收的穀糧大多貯存在距離產地不遠處的糧倉，由地方官員分發，以供勞工、官員和家畜食用。用能量來思考這個過程，則是平民從自己栽培的穀物取得太陽能，用部分穀物向國家納稅，接著在為國家服徭役和兵役時，攝取穀糧中的能量。由於穀物就地存放，中央政府官員必須蒐集資訊，才能得知帝國全境各個政府機關所能運用的資源，而後決定各機關應當如何加以運用。帝國的財政管理是掌控國家新陳代謝的大腦，而帝國形塑次大陸各地環境的權力則是史無前例。

如同大多數前近代世界，古代中國農業產出的盈餘相對少量。由於每一位農民都只能產出少量穀物，國家沒有能力任用大量官員加以徵收，他們必須在運行成本低廉、但歲入徵收不足的小型行政機構，與徵收更多盈餘、但多半用於資助自身運行龐大且昂貴行政機構之間取得平衡。正如本書前幾章的討論，催逼著秦國及其敵國增進自身榨取能力的因素，大概是戰爭的鉅額開銷，戰爭開銷往往逼使國家想方設法，從經濟生產得以盈利的方方面面榨取盈餘，秦國則更進一步，為求更易於監控及榨取社會資源，而將社會重組、標準化和簡化，官員則不許人民從事國家無從抽稅的巡迴或流動維生策略。正如前一章所述，他們以一套軍功爵制組織成年男性人口，並重組農地，把土地當成受封更高爵位的賞賜而授予，這當然需要一整套土地測量和戶口登記制度。[2]

本章所述的國家，至少在某些領土上行使的官僚控制程度，大概是截至當時為止的人類史上絕無僅有。秦朝創造了標準化的文字、砝碼和度量衡，後世仍長期使用；它產生的官僚文書為數甚鉅，即使如今僅存一小部分，提供給我們的政府運行方式資訊，都遠遠多過我們對於東亞先前任何一國所能掌握的資訊。記載於竹片和木片上的律令，從長江中游秦漢官員的墓中出土（和盜取），其中以睡虎地和張家山簡牘最著名。律令是帝國全境的地方行政官員共同奉行的規則，我們得以從中看出中央政府對官員行事的要求。湖南西部山區里耶的一口井中出土大批日常行政文書，則讓我們看到政府在帝國的偏遠一隅如何實際運行（以及寸步難行）。本章利用如此豐富的資料，以及漢朝中央官員撰寫的兩部經典史書——司馬遷的《史記》和班固的《漢書》，分析秦國的運作方式。另外也運用長城、兵馬俑等重大工程的考古研究，其中展現出秦國所能使用的人力數量之巨大。[3]

國家的勞力首先由多數成年男子都必須履行的兵役和徭役供給，另也有大量的罪犯可供勞動，因為多數犯罪的刑罰若非懲役，就是多數人民不得不為國家工作才能償還的罰金。如此大量的可用勞力，讓秦國得以從事各種不同的大規模勞力工程，例如宮殿、遍布帝國的道路系統、舉世聞名的秦始皇陵，以及中國第一座「萬里長城」。不那麼驚天動地、卻更為普遍的徭役，則包含道路、橋梁、田畛、城牆、溝洫和建築的例行維修。這些工程都造成了重大的環境影響，治水工程重組地方水系，使其更有益於生產；道路和橋梁讓官員和商人能向先前無法到達的地區榨取資源，並把資源運送到過去所不及之處，也讓殖民者得以移入新征服地區。

儘管本章著重於秦王政在位三十六年間的延續性，卻也應當強調，官員們都在持續順應著帝國迅速擴張帶給他們的難題，秦國集約的行政管理是在都城區域和南方殖民地之內擘劃而成。秦征服人口稠密的東方敵國之後，某些官員體認到了對眾多東方人口維持控制的困難程度，他們力主秦朝應當效法西周的分權治理模式，將征服地分封給可信的宗親，但皇帝本人選擇將既有的集約式中央集權治理體制擴及於疆域全境，要治理數百萬不滿的人民所定居的廣袤領土，這肯定是不智之舉。儘管如此，若不與無止盡的戰爭和大而無當的工程並行，秦的模式說不定行得通。

秦的財政體系在這數十年間最大的變遷，在於市場的用途愈來愈大。早期的秦國經濟受到國家強力控制，但秦國征服高度商業化的區域，卻讓官員得以利用貿易所帶來的彈性。少了市場，國家就只能徵收實物稅，並且讓臣民勞動；市場藉由促進交易，讓國家更容易從經濟中榨取盈餘，政府機關將商品、錢幣和勞力彼此轉換愈是容易，他們能從地方經濟榨取資源的彈性就愈大。在地方市集買賣物品，省下了物品長距離運輸的開銷，甚至還能賺得利潤。秦國的經濟始終以穀物和勞力為基礎，但政府卻愈來愈能利用錢幣、布疋、金屬，以及國家工匠製作的產品等品項的便攜性，這些品項兼具耐久和便於攜帶的好處，因此可以被運往國家需要其他資源的地方，用以交易所需資源，秦國甚至指示地方官員利用物價變動以提高歲入。秦朝滅亡時，這些改革仍在摸索中，其中許多趨勢在漢朝統治下仍持續著。[4]

秦的中央政府控制帝國各地的程度有所差異，帝國在行政上分成「故秦地」和「新地」，呈現於地圖十一，儘管應當強調的是，我們並不確切知道故土和新領土各自包含哪些地區。故秦地大致

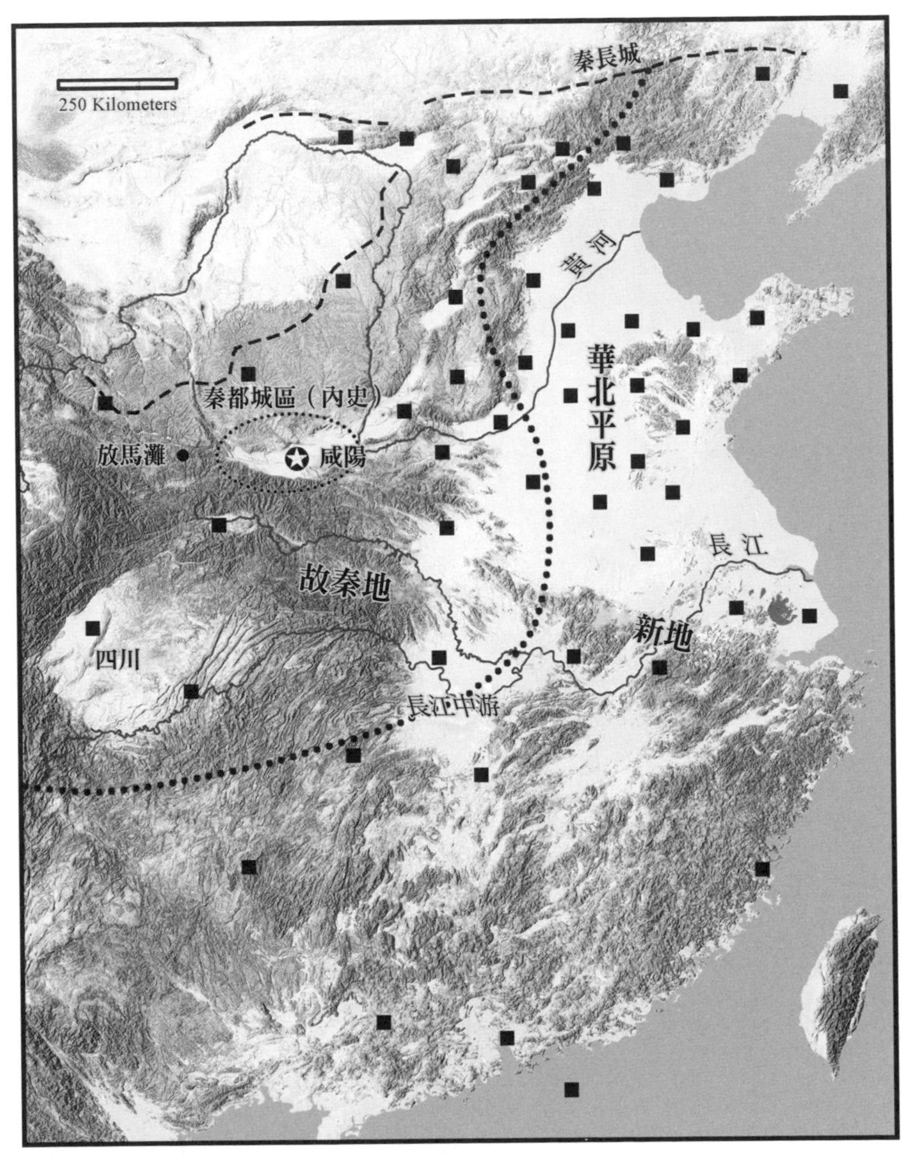

地圖十一　秦帝國及其各郡。帝國的核心是「故秦地」，位於長城（虛線）以南，點狀線以西。最西南兩郡的位置純屬猜測。

圖／根據譚其驤，《中國歷史地圖集》第二冊，頁三至十二，以及Korolkov, "Empire-Building", 195。底圖由地理資訊系統專家琳恩．卡爾遜繪製。

上是秦國在西元前二三〇年前後控制的領土，當時秦國尚未發動征服六國的最後戰役，這片地區包含大半個黃河中游、四川，以及漢水流域，新領土則包含華北平原，以及長江流域以南的廣大地區。儘管多數秦朝地圖都把南方描繪為秦穩定統治的領土，但秦朝的行政其實只能掌控長江以南幾處地區，特別是從楚國手中攻下的長江中游低地，而在廣袤的長江以南區域（多屬丘陵、森林茂密），秦朝頂多只能控制由水路和陸路聯繫的零散駐軍網絡。事後回顧，秦朝深入南方遠處，乃是帝國向南擴張至今日華南地區的一次關鍵事件，但在秦王看來卻只是小事一樁。[5]

讓秦國官員夜不能寐的是，新近征服的華北平原，這片平原是華語世界的人口、經濟及文化中心，由各個獨立國家治理了八百年。該地人民有著極強的地域認同，他們往往認為秦國是個強大卻落後的國家，這或許讓人聯想到歐洲人對俄羅斯的刻版印象。許多人強烈憎惡秦國占領他們的土地，日後推翻秦朝的起義由華北爆發也就不足為奇。皇帝的謀臣們力主應當在這些地區分封宗親和盟友，但皇帝拒不採納，這恐怕是致命的大錯，分封正是隨後的漢朝開國之君成功採行的策略，他將宗親分封在這些地區，其後一百年間，漢朝中央政府逐步征伐並降伏了這些諸侯。[6]

鑑於中國日後的歷代帝國都不得不接受，它們似乎比秦朝行使過的地方行政更少得多，秦朝的行政效能究竟有多強，值得一探究竟。中國帝制晚期的帝國（約西元一四〇〇至一九〇〇年）難得有能力維持準確的戶口或地籍資料，官員們也有系統地利用職位自肥。我們可以推斷，貪腐、無效和無能也是秦朝的問題，因為秦的許多法律正是為了預防這些問題而明文制訂，中央官員十分清楚，下級官員能夠輕易偽造資料、侵吞國家資產。即使有著這些問題，湖南里耶出土的文書卻揭示，任職於遙遠邊陲地區的國家官僚，也被指望遵行核心區域的相同法律和慣例，即使在里耶不見得特別有效，但這些法律和慣例要是不能在都城區域發揮效力，秦國也就不可能試圖將它們擴及於四海。同樣應當強調的是，里耶並非隨意選定的秦朝治下村莊，而是秦軍的一處駐地，秦的政府幾乎不存在於名義上屬於帝國的廣大區域內。[7]

思索秦朝這樣的強國對生態的影響，關鍵問題在於：土地、勞力和資源在中央集權國家統治下的使用，與先前國家更弱小甚至沒有國家之時有何差異？無需納稅或服勞役的人民，產出的食物首先就有可能更少，他們可能也會產出盈餘，卻將盈餘用在他們和鄰人覺得有用的事物上，而不是遠方某個中央政府的工程上，或者他們就只會放輕鬆自我享受。當然，政府確實組織起人民的勞力建造有用的基礎設施，這是小型群體絕不可能辦到的，而這只是益處之一。

本章分為七節。第一節概述中央政府，尤其是它對土地和人民的管理；第二節則同樣概述地方政府；第三節說明政府徵收的多種賦稅；第四節討論國家的土地分配體制，非世襲所有的土地會依據家戶在國家爵制中的地位而賜予；第五節概述國家對人力的使用；第六節討論馬、牛及其他動物；最後一節則回顧國家如何管理礦物、森林等非農資源。

中央政府

秦國在理論上是一個獨裁政體，統治者至高無上的行政權力來自他所祭祀的祖先。近代意義下的國家觀念並不存在，邦國就是王朝，對土壤、穀物和先王的崇拜，即是其象徵及精神核心所在，向這些崇拜對象的祭壇獻祭，被認為是維繫王朝所不可或缺。雖說按照人們理解，君王行事遵循一套宇宙論體系，其中某些行為是適當的（例如善待臣民），但天上或人間的法律都約束不了他。這與理當遵循天主之法的猶太教、基督教和穆斯林國王不同，也與中世紀以來受到和封臣締結之契約關係約束的歐洲各國國王，乃至權力受到元老院、三級議會或國會等有地菁英團體限制的統治者，更有顯著差異。早期的羅馬皇帝都不得不掩飾君主身分，以免遭受凱撒被寡頭暗殺的下場，中國的皇帝卻能自命為神，「皇帝」一詞傳統上英譯為帝王，字面意義則是「尊神」。[8]

實際上，君王受到身邊的其他有力人士限制，尤其是他們的母親。一如世界各地的宮廷，統治者側近之人得以憑藉著他們和統治者的親近關係，而發揮重大影響力。中國的大臣憎恨這些人看似不勞而獲的權力，可說是由來已久的傳統，掌權的宦官和女性尤其受到憎恨，通常在史書及其他著作中都被負面描述，但我們可以確定，這樣的人也能提出好的建言。秦始皇是中國歷史上最有權勢的君主之一，但他必須與宗親和重臣協力才能行使權力。當然，絕大多數的決策都由官員做出，他們由於精明幹練而得以任職。[9]

官僚部門構成了國家的核心，實際行政大多由他們執行。對歷史學者來說，幸虧官員們留下了大量文字，秦朝行政部門留給我們的資訊，多過中國早先任一國家或其他多數古代國家。任何對秦漢時代中央政府的分析，都要從《漢書》卷十九〈百官公卿表〉說起，其中詳細說明西漢中央政府的官職。〈百官公卿表〉陳述，漢朝中央政府沿襲秦朝的組織而不改，並提及自秦朝承襲而來的官職，大多數官職都是。〈百官公卿表〉成書於秦朝滅亡三百年後，但我們知道其內容相當準確，因為我們可以和出土文獻，以及秦朝官員封印文書的璽印封泥交相比對。秦宮遺址出土了三千多個這樣的封泥，其中數百個在一九九〇年代中期遭到非法盜掘，販售於古物市場，後來考古學者發現遺址，又出土了更多封泥。所幸，某些以科學方法發掘出土的殘片，能與盜掘出土的封泥互相吻合而組成整個璽印，從它們短期間內大量湧入市場看來，顯然也是貨真價實，封泥不僅確認《漢書》所描述的秦朝政府大致情形，還提供了太過低微而不曾被《漢書》提及的其他官銜。[10]

秦政府的最高官職為左右兩丞相，其次為御史大夫和太尉，這三個官職都有自己的官府和僚屬。秦仿效其他周代國家的相邦一職，但設左右兩丞相，官階較高者往往由外來客卿出任，丞相對政府負全責，也對外交事務和一般軍務負責；太尉直接掌控軍務。丞相對於形塑秦國影響甚鉅，李斯（前二八〇—前二〇八）是最著名的丞相，他曾出任廷尉，而後在西元前二一三至二〇八年間擔任丞相。御史大夫負責監察百官，掌管官方典籍，並傳達重要文書。[11]

這些高階官員在多數史書裡得到最多關注，但他們麾下的各部才是中央政府的主體。據《漢書》記載，政府各部包括：（一）奉常／太常、（二）郎中令、（三）衛尉、（四）太僕、（五）廷尉、（六）典客、（七）宗正、（八）治粟內史、（九）少府、（十）中尉。《漢書》說明，所有這些官職都由秦朝創設，這個說法從秦宮發現的這些官職及其屬官的璽印封泥獲得證實。帝國的中央政府保留著地域性國家的許多性質，其中幾個部的職掌皆不出都城太遠，而掌管事務遍及帝國全境的某些部門，在政府架構中的地位則相對低微。[12]

在我們討論帝國的財政官僚部門之前，消耗大量資源的祭祀值得先行提及。秦朝維護著五百年來的先君陵墓，以及奉祀其他諸多神祇的祭壇，其中大多由奉常負責維持，但政府的諸多部門也向先王、山川和天體奉獻祭牲及其他供品。秦國先君陵墓遍布於關中各地，年代較久遠的位於西部的故都雍一帶，較晚近的則多半建於東部的臨潼一帶，當時秦始皇陵也正在臨潼附近興建。某些祠廟需要投入全村之力供養，並提供獻祭用的穀物和家畜，一年之內也要數度向許多河川和山岳獻祭穀物和家畜。據說在關中盜掘出土的兩片玉版上，銘刻著秦國王族向華山獻上牛、豬、羊，以及馬和戰車的承諾，祈求這座聖山醫治他們的幼兒。里耶出土的文書也揭示地方官員向農神（先農）獻祭。[13]

帝國的財政事務由少府、治粟內史兩部掌管，秦的財政部看來稱為「內史」，意指「宮內祕書官」，這個官銜有著數百年歷史，但隨後在漢朝用於兩種不同的官名，因此產生某些混淆。漢朝的內史掌管都城的市集、廚房、糧倉和鐵官，也為皇室供應獻祭用的穀物和家畜；「治粟內史」（字面意義為「掌管穀糧的宮內祕書官」）則掌管整個帝國的財政。秦朝原先的「內史」兼具兩者的功能，既然都城區域一開始就占了領土的大部分，這也是合理的，這個官職不知在何時一分為二，分別以都城和帝國全境為工作重點。不管怎麼說，《漢書》描述的漢朝治粟內史，符合我們對於秦朝內史的認知，據〈百官公卿表〉記載，治粟內史「掌穀貨」，「又郡國諸倉農監、都水六十五官長丞皆屬焉」，後世的注解明確指出，該部「掌諸錢穀金帛、諸貨幣」。《漢書》也記載治粟內史掌管太倉和都內，秦朝的太倉主管全國糧倉，以及將徵收穀物稅的官方度量衡標準化等相關事務；都內則是貯存衣物和廢金屬等物的倉庫或金庫。[14]

治粟內史負責國家歲入的主要來源，少府則向森林、濕地、海洋等其他來源徵集收益，也從秦朝的皇家苑囿徵集收益，特別是前一章提過的上林苑。上林苑內可能有農園和果園，這就意味著少府可能直接掌管農業生產。總和這些來源提供的收益可以很龐大，兩百年後的漢朝，少府的年收入為八十三億錢，比中央政府的四十餘億歲入多出一倍以上。這看來說得通，因為取自穀物和市集稅賦的多數收入，散布於帝國全境的糧倉和倉庫，並不被當成中央政府歲入。漢朝的少府收益有時直接上繳皇室，但沒有明確證據顯示秦時已存在這種區別。我猜想，秦朝皇帝對國家的掌控夠牢靠，因此也就沒有理由明訂哪些部門的收入歸皇室所有；王朝和國家並無二致。[15]

由於帝國太大，多數資源無法移動太遠，中央政府唯一能夠掌控資源的方式，乃是藉由遍及帝國全境的通信系統。中央官員需要得到他們掌控下的人民與資源相關資料，向行政部門的下級發號施令，並維持他們和下屬，以及下屬彼此之間的內部聯繫；地方官員投入大量時間蒐集、處理和傳達資料。注重資訊並非帝國成長所引起的反應，其實從商鞅變法以來，一直都是秦國體制的核心，也是帝國得以擴張到如此規模的主因之一。本章卷首引言取自《商君書．去彊第四》，明確展現了對知識的注重，隨著秦國擴張，它也必須改進蒐集資訊的基礎設施。秦的道路體系不僅為了調動軍隊而興建，也是要經由遍及帝國全境，兼用專人和專馬的驛傳體系傳送重大消息，中央政府詳細記錄人員和物品在不同旅行路徑上移動的速度。[16]

地圖是官員記錄空間資訊的方式之一。里耶秦簡出土的一份詔令殘片，命令官員們各自繪製轄區的地圖。《周官》的一段話讓我們得知，測繪資源的行政管理價值受到人們認可，撰寫時間大約在西元前三世紀前後，其中描述中央政府「大司徒」的職責為「掌建邦之土地之圖與其人民之數，以佐王安擾邦國。以天下土地之圖，周知九州之地域廣輪之數，辨其山林、川澤、丘陵、墳衍、原隰之名物。」如後文所述，秦大概已經有了這幾種地圖。[17]

司馬遷講述的一個故事，概括了資訊集權於中央的力量。他說，攻掠秦宮的諸將多半尋求金帛財物，但劉邦（前二五六－前一九五）的謀士蕭何（？－前一九三）反倒收藏秦丞相御史的律令圖書，他們因此得以「具知天下阸塞，戶口多少，彊弱之處，民所疾苦者」（《史記．蕭相國世家》），有助於劉邦擊敗勁敵，成為漢朝開國皇帝。這個故事說明了治理資料的重要性，也為秦漢之間的延續性提供了又一例。[18]

地方行政

帝國劃分為三十多個郡和數百個縣。郡主要是軍事單位，即使後來逐漸擔負起民政功能，在漢朝成為重要的行政單位——本質上相當於省；縣是主要的民政單位，負責勞役和徭役、財務、稅收、家畜、設備、糧倉和縣廷。一縣之長是縣令，縣令之下是田地、糧倉、馬廄、畜欄、軍械庫、弓弩、手工藝、食物製備及其他事務的監督人（嗇夫），各縣都有一名財務官（少內），多數縣分也包括許多局處（曹）。里耶秦簡的文書提及獄曹、戶曹、倉曹、金布曹、車曹、吏曹和尉曹（主管治安），曹的下屬則是田官、畜官等官。[19]

一縣又分成許多鄉，鄉之下則是行政階層的最基層——里，里民可以擔任里典或里老，履行某些官方職責。我們不知道他們的服務會得到怎樣的回報，如有人犯罪或戶籍登記出錯，他們可能會受罰，看來也要負責照料國家擁有的牛隻。正如上一章所述，國家將每五戶人家編為一組，一家犯罪全體連坐受罰，藉以對鄉村社會維持控制，其中一家的男性家長被指定為這五家的「伍長」。[20]

「尉」負責維持秩序，執行縣令的指示。秦在全國各地普遍設置「亭」，治安看來也是「亭」的主要功能之一，從事稽查市集、提供驛站人力、捉賊等工作。創建漢朝的劉邦是秦朝的亭長出身，或許類似於治安官，他的職責也包含從縣裡押送罪犯（刑徒）到關中興建秦始皇陵。還有「道」這個行政單位，管轄人口是不屬周人的外族，我們對「道」所知極少，但可以假定，「道」

的轄區是秦朝控制力受限之處。[21]

各縣必須將資產和財務活動向中央政府許多部門詳加呈報，這套體系在疆域橫跨整個次大陸的帝國應用得不太好。各縣將穀物和乾草（芻）徵稅及收成的資訊呈報內史，對太倉則逐年呈送帳簿和領取口糧人員的名籍（食者籍）。各縣也要在衣物發送給刑徒以後，要將剩餘的衣物上繳都內，也將破損的金屬物品送交都內，除非距離都城太遠，才會就地變賣，並向內史呈報出售之事。中央政府部門也在各縣設置派出機構（都官），直接控制鹽、鐵等貴重原料，政府仔細追蹤地方資源，以防地方官員輕忽或侵吞國家資產。對於官員應如何執行盤點也有詳細的法規，確認物品損失的責任歸屬和懲處，在中央政府看來，控制自己的官員乃是掌控臣民的必要前提。[22]

里耶秦簡中的文書揭示了各曹記載的資訊內容，官員不僅將保存的物品登記造冊，也將登記的文書造冊，這看來像是在戲仿官僚制，但歷史學者因此得以極其詳盡地描述各曹的行事。戶曹造冊記錄家戶（人口紀錄）、徭役、設備、稅收、租質、漆，以及田地周圍的田埂和界標；司空曹造冊記錄船舶、器具、贖刑（刑罰易科罰金）、債款和徒隸；倉曹造冊記錄禾稼、借出物資、家畜、動物飼料、工具、錢、牛、馬、羊，以及田官收入。正如縣內各機關根據各鄉所蒐集的資訊編纂這些清冊，縣內官員們也要算出數字，將總數上呈中央政府相關部門。遷陵縣的金布曹要向中央政府呈報以下各項登記簿冊：漆、官營作坊完成項目、竹園、湖池、栗園、採鐵、市集、作坊勞作的刑徒死亡或逃逸人數、金屬鑄造、箭矢、果園、水患和火災的損失等。中央政府接獲的帝國全境地方政府資產相關資訊，則是為數甚鉅。[23]

國家最重要的資產是天下臣民，國家也仔細加以追蹤。戶口紀錄（鄉戶計）十分詳盡，列出家戶中每人的身分、爵秩和姓名，從戶主（通常為男性）開始，繼之以其他成年男子、他們的妻子、其他成年人（雙親、妾或奴僕），以及子女，包含子女由何人所出；其中也記載五家之中的伍長由誰擔任。女性可以成為戶主，大概是在丈夫或父親身故的情況下。記錄子女的姓名和年齡，使得國家更容易在他們成年時，掌握日後納稅人、勞工和軍人的來源。[24]

除了記載資產和人口，各曹與收成狀態更是息息相關。張家山出土的法令規定，五月以前應將已墾田數，連同相關戶數一併呈報郡守。正如後文更詳細地討論所示，律令規定地方官員必須在收成以後儘速詳加回報作物狀況，特別是作物受損的情況。除了調整稅率的主要目的之外，這些估計對於國家規劃這一季的戰事和公共工程大概也很重要。[25]

賦稅制度

秦對於土地和人民皆維持著不尋常的控制程度。歷史上的農業帝國往往將其征服地既有的資源榨取架構維持下去，不只是因為沿用舊貫的花費通常低於開發新的行政架構，此舉也往往為在地菁英留下部分盈餘，讓他們有理由接納新主子。試圖在疆域全境建立整齊劃一行政體系的前近代帝國為數極少，同樣的，也極少有前近代國家能夠支撐起一套龐大得足以掌控個別納稅人的官僚部門。多數前近代國家都把實際徵稅工作指派給受薪官員之外的人士，例如近代初期的歐洲國家經常把疆域各地區的徵稅權利拍賣給稅吏。中國的明清帝國也缺少直接稅，但明清帝國的規模大小皆相當於同時期歐洲數國的總和，因此其中央集權程度仍令人驚嘆。但秦朝的中央集權程度卻更勝於中國繼起的大多數帝國，秦的官員能直接向農民徵稅。秦的滅亡則意味著，如此集約的治理形式就是太過昂貴，該國農業經濟的少量盈餘不足以支持。[26]

糧倉在秦朝體制中發揮核心作用，正如本書前幾章的討論，穀物可以大量產出、烘乾，並且貯存數年之久。穀物的馴化讓人類得以增加人口，開展出更形複雜的社會，糧倉貯存了收成季節向人口榨取的資源，而後在勞工為帝國執行工程時作為糧食供應。小米在秦朝大半疆域上都是關鍵作物，但人們也種植稻米、小麥、大麥和豆類。某些地區用麻布繳稅，麻布是用於製衣的主要纖維，其他地區則以絲繭繳稅，許多地區也進貢特產品，形色各異，約有數百種之多。[27]

秦的農家要繳納兩種基本賦稅。第一種是地租，按照耕種面積而支付；第二種則是向每戶徵收的戶賦，其中包含以乾草和禾桿繳納的芻稾稅。秦也對商業徵稅，相對於後世多數朝代每年向農民徵收相同稅率，秦野心勃勃地逐年調整稅額，將收益最大化。漢初的律令提及這種徵稅方式所需的資訊規模，據記載，各鄉每年必須將以下五種文書上呈縣廷：（一）住宅、園圃、和戶口籍冊；（二）人口詳細年籍簿冊；（三）田地四至紀錄籍冊；（四）田地占有及使用籍冊；（五）田租籍冊。[28]我們無從確知其中哪一種文書類型，抑或所有這些文書類型全都源於秦朝，即使我預期它們都源自秦朝。它們表明了政府有意記載每一塊應稅土地，及其預估產量和應納稅額，各鄉官員將這些資訊上呈縣廷，縣廷用以決定本年度應收稅項。里典和伍老被告知本年稅額，並奉命防範逃稅，可能也負責收稅過程的其他方面。我們不知道納稅人是要將租賦送往鄉倉，還是繳交給里典等地方領袖。[29]

地方官員必須向上級行政官員呈報農作物的狀況：

雨為澍，及秀粟，輒以書言澍稼、秀粟及墾田暘毋稼者頃數。稼已生後而雨，亦輒言雨少多，所利頃數。旱及暴、風雨、水潦、螽蚰、羣它物傷稼者，亦輒言其頃數。近縣令輕足行其書，遠縣令郵行之。《睡虎地秦簡》

此舉的用意在於協助官員決定每一地區可供徵收的稅額。這套體制既考量到歉收而顯得靈活，卻又具有侵略性，因為它徵收高比例的出產，而不採取必須設定得相對較低、以利每年實際徵收的固定稅率。[30]

每種作物的稅率各不相同，官員也得以依照既定匯率，將不同種類和等級的穀物或豆類彼此換算，或換算為銅錢、布疋等其他商品。這不僅有助於帝國行政管理，也讓地方官員能利用官方匯率和地方物價的差異。馬碩（Maxim Korolkov）主張，秦的統制經濟對於帝國經濟發揮了核心作用，至少在秦牢牢掌控的地區是如此。秦的銅錢不僅有助於將經濟貨幣化，其計算商品與勞力匯率的體制也大大促進物品交易和勞力商品化，即使秦滅亡後很久，此創舉大概仍持續促進商業化。[31]

芻稾稅的主要目的，大概是為政府和軍隊擁有的馬、牛供應糧草，它依據授予農民的土地數量而徵收，而不問土地耕種與否，要是官員不需要乾草，也可以要求支付銅錢。這是帝制中國最早以銅錢徵收的稅，想必也迫使農民投身於現金經濟。里耶秦簡文書也記載其他種類的賦，例如羽毛（用於箭矢）和蠶繭（絲綢原料），這可能是戶賦的一種或不同稅項。[32]

對於市集和物品流動也徵收多種稅項。比方說，一部出土數學文本《算數書》的其中一道題，揭示出運送毛皮要徵稅：「狐、狸、犬出關，租百一十錢。犬謂狸、狸謂狐，爾皮倍我，出租當倍我。問各出幾何？」這當然是玩笑話，指的是對死去動物的毛皮抽的稅。同一部文本也提到對醫者徵稅，意指從事各種非農工作的人可能也要納稅。儘管如此，國家的主要收入仍由農業稅供給，因此與農地尤其密切相關。[33]

農地使用

既然一切能量都來自光合作用，政治權力的基礎即在於控制植物生長和人們栽種作物所需的土地，許多土地的產量僅能供應其居民生存所需，更不足以產出可供徵稅的收成，正因如此，行政官員聚焦於良田，努力確保良田得到妥善耕種而產出盈餘。正如上一章的討論，這也是國家直接控制上好土地，並依爵位高低授予農民的理由之一，國家藉此確保農民家庭擁有的土地足以產出盈餘，並且能夠納稅。國家也有意防止其他菁英徵收這些盈餘，而這肯定也是中國歷史自古至今、出身菁英士大夫的作者們始終認為秦體制殊堪痛恨，而中國共產黨領袖毛澤東卻不作如是想的理由之一。隨著秦國擴張，該國掌控了戰略要區的肥沃土地，藉以生產資源資助國家在該地區的活動，並促成進一步擴張。我們可以確定，秦國征服的地區內有著其他許多不同的土地控制、所有權及管理體制，或許就連秦的核心領土內部也有。但這些不同制度並不是國家最關注的事，本書引用的史料也未見記載。

到了戰國時代，黃河流域低地已有數百萬人口。儘管如此，當時國君和政治理論家最為關注的，仍是如何增長人口，由此顯示黃河流域一帶仍有許多未經農墾的可耕地。《商君書．算地》對力求強化國力的國君指點如下：「民勝其地者，務開；地勝其民者，事徠。開則行倍。民過地，則國功寡而兵力少；地過民，則山澤財物不為用。」農民愈多，納稅人和軍人也就愈多。[34]

如前文所述，漢初的律令表明，地方政府詳加記載個人的土地持有與使用，但秦征服的土地太大，該國無法丈量。解決方案則是要求人民向地方政府回報土地持有與使用情況，前文論及的地籍資料大概是這樣編纂而成，如今有幾條里耶秦簡的記載可以說明人民向政府回報的方式。某位寡婦請求開墾一塊地，該地被登記為「草田」而非桑田；另一名男子報墾六畝草田。這是土地可被私人持有的幾件最為明確的證據，但在秦文獻中無法證實人民可以買賣土地。土地持有者有著登記土地並納稅的誘因，因為登記能讓他們的所有權得到法律承認，他們若不登記，國家就鼓勵他人告發，屆時土地將由舉報者獲得，犯法者則喪失財產，被判苦役。[35]

我們對私有土地所知甚少，但秦制將土地賜予受封爵位者卻有大量記載，這樣的體制對國家有幾項益處，它產生了強烈誘因，讓男性勇於戰鬥、讓國家向平民徵稅、讓平民從事勞役都更加容易，這個體制為平民提供了出人頭地之道，同時削弱了可能與國家爭奪農業盈餘的貴族宗族之權力。為了達成這些目的，這套體制將核心家庭確立為土地持有和納稅的標準單位，大概集中於上好的農地和軍事戰略要衝實行。人們很難相信秦國真有能力依照爵秩高低將土地賞給每位受封爵位的男性，這套體制的國家控制程度，與二十世紀威權國家的計劃經濟相仿，這樣的體制在後世往往存在於法學著作，而不是現實。但秦國夙有「令嚴政行」之譽，看來這套體制曾真正實行於國家掌控下的核心區域。此外，秦也持續征服新的地域，因此可能也有大量土地可供分配，官員也會使用刑徒直接開墾某些土地。[36]

張家山出土的律令可回溯到漢初，但內容明顯是秦律，即使漢朝更動了某些細節。男子同時被授予田地和宅地，無爵之人可得的農地為一頃（四萬五千七百平方公尺，即十一點三英畝），而通常擔任高官的高爵位人士，最多可得九十五頃（四點三平方公里，即一千零七十三英畝）。這些法律的用意不只是為了獎賞受封爵位者，大概也是要限制權勢者的土地持有，有一條律文規定，爵位高者親自耕種的田地不納稅，由此似乎指出，必須向國家納稅的是他們的佃農。這些土地和早先數百年不同，它們不是受贈者可自行獲取稅收的封地，後來的中國歷史裡，貴族莊園往往想盡辦法阻止政府對其佃農徵稅，藉以培植自身勢力，剝奪國家大筆歲入。[37]

爵位並非世襲，戶主去世時，長子成為新的一家之主，除非他能設法取得與父親同等甚至更高的爵位，否則就會失去部分土地，不得不選擇要繼承父親土地的哪一部分。要是次子以下的其他兒子成家分居，他們也可以從剩下的土地中挑選。要是沒有子嗣，可由寡婦或女兒繼承而不喪失爵位，這點或許看似進步，但大概反映出女性不能獨立於男性親屬之外擁有爵位一事。獲得自由身的奴僕也可以繼承土地。男子爵位愈高，兒子們在他死後喪失的爵秩就愈多，這就意味著高官的兒子們不能繼承父親的龐大地產，此舉意在防阻高官家族成為世襲菁英，這是商鞅學派仍與近代世界密切相關的許多概念之一。[38]

近代中國的農民會驚異於古代授予人民的土地最少為一頃（十一英畝）。根據二十世紀中葉在華北平原進行的研究，擁有這麼多土地的不到人口百分之三，反而三分之二人口擁有的土地不足兩畝。當然，農業生產力在一九四〇年代更高得多。成書於西元一世紀的《漢書》，有段辭藻華麗的文字提到，每畝地歲收一石半（四十五公斤）穀物，意指每頃地每年產出一百五十石帶殼穀米。這段文字陳述：這一百五十石，五口之家每年食用九十石、五十石用於衣物、十五石納稅，再向地方祠祭奉獻十石，即使在沒有喪事和附加稅的年份，還是會虧損十五石。這段文字是為了凸顯人民的貧困而作，因此不能當成事實陳述，但向我們提供了平民可能會如何花用收入的有益概念，其中也揭示每塊土地的標準大小，數百年來都認為是一頃。[39]

鑑於持有土地的個別納稅人對於秦體制最為重要，凱斯・霍普金斯（Keith Hopkins, 1934-2004）的論斷因此值得一提：正因貴族壟斷土地，貴族的大型莊園效能卓著，羅馬帝國的農業生產力才能增長。換言之，秦成功維持住小農的主導地位，或許阻礙了大莊園在地方菁英控制下形成所能產生的經濟規模和勞力分工，因此也就減少了農業盈餘。賜給高爵位男性的大片土地不能由他的兒子們繼承，也會產生相同效果，阻止他們建立複雜的生產體系。這與日後中央政府實力減弱，世家大族建立起大片世襲莊園成為對比，例如約莫西元元年至西元六〇〇年之間，往往被引述為華北農業的極盛時期。秦向農民出借農具和牛的制度，不失是一種緩解問題的方式。[40]

習慣了自由資本主義及其尊崇私有財產的我們，不太可能高度評價一套國家依照軍功而不斷將土地重新分配的體制。但指出這點很重要：這套體制的用意在於以用人唯才取代特權，提供普通農民一條獲取財富和社會地位的正途。即使秦體制的生產力不及羅馬經濟，但至少不以奴隸為動力來源（秦帝國人口只有極少數為奴）。平民百姓對秦國作何感受，幾乎沒有留下任何資訊，但我猜想，這套體制用人唯才的一面，或許會讓秦國在大眾之間享有不少正當性。最起碼，該國會創造出為數可觀的一個人群階級，他們既受益於體制，也寄望體制持續成功。

就生態立場而言，非世襲田土制度的建立，或許減弱了農民與土地的關聯，降低了他們照料土壤的誘因，但家族成員和奴僕仍獲准承襲他們依其身分而有權得到的部分土地，因此這個制度也並未完全切斷人民和土地的關聯。正如上一章所示，衛星影像顯示關中的大片地區受到重組，藉以劃出標準大小的田地，這正是國家重組環境，讓環境更易於管理的經典範例。一旦漢朝的土地不敷使用，這套國家重新分配的制度也就瓦解，日後各朝也曾復興過，但都無法長久維持。反之，田地布局則往往延續至今。[41]

人民勞力

秦朝的滅亡，傳統上被歸因於過度剝削人民的勞力，出土文本和基礎設施工程提供的證據，幾乎無助於打消這種印象。秦朝的權力基礎在於控制千百萬人民的勞力，多數成年男子都必須入伍從軍或定期從事勞務，帝國還會運用大量刑徒，這些人都是帝國的役畜。一八六〇年，一名英國軍官在中國寫道：「區區一名苦力的一般價值，其實高於三頭馱獸：苦力很好餵養，適當對待的話，也最容易管理。」像這樣將人類勞工等同於家畜，在秦文獻中也很清楚，其中往往將人類和動物列在一起。中國早期帝國讓人民不支薪工作的能力，與中國日後的歷代帝國通常付錢雇用人民勞動成了對比，即使不支薪勞動的傳統曾在一九四九年以後短暫重現。秦也逼迫征服地的數十萬或更多人民，遷入帝國想要擴大生產的區域。[42]

對於盈餘糧食和勞力如何運用於疆域全境，秦的控制能力遠遠超越中國早先的國家。糧倉在這套體制中發揮核心作用，因為穀物收入糧倉，並由糧倉分發，倉官也在播種季節出借穀種給農民。如同戰國時代其他國家，秦的君王也想要增長人口，饑荒發生時想必也會運用糧倉賑濟人民，即使漢朝以前幾乎沒有留下開倉賑濟的證據。我們可以從一件事推測糧倉在人民的生活中有著重要地位：他們在來生也想擁有糧倉，死者的隨葬物往往有陶製糧倉（參看圖9）。[43]

鑑於穀物稅是國家的主要收入來源，穀物又是服徭役者、刑徒、官員和軍人食用之所需，大多數城鎮必定都有大小不拘的國家糧倉。某些糧倉很龐大，秦朝滅亡後的楚漢戰爭期間，雙方為了控制黃河中游地區的敖倉而進行關鍵戰鬥，由此顯示可能貯存於敖倉的穀糧數量。睡虎地出土的秦律規定，十萬石在咸陽為一「積」（儲藏單位），陪都櫟陽以兩萬石為一積，其他各地則以一萬石為一積。積穀在糧倉中另行闢室貯存，可由官員用印，確保對內容物負責，所有穀糧出入都要記載於糧倉簿冊上。由於每一類人員和動物的應得口糧皆由法律確定，官員要負責確保收入糧倉的穀物數量與發出的口糧數量相符，唯有帝國全境度量衡標準化，才有可能做到這點。[44]

《睡虎地秦簡・倉律》內容多半與應當向不同種類的工人和家畜發放多少穀糧相關。以下的例子讓讀者理解其中涉及的細節，其中明確規定應當發給徒隸（隸臣）、築城人（城旦）和舂穀者（舂）這三種刑徒的穀糧各是多少：「隸臣妾其從事公，隸臣月禾二石，隸妾一石半；其不從事，勿稟。小城旦、隸臣作者，月禾一石半石；未能作者，月禾一石。小妾、舂作者，月禾一石二斗半斗；未能作者，月禾一石。」這只是不同種類和不同年齡的工人之間加以區別的其中一例，餵食不同種類

圖9　秦始皇陵出土的陶製微縮糧倉（囷）。
圖／作者自攝，攝於陝西省博物館。模型高二十七公分。

的家畜，以及向不同爵秩的官員提供食物等，也有法令規範。在人和馬的例子裡，出奇困難的工作都會額外發放穀糧。地方政府的收入多半用於各種不同工程項目，當然這些糧倉也用來向官員、以及調動中的部隊供應食物，軍隊出戰前肯定需要細心規劃糧倉的存糧；都城的糧倉想必也要將穀糧發給為數龐大的勞工、軍人、家畜和官員。正如上一章的討論，都城咸陽有一整個官僚部門需要食物供應。45

男性年滿十八歲就要登載於籍冊（傅籍），依法每年要從事徭役一個月，時間可延長，但並非年年都必須。秦的官員依法不得在任一年度徵用同一戶男丁兩名以上，徭役工程包括挖掘水溝、運河和灌溉渠；建造道路、堤防、城牆和屋舍；以及上述所有設施的例行維護或緊急修補。除了里耶秦簡有幾筆為田官工作的記載，並無證據顯示秦使用徭役勞工進行農作，儘管他們若從事農作也不足為奇，因為漢朝便是如此。如同國家有著換算不同商品的詳盡制度，國家也有一套制度將人力勞動標準化，這套制度為不同種類的勞工和工作分出等級，將勞動單位等同於定量的穀物、銅錢或布疋，也能讓行政部門把工人當成可交易單位，壓榨勞力的方式也就更為靈活。46

成年男性在農閒時節離家履行徭役，把更多工作留給了家中其他人，被召集為征服戰爭、陵墓、宮殿和長城等各項工程效力的男性人數愈多，女性、兒童和老人所必須從事的基礎勞動也就愈多，基礎勞動則是整體經濟的根基。這不僅引起壓力和怨恨，工人為秦效力傷亡頻傳，肯定也讓平民百姓更容易決定鋌而走險，起兵推翻帝國。

秦國享有多數成年男性不時提供的勞務，同時也享有許多刑徒全年提供的勞務，許多罪行被判處苦役，長度和強度皆各不相同。此外，中央政府官員看來也意識到，殘割人們的肢體幾無所獲，而愈發將舊有的肉刑減為罰金，付不起罰金的人們就必須以勞動抵償，要以極低薪資為國家工作。為各種不同犯罪贖刑抵罪的罰金，從割去鼻子（劓刑）的五千錢，到死刑的兩萬五千錢不等，但每日的工作只值八錢，儘管這對許多人來說相當於終生服役，卻仍遠勝於刑徒身分。刑徒是國家可以任意調度使用的受刑人，但贖刑勞工還能放假回家二十天，這意味著他們的勞動場所離家不遠。[47]

帝國對環境最重要的直接效應，大概就是在地方上推動的基礎設施工程。國家可用的勞力多半在地方層級執行道路、橋梁、城牆、堤、壩和河渠的例行建造與維護，例如上一章討論過的西元前三〇九年秦國〈田律〉規定：「以秋八月，修封埒，正疆畔，及芟阡陌之大草；九月，大除道及阪險；十月為橋，修陂堤，利津梁，鮮草離。」秋季緊接著雨季而來，因此是修繕的時機。八月的工作與維護官方田制的標準田地和阡陌系統相關，隨後兩個月則維修道路和水路。後續的律文指示，道路如有必要即須修繕，城牆同樣需要不時修繕；漢初的法律也納入這些律令。[48]

運輸網絡的改進通常會產生重大環境效應，尤其對先前無路可到的地區。改善的道路網縮小了空間，使得商品和人員長距離移動的成本降低；大型橋梁正是國家有能力建造、而規模更小的社會力有未逮的基礎設施。運河也是如此，秦攻取了幾條運河，並至少興建過一條，鴻溝和魯陽關水連接長江水系和黃河水系，便利物品的南來北往；而在南方，秦開鑿靈渠，將長江支流湘江與珠江支流聯繫起來。這些運河使得乘船從黃河經由內陸水路在廣州出海，理論上至少成為可能。[49]

維護運河只是其中一項與水有關的例行基礎設施工作。秦建築並維護灌溉系統為農地供水，也挖溝從低窪地排水。除了前文提及的例行年度工作，張家山出土的漢初律令也提及每年疏濬人工池塘和管理溝渠，小規模灌溉渠道當時大概已普遍使用，秦國和其他早期國家顯然也建造並維持許多規模更小、早期文獻幾乎隻字未提的治水工作。漢朝政府的許多部門都設有都水官，管理河渠、溝洫、水閘和橋梁，漢的治粟內史負責管轄帝國全境的都水官，由此顯示他們對魚類以及湖泊、河川和濕地的其他出產抽稅。秦想必也有專責治水的官員，但我們無從得知秦是否也有都水官。秦的水利工程不僅改變了地景中的水文，也有助於建立一種治水文化，至今對於中國政治文化仍然重要。[50]

小規模工事可能產生過更大的環境影響，但重大工程卻更加複雜，因為它們需要集合大量勞工。如同上一章討論過的鄭國渠，這些工程都是環境轉化的經典範例，唯有強大的國家才能達成。最為聲名狼藉的重大工程莫過於大型宮殿和秦始皇陵，兩者都為了聳動觀者而在關中興建。未完成的阿房宮基址仍然龐大，即使如今僅剩塵土；秦始皇的陵墓大得足以被誤認為一座天然丘陵（見圖10），那僅僅是五十平方公里大小的陵墓區其中一部分，其中還有真人大小的六千名武士和五百匹馬組成的兵馬俑大軍，它無疑是東亞史上建造過的最大陵墓，「可能也是世界上任何地方曾為單一君主興建過的最大墓葬群」。司馬遷陳述，秦指派七十萬刑徒興建這些宮殿和秦始皇陵。他也記載，秦始皇將征服諸國的王室遷入都城區域，並為他們興建宮殿。[51]

秦征服周代其他國家之後仍繼續侵略、北伐鄂爾多斯地區的牧民，而後築起一道橫跨疆域北界的高牆，以標示領土，並防範對方報復，這是第一道「萬里長城」，儘管它包含了數段既已存在的邊牆，但多半仍是新築的，而且建造進度快得引人注目。一道高牆綿延穿越生態過渡帶，隔斷寒冷乾燥的內地和較為濕潤的南方各地，必定是瞪羚、原牛、鹿、馬等野生動物的大災難，對牠們來說，尋找牧草地並遠離厚重積雪的能力，可能意味著生與死的區別。這是動物分布範圍遭到大規模

圖10　秦始皇陵封土。

圖／照片出自「一九一四年中國考古任務」典藏，攝於謝閣蘭、奧古斯都・吉爾貝德・瓦贊、拉蒂格的中國考古踏查期間。照片取自「臨潼縣」（Lin-tong hien）。法國國家圖書館、Gallica數位圖書館（gallica.bnf.fr）惠予使用。

人為構造物隔斷，如今仍為害諸多物種的最早案例之一。[52]

經歷過秦朝滅亡的人們確信，這些重大工程是人民蜂起推翻秦朝的主因之一，因為它們讓人民對國家離心離德。這種觀點一直受到西方學者質疑，他們懷疑這種對秦朝暴虐的描述不過是漢朝的宣傳，或者對秦始皇的記載其實是在指桑罵槐批評後世君王。但我們所見的秦時證據愈多，傳統觀點看來就愈是正確，例如對秦朝直道的研究顯示，直道修築得比運輸所需還要寬廣太多，考古學研究看來證實了司馬遷的說法：「吾適北邊，自直道歸，行觀蒙恬所為秦築長城亭

障，塹山堙谷，通直道，固輕百姓力矣。」（《史記．蒙恬列傳》）[53]

動物飼養

歷史學者傳統上分析人類社會的方式，彷彿其中只由人組成，但近年來愈益顯著的是，我們始終都生活在由許多物種構成的群體中。我們的體內就含有大量古菌、細菌、真菌和病毒，多數人類群體也包含蝨子、塵蟎、跳蚤等節肢動物，以及農業害蟲在內。農業社群往往是麻雀、鴿子、家鼠、大老鼠，以及農田集中能量的其他許多受益者共同的家園，人們養狗和貓的理由之一，就是為了趕走這些動物。我們與其他物種的關係，從互利共生到單方面寄生，不一而足，人們刻意飼養的極少數物種，往往在他們的飲食、經濟和社會生活中享有主要地位。農業社群的諸多物種，只有少數幾種與國家利害相關，最重要的是馬和牛。

華北低地有一種人口密度漸增的大趨勢，人們飼養家畜和食肉的能力隨之減弱。牛、羊、馬等草食動物需在開闊的土地覓食，因此時日既久，牠們往往受到排擠；反觀狗、雞和豬能靠著自行採集食物和食用人類垃圾而生活在村莊裡，因此牠們往往成為主要的馴化動物。我們知道某些倉官養豬和雞，因為有一條律令明文規定，糧倉可以留下販賣家畜所得的資金，但國家看來並沒有找到對這些動物課稅的方法，牠們始終都在政治經濟之外。睡虎地出土的一部法律答問，包含竊盜牛和羊或山羊（兩者都是羊）的各式案例，由此說明這種竊案並不少見，盜馬的記載只有一條。[54]

在乾燥的北方，游牧民飼養大群的羊、牛和馬，秦大概找到了對他們徵稅的方法。司馬遷將北方游牧民的牧群（「戎翟之畜」）引述為漢朝富源之一，並描述今天的山西、河北部分地區尤其盛產馬、牛、羊。秦的領土包含宜於放牧的黃土高原大片地區，我們可以推測，當地人民以家畜納稅或進貢。墓主據推定為游牧民族的墓葬也在黃土高原地區出土，這些人民極有可能是秦的臣民，向帝國提供家畜，可能也為秦軍效力，但我們的證據大多與帝國全境政府機關所有的牛和馬有關。[55]

養牛是為了犁田和拉車，而馬匹看來主要用於農業之外的工作，例如拖曳車輛和運送信差。一名敵國官員將牛隻容易取得引述為秦國強大的原因之一，各種不同官員被授予牛和牛車，這就說明了養牛何以似乎成為地方官員的一份共同責任。徭役勞工必須建造和修繕國有馬廄和牛苑的圍牆，前文提及的芻藁稅，大概是為了供應軍隊或政府機關的馬和牛。政府機關按照年齡和工作種類，提供乾草甚至穀糧給輓馬和耕牛，芻藁對於多數牲口已經夠用，但驛站用馬及其他從事繁重工作的馬匹，也能吃到穀糧和豆類，母牛生產後十五天同樣會得到口糧。[56]

依據〈廄苑律〉，牛一年要考核四次。牛的腰圍要是瘦了，負責的官員要被懲處；要是牛健康的話，就賜給田官一壺酒和一束肉乾，牛欄管理員和養牛人也會得到獎賞；要是官員照管的母牛和母羊生育者太少，也會遭到罰款。他們獲准將牛和牛車出借給人民使用，但借用者必須負責確保歸還時狀態完好。我們不知道借用牛車之舉有多普遍，政府官員也獲准使用國家的牛和牛車，運送他們自己和牲口所需的口糧，這條法規或許是為了闡明牛和牛車不得供作他用。[57]

相較於貴重卻平凡的牛，馬卻是財富和權力的象徵，是前近代世界的裝甲戰車和跑車。正如上一章所述，在秦國歷史上，馬匹自始至終都是該國的國力來源。由於馬匹對於戰爭和運輸至關重要，許多政府部門都會養馬。太僕需要大量馬匹，必定也管轄許多馬廄，太僕也必定管理著飼養馬匹所需的大片牧場，牧場大概多半位於北方的黃土高原或關中西北部，馬匹進出都城區域受到嚴格管制。秦宮發現的秦官員璽印封泥，包含職責與馬和馬廄相關的許多官職，《漢書》將其中某些官職，列為衛尉和太僕的馬匹主管官員。漢初律令將車騎尉和大臣列為同級，或許自秦沿襲而來。可見馬很重要。[58]

〈廄苑律〉也載明接收新馬的標準，但我們不知道這些馬匹從何而來。縣呈送的馬匹要是不符軍用所需，縣司馬和縣令、縣丞都要罰款，我們可以據此推測，某些縣專門為國家養馬。北方游牧民或許也被徵收了以馬匹繳納的稅，可能也向國家出售馬匹。對於使用中的馬匹也有考核的法令，馬匹不合格而被罰款的官員是廄嗇夫和皂嗇夫。我們可以確知，馬和牛也在國有作坊使用，並且用來榨取木材和金屬等資源。[59]

木材與金屬

正如第三章所述，戰國時期的敵對各國藉由控制森林、濕地和礦藏，並指派官員管理和抽稅，而逐步增強自身實力。黃河流域中游的小國，此時具有人口稠密的優勢，得以調動大量穀物和勞力，但卻未必擁有許多其他資源；秦、楚等較大的國家或許無法運用如此稠密的人口，卻擁有更多森林和礦物。秦的官員將注意力集中於土地和人民，不僅因為土地和人民是政治權力核心所在，也是因為他們並不缺乏其他資源，秦控制了廣大的山區，並直接經營採礦、伐木和製鹽工作。

這一時期關於資源匱乏的論述，往往與治理聯繫起來。關於中國的資源榨取過度最早的文字證據，出自戰國時期哲學家對於保護野生資源之必要的論證。此事的耐人尋味之處，既在於它是國家強大帶來正面利益的一個明確範例，也在於這些觀念起初由哲學家提倡為良善的國家應行之事。這套道德論證讓我們想起，國家管控既是控制及榨取寶貴資源的手法，又是為了國家和臣民長遠利益而加以保存的方法，堪稱環境保護立法的早期範例。[60]

早期中國文獻有許多引文，提及管理森林和濕地並抽稅的官員。理想化的《周禮》描述各種掌管山林川澤的官員，他們負責管控漁獵，並提供獻祭所需的動物和魚。《呂氏春秋》同樣記載：季夏之月，「虞人入山行木，無或斬伐。」荀子在〈王制〉說明：「脩火憲，養山林、藪澤、草木、魚鱉、百索，以時禁發，使國家足用，而財物不屈，虞師之事也。」秦相李斯曾問學於荀子，他對於這些論點大概都耳熟能詳，我們也可以確定秦國設有這些官員。[61]

秦最終施行一道保護天然資源的律令，其內容明顯受到早先對於保存資源的論點影響：

> 春二月，毋敢伐材木山林及雍壅隄水。不夏月，毋敢夜草為灰，取生荔、麛卵鷇，毋〇〇〇〇〇〇毒魚鱉，置穽罔，到七月而縱之。……邑之近皀及它禁苑者，麛時毋敢將犬以之田。
> （《睡地虎秦簡》）

這段文字揭示，秦設官職負責經營森林和濕地，而他們最大的課題是火災、盜伐，以及任意榨取野生動物族群。蒐集柴火和製作木炭，肯定對森林產生重大影響。秦實行森林和濕地保護相關法律的成效不明，我猜想這些法律實行於秦朝權力核心區域的森林和濕地，但在帝國大多數地區的影響極微。最後一句提及的禁苑指的是皇室苑囿，關於苑囿管控的律令片段，也已從其他墓葬發掘出土。[62]

製陶和金屬製作等產業都要焚燒大量木材。正如上一章的討論，秦都咸陽城內有作坊，國家在帝國全境肯定也經營其他作坊，尤其是製造軍用裝備的作坊。鑑於私營商人也經營陶窯，並且交易木、竹等林產，我們可以確定國家的管控也以管理商業用途為目的。不巧，秦的製陶和金屬製作留給我們的文字資訊極少，出土文本談到錢幣和金屬器物，卻鮮少提及採礦或冶煉。金屬對國家具有戰略上的重要性，因為是軍隊所需，這一時期主要的金屬是青銅（銅、錫、鉛合金）和鐵或鋼。此時的金屬工匠鑄造青銅和鐵都很熟練，但製鐵的許多關鍵創新卻直到漢代才發生，因此青銅仍是至關重要的金屬。我們無從得知秦的多數金屬從何而來，北方有銅、錫、鉛的來源，但南方礦藏更多，秦征服長江中游的楚國領土，大概使其得以掌控銅礦。秦在四川等征服領土也有私營業主製作金屬，也有由刑徒和徭役勞工開採的礦穴。[63]

鐵礦的分布是如此廣泛，以至於冶鐵所需的大量木材成了前近代製鐵的限制所在。到了西元前三世紀，許多周代王國的製鐵工藝，技術和組織上都已是當時世界最先進的，鐵器也就從此時開始普遍運用，這些鐵器多半是安裝於木造工具兩頭的金屬尖端或刀刃，例如鎬、犁、鏟、鋤、耙，以及採收刀。雖然戰國時期的鐵器在華北各地都有出土，卻極少發現鐵器作坊，而漢朝的鐵器作坊已有將近六十處出土，由此顯示鐵製農具的大規模製造始於秦朝滅亡以後。人們可以據此主張，中國的青銅時代直到那時才算結束。儘管傳統上都認為國家控制鹽和鐵是漢朝的創舉，出土文獻和封泥卻揭示出此舉始自秦朝。鹽在幾處不同場所由鹹水揮發而成，其中一處位於沿海，另一處則是山西南部的大型鹽池，鹽也在四川抽取地下鹵水製成。[64]

木材不只是燃料的主要來源，也是製作日常用品的主要原料，從鋤頭、馬車到房屋不一而足，因此木材對於秦國的重要性更甚於金屬，即使取得也更容易。關中南方和西方的山區都是森林密布，因此我們可以確定秦人一直都從這些山區伐木。隨著秦擴張到秦嶺以南，該國也進入了林木充足的地區。但除了高品質木料用於興建秦宮之外，要將這些山地的木材運往北方，成本卻太過昂貴。近期出土的一條律令揭示，秦運用刑徒砍伐漢水上游的森林。秦直接管理這類工作不足為奇，但這是第一次找到明確證據。[65]

秦朝伐木最耐人尋味的證據，來自渭河上游山區的甘肅放馬灘一處墓葬，其中發掘出繪製於松木板上的多幅地圖（參看圖11），這些地圖看來是在西元前三世紀中葉由國家製作，用以測繪森林資源，地圖是從甘肅山林中一處現代伐木站出土，這片山林兩千多年來不時被砍伐，可謂恰如其分。由於該地位於關中上游，原木可由渭河順流而下送往秦的都城區，因此成了比都城南方高聳的秦嶺更為實用的木材來源，即使秦嶺大概也受到砍伐。我們從至少兩部早期文本中得知，原木從山區順流而下是常見的慣習。伐木的前沿深入這片相對偏僻的地區，意味著容易到達之地的良好木材已被砍伐一空，更接近聚落的森林也更難長出好的木材，因為人們不等樹木長大就會砍來當柴火，食用嫩枝的家畜也會阻止森林再生。[66]

這些地圖圍繞著水路網而組織起來，鑑於該區地勢多山，地圖上描繪的水路也就提供了山嶺分布的大致概念。地圖標示了大型城鎮和村莊、溪流和山溝，以及關隘的名稱；還有多處對於林分（stands of trees）和路程遠近的注記。其中一幅繪出一條道路，數處提及松、一處提及桐，也有一地名為「楊谷」，但另外幾個樹木相關的字卻無法辨識或所指不明。例如有個詞讀作「大松刊」，另有兩三處用字略有異動，寫成「松刊二十里」（一里約五百公尺），但「刊」字看來是名詞，大概

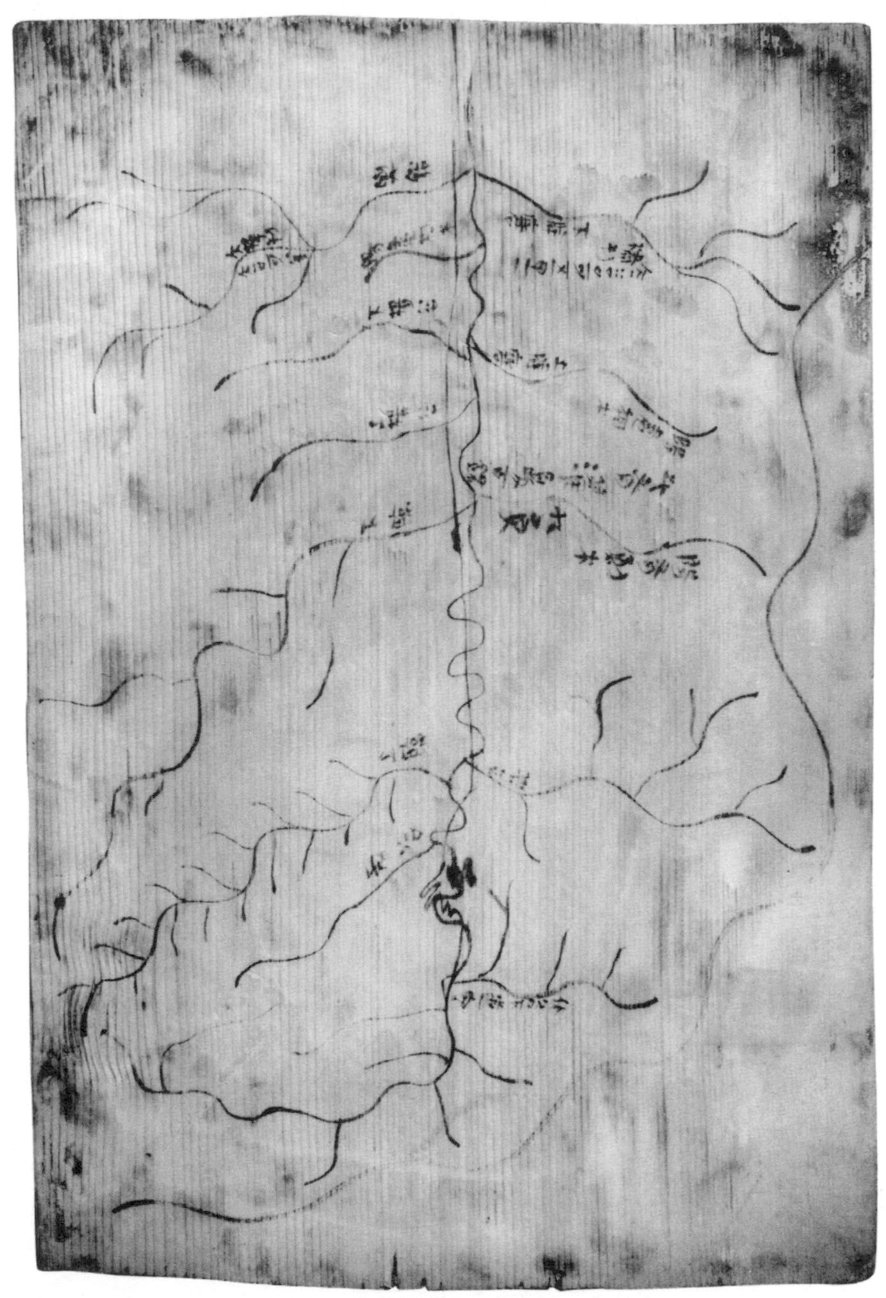

圖11　甘肅放馬灘一處墓葬出土，繪製於松木板上的地圖。

多數線條描繪的是水路，貫穿中央的直線可能是指道路，兩塊黑色標記處則是關隘。

圖／圖像取自陳偉主編，孫占宇、晏昌貴撰著，《秦簡牘合集：釋文注釋修訂本》（二〇一四），第四冊。尺寸：長二十六點五公分、寬十八點一公分、高一點一公分。感謝陳偉和武漢大學出版社准許使用此圖。

意指「幹」或「竿」，也有可能是「砍伐」之意，因此這些地圖可能記錄了已經砍下或尚未砍伐的木材。不管怎麼說，我們都可以確定秦使用了大量木材，至於砍伐規模或這些伐木工作在關中上游的位置，也都不令人意外。[67]

學者普遍假定，放馬灘地圖是由國家繪製、供國家使用的，因為此時的行政官員普遍使用地圖，地圖也和政治權力相關，因此政府部門之外的任何人都不太可能獲准繪製這類地圖。我猜想秦設置了專責在這一區域伐木、將木材提供給國家的機關，然伐木工作同樣有可能是私營的，由官員監督並抽稅。如前文所述，此時的國家保存了地圖及其他資源簿冊，其中擁有上好木材的森林想必最有價值。我們可以確定，放馬灘地圖是在一次資源開採工作時碰巧發現的，帝國全境大概還有類似工作，可以期望更多這類文獻將來重見天日，讓我們更加了解國家對森林和濕地的管理。

西元前二一〇年秦始皇駕崩後，宮內近臣擁立了他們自知能夠操縱的幼子繼位，數年後，秦朝被人民蜂起推翻。起事始於楚地，領袖多為楚人，歷經數年大規模戰事而建立的漢朝，在許多方面都復甦了秦朝，其貴族則來自楚地。漢朝的大家長劉邦曾在秦朝任官，當他建立起自己的帝國時，多半也重建了秦的行政部門。他並未返回東方，而是在渭河以南的秦宮一帶定都，都城名為長安，取「長治久安」之意，漢朝統治的四個世紀，對其核心區域的人民來說也確實相對和平，與此前數百年相比尤其如此。漢朝揚棄了秦體制的某些方面，尤其是對土地和人類勞力的嚴密控制，但維持了秦的多數行政架構和慣習。由於秦數百年來一直都是距離內亞最近的周代王國，秦朝滅亡過後很久，陝西人民仍被稱為「秦人」，內亞民族就用「秦」這個字稱呼中國。「秦」經由他們的語言傳遍歐亞大陸各地，最終成為大半個世界稱呼中國的標準用字。

對於秦朝滅亡的傳統解釋，向來歸因於沉重的賦斂和勞役導致人民強烈不滿，鋌而走險也就不難。秦靠著不斷戰爭而建立，但和平一旦來臨，帝國卻不減輕榨取，而是維持戰時經濟。次大陸各地的人民世世代代懼怕秦，但秦朝的統治若能帶來和平與繁榮，而不是持續剝削的話，他們有可能會適應於其中。秦持續運用人們的勞力征服領土和營建重大工程，藉此向人民表明其帝國不會結束戰事，也不會改善人民生活，從而逼使人民造反。與羅馬帝國在某些征服地減稅兩相對照，足以支持這一論點。[68]

雖然某些學者不斷質疑「秦朝將人民剝削到不得不反抗的地步」這樣的概念，我卻認為這點無可置疑。要是在位的君王夠能幹，推翻帝國的蜂起很有可能歸於失敗。儘管如此，一個才剛打倒幾大強敵，看似無所不能的帝國，卻被反抗的人民推翻，這件事本身就向我們透露了不少帝國的長處和弱點。鑑於本章的焦點在於生態，我必須強調，秦的滅亡原因不在於過度榨取環境，而在於苛虐對待人民。秦試圖建立的那套政治體制，需要太多的經濟盈餘，用於擴充官僚規模以增加稅收的資源愈多，單單為了徵稅而消耗的盈餘就愈多。正因如此，多數前近代國家都維持著低度榨取和相對較小的國家架構，而不是竭盡所能聚斂，秦的滅亡證明了這套策略的明智之處。[69]

但秦未必真正失敗，秦的政治體制不久便起死回生，讓華語民族得以征服並拓殖大半個次大陸。藉由提供一套穩定持久的架構拓展農業、促進人口增長，這套體制對於低地東亞的大多數自然生態系由農地取代影響甚鉅。第六章就要探討這段歷史。

第六章

百代秦政——中國歷代王朝如何形塑環境

祖龍魂死秦猶在，孔學名高實秕糠。百代都行秦政法……。

——毛澤東，〈七律．讀《封建論》呈郭老〉（一九七三）*

秦朝滅亡於西元前二〇七年，但其中央集權官僚制的治理模式卻代代相傳至今，有助於東亞各地社會各自馴化地景。隨後二十二個世紀之間，許多王朝和各個不同族群都統治過中國，但他們全都和秦一樣，決心犧牲自然生態系，拓展可供徵稅的農業。東亞各地的國家都借資於秦漢帝國的政治傳統，將其控制地域的生態同質化，他們也致力於將人口同質化，情願自己的臣民都是農民和牧民，能產出可靠的稅收，並認同國家所倡導的價值。統治菁英往往自詡為忠於孔孟儒家的高尚思想，但正如開頭引述的毛澤東詩句所示，他們運用的行政管理方法其實源自惡名昭彰的秦朝。我將在這一章簡短回顧國家和帝國最初在中國建立的過程，接著探討秦的後繼者們轉化環境的不同方式。

政治組織的根源可以追溯到石器時代。人們藉由馴化動植物，而得以建立自己的生態系，這些生態系所能產出的食物和資源遠遠多過採集，讓人類得以更密集地定居。隨著農業體系進步，每一戶農家所能產出的盈餘也增加，愈益複雜的社會政治組織也就有可能成長。隨著國家成長，行政管理方法改良，政治菁英對土地和勞力的用途也就得以掌控更多。由於農業國家幾乎完全仰賴農產和勞力的盈餘，他們根本上就有興趣把自然生態系替換為農業生態系。

農業隨著小米、稻米、狗和豬的逐漸馴化，而在至少八千年前興起於東亞。數千年後，馴化的羊、牛、馬從中亞傳入，讓人們得以利用草地和乾燥之地，而在更北方，這些馴化動物則使得以游牧為基礎的流動生活方式得以實現，游牧將內亞牧民轉變為歐亞大陸最強大的軍力，他們從此強盛兩千年之久。同時，黃河和長江流域的定居農民，則將種類繁多的果樹、蔬菜和紡織用植物馴化，並持續努力改進作物和動物的生產力與韌性。如同農民用了數千年飼育出易於管理的動植物，國家架構也是逐漸演進，行政管理和意識型態體系逐步發展到大多數人民認可由少數人支配、並將盈餘生產和勞力提供給少數人的地步。在這兩種情況下，受到馴化的相關物種得以大幅擴張。

這並非是一條簡單的軌跡。新石器時代人民有許多維生選項，可以依照野生食物容易取得與否和收成狀態而更換，但數千年來，愈益依賴馴化動植物的趨勢卻顯而易見。另一趨勢則是社會更形複雜，最著名者當屬西元前三千紀至二千紀，城市和國家在黃河流域中游的發展。這些青銅時代國

---

* 卷首引文取自毛澤東，〈七律・讀《封建論》呈郭老〉，收入氏著，《建國以來毛澤東文稿》第十三冊，頁三六一。毛澤東認為秦始皇（「祖龍」）的精神與己相通，同樣是新政治體制的締造者，「魂死」指的是虛無縹緲的「魂」在人死後消散。某些版本把第一句的「秦」改成「業」，「祖龍魂死業猶在」。魯惟一在對楊寬《商鞅變法》的書評中也有類似的看法。

家可能有部分是由於馬匹、雙輪戰車和青銅武器傳入而得以建立，菁英因為它們而對平民取得了新的優勢。興盛於西元前一五〇〇年左右的二里崗國家，比起東亞歷史先前出現過的任何政體都強大得多，其勢力向四面八方都延伸了數百公里。隨後的商朝是第一個留下文字證據的國家，它從遍及黃河流域大片地區的盟邦或被其征服的邦國取得資源。西元前一〇四六年，周人的聯盟征服商朝，並採用商朝的許多技術，例如書寫文字，周朝將宗親和盟友分封於黃河流域中下游，構成一片駐軍城邑網絡，他們維持和平將近三百年，大大促進了農業社會的擴展。

西元前七七一年，周王室被外敵擊敗，逃往東方的洛陽，弱化的周王室在該地又撐持了五個世紀。周王的衰落產生了權力真空，數十個邦國爭奪臣民和領土，大國逐漸吞併小國，一套穩定的國際體系最終連同既定外交禮儀而發展出來，隨著征服的土地和人民愈來愈多，國家不得不發展出行政機制加以掌控。來自敵國的威脅逼使他們找出向臣民榨取歲入和勞力的新方法，藉以支持愈來愈龐大的戰爭機器，他們不僅向普通農民榨取更多，也接管了先前一直都是共有資源的森林和濕地。到了西元前三世紀，中央政府發展出的官僚部門，複雜得足以管理千百萬人民定居的廣大領土，這些國家中央集權的政治體系，讓他們管理各自疆域內生態系的能力，比起早先的國家所能做到的還要集約得多。

秦國是所有這些國家之中獲得最後勝利的一國。秦國從早期就被說成是軍力見長、公室強盛的國家，該國在最初數百年間難得在周代國家的事務中發揮核心作用，轉而專心鞏固自身對關中盆地及其鄰近區域的控制。但在西元前四世紀，接連幾位積極進取的國君統治下，秦國將都城東遷，迎接戰國時期其他國家的挑戰，並實行變法強化國力。這些激進變法以商鞅所實行者最為著名，其目的在於以農業和戰爭取代貴族門第，成為社會經濟出人頭地的兩條主要途徑。秦國政府達成這項目標的方式是，建立一套軍功爵制，依照爵位高低將大小相稱的土地賜給男性。這就需要重組農業地景，以利重新分配土地，商鞅也運用法律和規範將治理標準化。西元前三世紀中葉，秦國國力臻於鼎盛之時，其控制土地和人民的程度，就古代國家而言已是不同凡響，該國徵收大量穀物稅，用以供養大批無償勞工和刑徒，令其為國家建造及維護基礎設施。秦將許多盈餘揮霍在重大工程和征服戰爭，但其他許多盈餘則用來擴展運輸和農業基礎設施，該國建立了道路和橋梁網，促使殖民者移入征服地，資源則從征服地流出；也改造水系，藉以拓展和增進農業，引水灌溉乾燥地區的作物，並將水排出容易氾濫的地區。但秦朝擴張過度，終於被人民武裝起義推翻。

秦雖然滅亡，但西元前二〇二年建立的漢朝，卻迅速重建了秦的體制，往後四個世紀之中，漢朝重新征服了秦朝曾經掌控過的領土，鞏固對領土的控制，進而征服更多領土。相對於秦的統制經濟是盡其所能從戰略要地構成的網絡中榨取，漢朝則將稅率固定在低水準，這並不意味著農民實際上繳稅更少，而是中央政府把更多盈餘留給地方菁英取用，給了他們強烈誘因支持帝國體制。中央與地方權力結構的這種結盟，放棄了秦體制的某些中央控制，卻也讓體制在政治上更能持久。秦朝式的統制經濟在中國歷史上曾經多次捲土重來，最近一次是毛澤東統治時期，但漢朝的中央政府減少徵稅模式是對秦朝模式的改進，帝國體制因此得以維持兩千年。秦的中央集權官僚制模式不僅由中國內部的後繼國家沿用，也影響了東亞和內亞的多數鄰國，這套中央集權官僚體制對於我們稱做中國的文化與政治實體得以建立至關重要，因此「China」（中國）一詞源自於「秦」，可謂恰如其分。[1]

重點在於，不可過分強調中國歷代帝國的權力，如同多數農業國家，他們在地方層級往往十分弱小，對人們生活的影響極微，地方官員大多時候都幾乎不去改造其治理範圍的環境。但長遠來看，中國歷代帝國對於維繫和擴展農業生態系以支持自身卻發揮了重大作用，每個帝國在廣大範圍內都維持和平數百年之久，讓人口得以倍增。他們征服鄰近地域，並鼓勵人民移入，也協助興建與維護治水基礎設施，更支持國家能夠徵稅的任何一種經濟活動。中國歷代帝國與世界史上其他帝國的不同之處，與其說是國力，不如說在於延續性，他們的治理技法代代相承兩千多年，讓君主得以在前朝滅亡後反覆重建類似的行政體制。中國歷代帝國能夠發揮關鍵作用，重組次大陸的生態，原因正在於其再生能力和順應環境變遷能力。

和平是中國歷代帝國對環境破壞最劇烈的成就。我們往往以為戰爭的破壞非同小可，但人們一旦停止廝殺，他們就經常集中心力進攻非人類的世界。正如本書所示，軍事爭鬥發揮了重要作用，逼使國家各自改進行政管理機制。但戰爭結束、帝國建立之時，帝國在廣大範圍內維持和平數百年之久，人口因此得以倍增，開闢出更多農地。較小的政治單位對領土的利用往往比大帝國更為集約，例如戰國時代諸國的規模，但帝國開闢出廣大範圍供農民經營，且往往為了徵稅的誘因而鼓勵農民開墾。隨著核心農業區的良田日漸稀少，人們轉而開墾邊陲山區或積水之地，其他人則為了尋找土地，而遷入遠離家鄉的征服地。和平更助長人民非法拓殖土地，即使正是國家強力維持的和平，讓人民得以擅自開墾而安全無虞；和平也促進貿易，讓看不見的市場之手得以伸入次大陸各地，攫取任何可在他處出售獲利之物。[2]

農業生態系往往比野生生態系簡單得多，它們通常仰賴易受乾旱、蟲害及其他災害侵襲的少數物種，國家則有助於管理這些簡化的生態系，在歉收時提供緩衝，並努力確保人口的生產力足以納稅。糧倉是秦朝新陳代謝的重要器官，帝國用以供養軍隊和救助饑餓的農民，這一傳統在帝國時期始終延續不斷，對於中國人口稠密程度冠於全世界起到重大作用。[3]

國家不僅維持著農業體系的穩定，也維持著經濟其他多數方面的穩定，他們因此發揮了刺激經濟成長的重大作用，意思是增強了人類對環境的影響。按照萬志英（Richard von Glahn）的說法：「中國的帝制國家藉由提供國內和平、國際安全和投資公共財（教育、福利、運輸系統、治水和標準化的市場機制），以及建立制度性的基礎設施，實現農業和商業的斯密型成長（Smithian growth），而促成經濟成長。國家創造需求的作用（包括備戰）對於刺激經濟成長同樣意義重大。」這種制度性的基礎設施包括鑄錢、管控市場，並將穀種借給農民協助他們繳稅，同時出手裁抑試圖利用農民急迫處境的商人。即使在最近數百年間，當明清帝國的低稅收承諾，使得他們促進經濟成長的能力，比起更為主動積極的同時期歐洲國家更弱得多，國家仍是經濟的一項關鍵因素。[4]

帝國延續兩千多年的另一個關鍵結果，則是在次大陸各地創造出單一文化語言群體，少了這些綿延不絕的帝國，這種結果絕不可能產生。帝國體系創建之時，長江流域和更南方的區域是多種不同語言和文化的發源地，帝國出兵征服新領土並掌控數百年，敉平不時發生的反抗，並推行政策逐步促成同化，使用漢語族語言（Sinitic languages）的人民則在帝國軍力支持下擴散。中國移民往往偏好肥沃的低地，將山地留給原住民，原住民通常僅受到少許治理，甚至不受治理；秦朝征服珠江三角洲整整兩千年後，周遭的山區仍是非華人族群的家園。一如他處的殖民，中國的擴張也是文化雜糅過程，殖民者與當地人通婚，並採納許多當地習俗，但歷代帝國往往提倡中國經典文化遺澤，並倡導使用華人姓名，由此創造出一股與母國文化產生關聯即足以提高聲望的古典殖民動力，使得人們往往淡化自己的原住民族出身。結果是東亞大陸的多數人民都成了說華語的農民，華語日後在東南亞的多樣化演變仍不足以減弱這個事實。華語民族的擴散往往涉及農業的集約化，其原因尤其在於一個要求農民產出盈餘以納稅的國家隨之到來。[5]

動用軍力將東亞文化群體同質化的過程，至少早在西元前一五〇〇年二里崗文化從中原向外擴散時即已開始，並在商朝統治下持續。西元前十一世紀，西周征服了多族群的黃河流域，建立起一個維持八百年的聯盟，對於人口同質化發揮了重大作用。到了孔子的時代，周代列國已經消滅了非周民族的多數邦國（周人稱之為戎、狄、夷），而在漢朝時期這些民族多半已被同化，使得黃河流域成為古代世界文化同質性最高的區域之一。南方的楚國則征服並拓殖長江流域中游的低地，秦國也同樣征服並拓殖四川盆地。秦朝建立之後，秦軍沿著長江以南的河谷下行，在遙遠的閩江和珠江三角洲駐防，其駐地即是今天的福州、廣州兩市，秦將數萬人民移入某些征服地加以開發。

漢朝對秦朝先前占領的多數地區都能牢牢掌控，該國也南下征服雲南和肥沃的紅河三角洲（越南北部），向東進入朝鮮半島，向西則深入中亞，即使幅員如此遼闊，其人口仍集中於華北和四川的肥沃平原。漢朝及其後的國家和帝國，將道路和行政控制伸入偏遠地區，並鼓勵臣民從帝國核心區域遷移到該處，他們有時仿效秦的先例，將大量人民遷移到國家需要可靠納稅人的地區，讓軍人開墾新征服地或戰亂減損人口之地。即使外族征服中國，也往往更進一步拓展中國的農業秩序，例如一二五三年忽必烈汗（一二一五－一二九四）征服雲南，起先只是征伐宋朝的側翼包抄作戰，但此舉卻將東南亞高地永久開放給中國人拓殖。十八世紀的清朝則鼓勵原住民菁英的子女學習漢文而非滿文，從而加速了雲南地區的同化工程。帝國治理體系之力的最佳範例，或許可見於朝鮮和越南，這兩地都是中國早期帝國的郡縣，隨後設法獨立自主，如同許多原殖民地，這兩地都採用了昔日宗主的治理方法，並運用這些方法得以免於被中國的後繼帝國收入版圖；日本的早期國家也明確效法中國。採用中國的治理模式，通常也就涉及國家對環境增強控制。[6]

儘管秦始皇這樣的君王大肆征伐是為了滿足自己的好大喜功，多數帝國的征伐所要達成的經濟和戰略目標，從中央政府官員的視角看來卻是完全理性的。他們往往專注於征服良田，因為有人定居的可耕地是最佳稅收來源，久而久之，國家逐漸將控制力伸入山區，特別是經由管控造林並課稅，使得近一千年來人造林慢慢取代了南亞的多數天然森林；金屬則是另一股吸引力。君王想要征服地可以儘快抵償他們予以治理的開銷，經常會將語言相同、習於納稅和服兵役的農民輸入征服地，這些忠實臣民往往得到肥沃河谷裡的上好土地，被征服者只能得到剩餘的土地，或逃往國家控制所不及的叢山之間。國家此時征服了這些地區，並往往逼使昔日流動的民族安頓於固定地點，以利控制。[7]

可耕地是征服南方的首要戰利品，但中國歷代帝國的北部和西部卻經常要防禦游牧民族入侵。儘管歷代帝國行有餘力時，確實也榨取過毛皮和家畜等資源，但征服北部和西部的主要理由，卻是為了控制當地危險的游牧人群，漢、唐、清朝征服新疆，以及清朝征服西藏，都是為了這個理由。即使在農業帝國設法征服這些廣袤區域之時，這些區域對帝國而言多半太過乾燥、不宜農耕，也就不可能引進足夠的納稅臣民定居其間，無從抵償治理這些地方的開銷。正因如此，帝國還能負擔軍費時就會掌控這些地域，而後在無力負擔軍費時失守。中國前近代帝國未能將內亞永久同化，說明了農業正是華語政治秩序長期擴張的關鍵所在。當今中國政府著重於將漢人移入這些地區，並在文化上將其同化，正是依據他們對這股動力的理解，目的是想要確保即使北京喪失控制能力，這些地區在文化上仍屬於中國。附帶一提，大草原的地緣政治重要性，同樣說明了出身不同族群的君王一再選擇北京（地處草原和播種區的交界）為帝都的理由所在。[8]

國家在原有的人口中心和新征服地，都持續倡導農業拓展和集約化。新開墾土地減稅之類拓展農地的消極誘因，不時與國家其他工程的重大開銷結合起來，旨在創造穩定的農業，並促進更為集約的農業，治水經常是一項關鍵因素。在季節性濕地或沖積平原等水路自然往復變動的地區，國家築堤將水路固定下來，好讓其他土地得以開墾；在水源稀少或不可靠的地區，國家則修築灌溉系統為作物供水。由於水運的效率更勝於陸運，國家也開鑿運河和修改天然水路以利運輸，如今中國稍具規模的水路都已築壩蓄水，核心農業區域的水力系統也已全面重組。

中國歷史上最著名的治水工程，始終是試圖將黃河固定於單一河道的大堤。華北平原是由黃河和淮河沖積產生的巨大沖積平原，這兩條大河在天然條件下會在平原上到處任意移動，洪水氾濫時經常改變流向。國家花費鉅額金錢，將黃河維持在可預期的河道上，因為華北平原在中國歷史大多數時候都是人口最多、最具生產力的地區，少了歷代國家所能調動、藉以抑制黃河的龐大勞力和資源匯集，人們就不可能將整片華北平原轉變為農地。國家也在長江修築大堤並維護，大堤對於長江流域肥沃低地的拓殖乃是不可或缺，國家因此發揮了關鍵作用，將長江流域多樣的濕地替換為稻田。這樣的努力通常認為是值得的，因為每面積稻米產出的盈餘多過其他作物，長江下游的稻米盈餘讓後世帝國得以興建大運河將它們運往北方，此舉需要再造華北大片地區的水文。國家維護這些體系的重要性，從水利系統在戰亂時毀壞，隨後又由新建的帝國加以重建的循環即已顯而易見。[9]

多數歷史記載都是關於大型水利工程，但小規模的水利工程至少也同等重要，因為後者更普及得多。正如上一章的討論，秦朝運用臣民的無償勞動和穀物稅，在帝國全境興建並維護各種各樣的水路；漢朝及其後繼者們也繼續維護地方層級的治水基礎設施。偶然保存於長江中游兩處不同地點的出土文獻，揭示出國家官員為了修復損壞的堤壩和蓄水池而前往勘查。到了後世，這些小規模水利工程往往在國家支持下，更常由富戶或宗教組織承接，政府則集中心力於大規模基礎設施。[10]

除了治水，國家不時也提供農民新作物或刊布農業知識，以鼓勵農民增產。撰寫農書教導人們改良食物和織品生產方法的傳統，在中國由來已久，某些農書按照政府要求而寫成，其他的則由官員為了相同目的而私家撰寫，因此也間接得到國家支持；卷帙浩繁的治水文獻也是如此。印刷術發明之後，國家不時印行農書並廣為傳布，蒙古人印行並發放了幾部這樣的農書，促成先前被低估的作物普及，並從伊朗引進某些新作物。[11]

一八四〇年，大英帝國進攻清朝，逼迫朝廷國開放歐洲各國通商，往後一百年間，外國列強想方設法從飽受戰亂折磨的中國榨取財富。這種局面隨著一九四九年中華人民共和國建立而終結，中華人民共和國至今的推行歷程，是人類史上最成功的強化國力改革之一，而這樣的努力對該國的自然生態系也是一場浩劫，絕非巧合，不僅人口增長了將近十億，每人消耗的資源和能源總量也增加數倍。前文提及的一切環境變遷過程在這段期間全都加速，但到了一九五〇年代，尚未被拓殖的環境只剩下邊緣地區，開墾將導致嚴重生態後果，經濟利益卻微乎其微的環境。政府宏大的環境政策帶來了一些希望，但政府保護環境和提振消費的目標之間卻有著根本矛盾。[12]

歐洲帝國對其殖民地的環境影響早已受到承認，但本書強調的是，所有國家都有著轉化環境的根本誘因，中國則是其中最成功的國家之一。中國歷代帝國以近代標準衡量往往弱小，但他們對於東亞自然生態系長期轉變為農地和提供人類其他用途之地，卻都發揮了重大作用。這些帝國的建立需要轉化環境，每次權力增長則提升了他們為自身目的而重建環境的能力。正因如此，我們應當認為國家建立是地球環境史的一個重要過程，而中國帝制體系的肇建，則是東亞環境史的一次重大事件。

結語

人類世的國家

寫完本書的這幾個月間，新冠肺炎（COVID-19）疫情造成兩百萬人死亡，並肆虐全球經濟，由此也顯示出良善治理的重要。西方國家（其中某些國家由蔑視行政管理專長的民選領袖執政）很快就成為全球疫情的中心，反觀東亞國家一直都能更加成功地平息疫情。這並非巧合，東亞的政治體系取資於著重中央集權官僚治理的共有傳統，不太受到自由主義者「國家恐懼症」（phobia of the state）影響。西方和東亞的不同結果，帶給我們對於未來的有益教訓，因為相較於人類影響氣候和生物圈的潛在後果，疫情不巧仍屬相對輕微的問題。強大的國家並不保證能夠解決我們的問題，但弱小的國家卻肯定沒有能力解決問題。本書呈現出國家發揮了重大作用，他們開展並維繫產生環境問題的複雜社會，但國家對於社會轉型得更能永續同樣不可或缺，這點應屬無庸置疑。[1]

農業國家靠著光合作用提供的能量而運行，因此根本上就有誘因將生物多樣的自然生態系替換為農業生態系。工業國家一向也是如此，化石和核動力大幅增加了可供我們使用的能量，但光合作用仍餵養我們，並供給我們多數原料。正如農業國家根本上具有擴展農業的驅力，工業國家也鼓勵每一種可供徵稅的生產活動，從農耕到水力壓裂（fracking）不一而足。環保人士經常哀嘆世界各國領袖欠缺解決環境問題的意志或知識，但歸咎於個人卻是一大錯誤——這是結構性問題。位居環境問題核心的經濟活動，正是政治權力的基礎所在，我們的星球資源有限，然而經濟成長卻立基於增加資源使用，我們遲早必須降低經濟生產，或至少將它穩定下來，但降低生產意味著減少國家收益。誰會選擇一個承諾降低生產的領袖？統治階級和選民大眾都不會。

先秦戰國時期以及其他許多列國激烈爭鬥時代的教訓，在於調動資源最成功的政府能對敵國取得優勢。地緣政治始終都是環境政治，沒有敵國的國家能有餘裕強調穩定而非成長，但面臨敵國競爭的國家卻必須讓經濟成長優先於長期永續，因為經濟實力可以轉換為軍力。當今世界劃分為各個武裝敵對國家，因此就成了建立永續經濟的一大阻礙，強化全球機構以減少各國相爭，乃是建立永續運用資源的政治體系必經的一步。[2]

最誘人的環境幻想是，技術創新終有一天能使經濟成長而不使用更多資源，「永續發展」（sustainable development）這句口號概括了這一虛構，這是不可能的事。經濟成長始終都必然包含增加資源使用，既然無限成長看來是我們的現行體系——資本主義的核心特徵之一，因此資本主義自身根本不可持續，也就不言而喻了。但二十世紀共產主義的歷史卻也表明，非資本主義體系同樣可以致力於成長，即使實現成長的能力不及資本主義，這點不足為奇，因為正如本書所呈現，所有國家都有增產的誘因。儘管如此，由美國領銜的資本主義，可說正是因為調動資源效率更高而能戰勝蘇聯式共產主義，資本主義是極為創新的體系，它不僅持續改良其利用地球人民和資源的技術，也傾向於愈來愈有效的資源使用，即使它通常都經由總產量增長彌補提升的效率。中央計劃經濟很容易就能比資本主義更加永續地利用資源，僅需制止任何人積累超過自身所需（私人遊艇不復存在）。但計劃經濟的經濟生產力絕不可能勝過資本主義國家，因此承受不起與資本主義國家的軍備競賽，這正是中國共產黨選擇轉向資本主義的主因之一。由於這套邏輯，也就很難想像國家能在敵國不這麼做的情況下建立永續體系，國際合作是必要的。[3]

國際政治的悲劇在於，它激勵國家增產以增強軍力，這個問題與國內政治權力由誰把持的問題密切相關。兇殘的掌權者史不絕書，他們貪求權力看來是為了滿足一己私欲，而不是渴望從事行政工作，這種領袖如今仍在統治我們。就建立政治體系，可靠地讓能幹又負責的人選掌握權力而言，人類至今徹底失敗。建立永續體系需要想方設法，確保在上位者展現行政管理技巧；它也必須限制有錢有勢之人利用政治秩序自肥的能力，唯有對私人積累財富設限，限制才能奏效。男性支配可能也是問題的核心所在，因為正如本書第一章所示，男性支配與軍國主義密切相關，不幸的是，人類很有可能建立不了我所描述的那種全球女性主義生態烏托邦（global feminist ecotopia）。因此我們應當思考，要是政治體系不能改進的話，我們的未來會是什麼模樣。

災變論（catastrophism）在環境論述中司空見慣，因此要是有人相信全球平均溫度提高攝氏兩度時，所有人都會突然死去，或許可以諒解，但只有核戰才能立刻把我們全部殺光。中國的環境史透露出地球上人類社會最有可能的前途，伊懋可稱之為「不可持續的三千年成長」。中國的人民曾經生活於相對低密度的多樣生態系中，他們因此得以攝取健康的飲食，作物歉收時也能採集野生資源，久而久之，農業人口成長將大半地景轉變為農地，採集的機會隨之減少，人們因此被迫更努力勞作以求生存，飲食的品質隨之降低，也更容易受害於饑餓，因為簡化的農業生態系在乾旱、蟲害和洪災時節幾乎別無食物。但人們足智多謀，他們一再順應於退化的環境，變得慣於在先人不堪承受的條件下生活。這種反覆適應於退化的循環，在全世界許多其他地方也已經發生，代表著地球上人類一種十分合理的未來。但應當強調，我們並不都在這種處境之中，我們的星球上總是會有完全適宜於人類生活之地，迄今為止，有錢有勢之人往往也能逃過環境破壞的影響。一切如常將無益於人類大多數人口，但菁英們也大可認為自己不必承受後果。[4]

如此一來，問題就無關於拯救地球或拯救我們的物種，反倒關乎人類能否創造出得以防止如此悲慘前途的政治體系。理想上，這樣的體系將會公正分配資源，將大片地球留給自然生態系，最低限度上，這些體系也會防止我們的社會摧毀自己賴以維生的生物及氣候系統。對於我們如何能夠建立這樣的體系，我無法清楚描述，但從歷史回顧人類如何轉化自身環境，卻說明了我們的環境問題也是政治問題，解決環境問題的任何一絲希望，都需要政治體系轉型。所幸年輕世代的人們看來意識到了這點，因此未來是有希望的。

致謝

一條漫長而曲折的路途，引領著我從安大略（Ontario）鄉間走上古代中國史研究，少了家人、朋友和政府的協助，這條路就走不下去。我有幸在一個相對上奉行社會主義的富裕國家中成長，該國的大學僅收取微不足道的學費，令我得以追求人文教育，此後許多人就無法再接受這樣的教育。我在奧斯古德鎮高中（Osgoode Township High School）首先被領進了環境議題與東亞史，並在維多利亞大學（University of Victoria）洛恩・哈蒙德（Lorne Hammond）的環境史課堂上找到自己的使命，同時也受到葛瑞格・布盧的博學啟迪。在香港大學，陳漢生（Chad Hansen）說服我學習中文，慈繼偉開拓我的意識。我的研究方法大大受惠於在荷蘭奈梅亨（Nijmegen）拉德堡大學（Radboud University）接觸歐洲學術的一學期，我在那裡向胡伯・茲瓦特（Hub Zwart）和彼得・萊門斯（Pieter Lemmens）學到很多，也從第一屆歐洲環境史會議（European Environmental History Conference）獲益不少。身為加拿大公園管理局（Parks Canada）解說員，在克盧恩國家公園（Kluane National Park）度過兩個夏天，為我上了一堂絕佳的自然史速成課。

我在華東師範大學的一年間開始認真學中文，而後在麥基爾大學（McGill University）受到方麗特（Griet Vankeerbergen）和葉山（Robin Yates）教導，得到了早期中國研究的絕佳入門。隨後我在蘭州大學度過一年，向吳景山學習中國悠久的歷史地理傳統，並構思出了日後發展為本書的計畫。感謝劉莉、孫周勇協助我加入陝西省考古研究院對一處秦代王陵的發掘工作，也感謝丁巖和考古工作隊。

我有幸能在哥倫比亞大學（Columbia University）東亞語言和文化系（Department of East Asian Languages and Cultures）獲得李峰的指導攻讀博士學位。憑著他對於早期中國的深邃知識，以及他對學生的慷慨，他既是理想的博導，至今也仍是不吝鼓勵的導師，能在歸城考古調查中向他學習考古知識，尤其令人愉快。關於中國歷史和歷史研究的應有方式，韓明士（Robert Hymes）和曾小萍（Madeleine Zelin）給了我不少教益。我也向我的中國研究同學們學習，其中包括博迪文（Stephen Boyanton）、呂凱文（Kevin Buckelew）、趙家華（Glenda Chao）、陳愷俊、戴安德（Anatoli Detwyler）、妮娜・杜西（Nina Duthie）、郭旭光（Arunabh Ghosh）、羅娓娓、吳敏娜、葛瑞格・派特森（Greg Paterson）、何漢平（Ho Han-peng）、侯昱文（Nick Vogt）、王紫（Chelsea Wang），以及王思翔。我也從馬碩（Maxim Korolkov）的論著中學到許多秦國歷史；比爾・麥卡利斯特（Bill McAllister）及創新理論與實證研究跨學科中心（INCITE）的其他同事，豐富了我在哥大的最後一年。我的博士論文口試委員（韓明士、李峰、江雨德〔Rod Campbell〕、郭珏、葉山）提供了許多有用的建議。我特別想要感謝葉山在這十五年來的慷慨勉勵與指導。

我在武漢大學簡帛研究中心度過的一年，為我提供了必不可少的訓練。感謝陳偉和所有其他成員接待我。我和曹方向、竇磊、何友祖、黃傑、魯家亮、羅小華、鄭威，以及田成方的對話令我獲益良多。感謝夏含夷（Edward Shaughnessy）在他精彩的暑期古文字學工作坊期間介紹我去武漢大學。我在蓋兒・奇穆拉（Gail Chmura）、桃樂絲・佩蒂特（Dorothy Peteet）和華利・布羅克（Wally Broecker）的課堂上，學到古代生態與氣候的不少知識。也要感謝湯姆・麥高文（Tom McGovern）讓我選修他在紐約市立大學（CUNY）開的課，並感謝他和班大為（David Pankenier）一同擔任現場顧問。蓋瑞・克勞福（Gary Crawford）親切地讓我在他多倫多大學（University of Toronto）的實驗室裡度過一個月，向我介紹植物考古學理論與方法。

我在陝西師範大學期間，郭妍利在許多方面協助了我，我感謝她和歷史系的許多學生讓我的神智保持清醒。我向黃春長和他實驗室裡的學生學到了很多，其中包括郭永強和劉濤。我想要感謝張莉和西北歷史環境研究院邀請我報告研究結果。至於研究上得到的其他協助，我要感謝梁雲、王志友、秦建明、胡松梅，尤其感謝焦南峰介紹我認識前述幾位。還要感謝焦南峰、孫周勇和陝西省考古研究院提供本書中的某些圖像，並惠予使用。我也應當補充，我在中國居住和工作的五年間，遇見過許多慷慨又體貼的人，而我對中國的理解多半來自與中國各地人們的閒談。

在哈佛大學環境中心（Harvard University Center for the Environment）擔任博士後研究員的美好兩年，給了我拓展研究的時間與資源，並催促著我更認真思索它與當前議題的關聯。尤其感謝丹・施拉格（Dan Schrag）、吉姆・克萊姆（Jim Clem），其他研究員，還有我的東道主傅羅文（Rowan Flad），他把我介紹給我最喜歡的合作者博凱齡（Kate Brunson）。我也向我的森林史合作者約翰・李（John Lee）、孟一衡（Ian M. Miller）和布萊德・戴維斯（Brad Davis）學到很多。而在布朗大學（Brown University），我在歷史系和布朗大學環境與社會研究所（Institute at Brown for Environment and Society）的同仁讓我感到自在，提供我一處理想的研究空間，並在某些艱困時刻鼎力支持。感謝包筠雅（Cynthia Brokaw）、喬納森・科南特（Jonathan Conant）、南茜・雅各布斯（Nancy Jacobs）、張倩雯（Rebecca Nedostup）、艾蜜莉・歐文斯（Emily Owens）、盧卡斯・雷波（Lukas Rieppel）、澀澤尚子，以及凱瑞・史密斯（Kerry Smith）。我特別想要感謝羅伯・塞爾夫（Robert Self）和蒂蒙斯・羅伯茲（Timmons Roberts）的慷慨與指引。羅伯・塞爾夫慷慨地組織一次初稿工作坊，由他和秦大倫（Tamara Chin）、拔示巴・德穆思（Bathsheba Demuth）、傅羅文、格萊姆・奧利佛（Graham Oliver）、濮德培（Peter Perdue）以及張玲一同閱讀我的初稿，並提供全面的意見。這是不同凡響的榮幸，有助於本書大大改善。我的學生也促使我思考本書中探討的許多議題。

為本書進行的研究讓我重新意識到，自己的教育在多大程度上受到各國支持。我在中國的三年獲得中國和加拿大政府支援；我在蘭州和武漢的學年都受到中加學者交換項目（Canada-China Scholar's Exchange Program）資助，在上海學習語言則由維多利亞大學和華東師範大學的學生交換計畫資助。我在荷蘭的學期是由加拿大和歐盟資助的沿海調查交流計畫（Coastal Inquiries Exchange Project）之一環。當然，我曾就讀和任職過的美國私立大學，也都獲得了政府大量支援。

多年來慷慨閱讀過我的初稿，並提供意見的人們，包含沈柯寒（Graham Chamness）、約翰・切里（John Cherry）、史都華・柯爾（Stewart Cole）、蓋瑞・克勞福、瑪德琳・德羅安（Madelaine Drohan）、班傑明・海恩（Benjamin Hein）、哈克（Yitzchak Jaffe）、蘇米特・古哈（Sumit Guha）、魯惟一（Michael Loewe）、大衛・洛德（David Lord）、馬立博（Robert Marks）、孟一衡、泰特・保萊特（Tate Paulette）、帕克・凡・法肯伯格（Parker VanValkenburgh）、羅泰（Lothar von Falkenhausen），以及唐納・沃思特（Donald Worster）。謹向被我遺漏、中肯意見被我忽視的人們致歉。感謝劍橋大

學出版社兩位匿名評論者、耶魯大學出版社（Yale University Press）一位匿名評論者，以及馬瑞詩（Ruth Mostern）十分有益的建議。耶魯大學出版社編輯珍・湯森・布萊克（Jean Thomson Black）在整個出版過程中熟練地引導我，我也要感謝伊莉莎白・希薇亞（Elizabeth Sylvia）、瑪莉蓮・馬丁（Marilyn Martin）和瑪莉・帕絲蒂（Mary Pasti）。感謝琳恩・卡爾遜（Lynn Carlson）繪製多幅地圖。

我對家人的支持心存感激，包含姻親和姊妹們。少了父母親耐心支持著我看似永無止境的學生身分，本書就不可能寫成。他們對園藝的愛好，為我播下了對農業的興趣；他們對旅遊的熱忱，則引領我前往中國。我將這本書獻給他們，還有我心愛的柳伊（Elizabeth Lord）。我大約在最初構思本書的概念時與她相遇，她在本書的每一部分都幫助了我。正當我完成本書時，柳伊罹癌去世，儘管遺憾她未能親眼看見本書付印，這本書仍是我們這十五年來幸福與愛的見證。

註釋

緒論

1 《孟子》的引文由我本人英譯，參看James Legge, *The Works of Mencius* 6A.407; D. C. Lau, *Mencius: A Bilingual Edition*, 250-51. 過了很久以後，我才找到段義孚一九六九年的著作《中國》，該書其實討論了人類對中國環境的影響，即使光從書名看不出來。

2 William Cronon, "The Trouble with Wilderness; or, Getting Back to the Wrong Nature." 對於環境史領域縝密周到的概述，參看Joachim Radkau, *Nature and Power: A Global History of the Environment*.

3 「重組自然」一詞出自Donald Worster, *The Wealth of Nature: Environmental History and the Ecological Imagination*, 57.

4 「秦」在五百年間都是距離內亞最近的華語國家，秦國滅亡很久以後，陝西人仍被稱做「秦人」，因此「秦」逐漸成為內亞語言用以指稱中國的詞，再從內亞傳播到歐亞大陸各處。Endymion Wilkinson, *Chinese History: A New Manual*, sec. 12.2; Paul Pelliot, *Notes on Marco Polo*, 1:268-78. 我想到的其他區域性新石器文化是石峁、紅山、石家河和良渚，儘管還有其他文化。

5 Christian E. Peterson and Gideon Shelach, "Jiangzhai: Social and Economic Organization of a Middle Neolithic Chinese Village."

6 兩者的對照參看Michael Nylan and Griet Vankeerberghen, editors. *Chang'an 26 BCE: An Augustan Age in China*; Walter Scheidel, *Rome and China: Comparative Perspectives on Ancient World Empires*. 正如秦在自稱為帝國數十年前即已是實質上的帝國，羅馬的泛地中海帝國在西元前二世紀中葉也已經成形。

7 魏復古探討中國社會物質基礎的早期論著，深刻影響了歐洲和亞洲的一代學者，但在他向反共鷹派告發歐文・拉鐵摩爾（Owen Lattimore）等人，並出版偏執妄想的《東方專制論》（*Oriental Despotism*, 1957）一書之後，漢學家紛紛迴避他，省略不提魏復古對他們概念的影響。魏復古的早期論著，參看Karl A. Wittfogel, "The Foundations and Stages of Chinese Economic History"; Ulrich Vogel, "K. A. Wittfogel's Marxist Studies on China (1926-1939)"; Timothy Brook and Gregory Blue, *China and Historical Capitalism: Genealogies of Sinological Knowledge,* 104, 143-147; Neil Smith, "Rehabilitating a Renegade? The Geography and Politics of Karl August Wittfogel." 探討早期中國環境史的東亞各國語言著作眾多，包括史念海，《河山集》九集；原宗子，《古代中国の開発と環境：「管子」地員篇研究》、《「農本」主義と「黄土」の発生》；王子今，《秦漢時期生態環境研究》；村松弘一，《中国古代環境史の研究》。有兩部精彩的考察也涵蓋了這段時期，亦即尤金・安德森（Eugene Anderson）的《中國早期與中世紀的飲食和環境》（*Food and Environment in Early and Medieval China*），以及馬立博（Robert Marks）《中國環境史》（*China: An Environmental History*）。我本人的早期著作參看 "Environmental Change and the Rise of the Qin Empire: A Political Ecology of Ancient North China." 馬瑞詩（Ruth Mostern）的著作《黃河》分析的議題，正是我原先想要研究的那一類，即使該書的志向更大得多。探討古代地中海環境的優秀論著，包含：Peregrine Horden and Nicholas Purcell, *The Corrupting Sea: A Study of Mediterranean History;* Alfred T. Grove and Oliver Rackham, *The Nature of Mediterranean Europe: An Ecological History.* 以及Kyle Harper, *The Fate of Rome: Climate, Disease, and the End of an Empire.*

8 要了解過去五十年來出土了多少新資訊，試將本書與何炳棣《東方的搖籃》（*The Cradle of the East*）對照。關於中國的歷史時期考古學，以下這篇論文仍然切題：Falkenhausen, "On the Historiographical Orientation of Chinese Archaeology."

9 中國人的自然觀，參看Mark Elvin, *The Retreat of the Elephants: An Environmental History of China;* Hans Ulrich Vogel and Gunter Dux, *Concepts of Nature: A Chinese-European Cross-Cultural Perspective.*

10 將全球環境問題歸咎於中國的論著，參看Elizabeth Lord, "The New Peril: Re-Orientalizing China through Its Environmental 'Crisis'." 關於歐洲帝國主義，參看John F. Richards, *The Unending Frontier: An Environmental*

History of the Early Modern World; James Belich, *Replenishing the Earth: The Settler Revolution and the Rise of the Anglo World, 1783-1949;* Corey Ross, *Ecology and Power in the Age of Empire: Europe and the Transformation of the Tropical World.*

第一章・政治權力的本質

1 所有活人的乾生質總量（total dry biomass），據估計為六千萬公噸碳（0.06 Gt C），家畜的總量則是一億公噸碳。所有野生哺乳動物的生質總量，已減為區區七百萬公噸碳。Yinon M. Bar-On, Rob Phillips, and Rob Milo, "The Biomass Distribution on Earth"; Smil Vaclav, *Harvesting the Biosphere,* 226-29; Gerardo Ceballos, Paul R. Ehrlich, and Rodolfo Dirzo, "Biological Annihilation via the Ongoing Sixth Mass Extinction Signaled by Vertebrate Population Losses and Declines."

2 引文出自Walter Benjamin, "Theses on the Philosophy of History", 256.「人類世」這個詞強而有力，因為它簡潔有力地概括了這樣的觀念：人類將地球轉化是一個科學事實，也是影響及於所有人的全球現象。但它似乎也將環境破壞的罪責平等地歸咎於我們這個物種，而某些人的責任其實遠大於他人。Donna Haraway, "Anthropocene , Capitalocene, Plantationocene, Chthulucene: Making Kin"; Jason W. Moore, *Capitalism in the Web of Life: Ecology and the Accumulation of Capital*, 169-73. 我會按照「自然」一詞最普遍的用法使用它，只要環境並非由人類創造或依賴人類，就會視之為自然。「自然」（naturalness）的光譜範圍從毫無人類影響的生態系，到完全人為的生態系。主張萬物自然程度相等（或是完全拒絕使用自然一詞）的人們，都被人類世範式所困，他們應當記住，人類直到十分晚近的地質時期，才成為地球生態系的支配勢力。更實際地說，「自然」這個概念同樣適合用來討論人類影響生態系的程度。Raymond Williams, "Ideas of Nature"; Donald Worster, *The Wealth of Nature: Environmental History and the Ecological Imagination,* 171-83. 譯者案：引文中譯參看班雅明著，張旭東譯，〈歷史哲學論綱〉，收入中文馬克思主義文庫：http://www.marxists.org/chinese/walter-benjamin/mia-chinese-walter-benjamin-1940.htm

3 關於人類能量學，參看Vaclav Smil, *Energy in Nature and Society: General Energetics of Complex Systems*, 119-202. 正如第五章所述，秦帝國到漢帝國初期，無爵位的平民每戶授田一頃（四萬五千七百平方公尺；十一點三畝）。此時每一戶平均五人，因此每人大約分得九千平方公尺。漢代人口分布，參看Hans Bielenstein, "Chinese Historical Demography A.D. 2-1982",12, 193.

4 人口增長可由考古遺址的密度推論得知：Dominic Hosner, Mayke Wagner, Pavel E. Tarasov, Xiaocheng Chen, and Christian Leipe, "Spatiotemporal Distribution Patterns of Archaeological Sites in China during the Neolithic and Bronze Age: An Overview"; Nathan D. Wolfe, Claire Panosian Dunavan, and Jared Diamond, "Origins of Major Human Infectious Diseases."

5 政治的（political）：「屬於一國形式、組織、政府的，或與此相關的。」《牛津英語辭典（線上版）》（*OED Online*，牛津大學出版社），二〇一五年二月五日瀏覽。「生態」的定義取自Michael Begon, Townsend, Colin Townsend, and John Harper, *Ecology: From Individuals to Ecosystems*, xi. 既有的政治生態學（political ecology）領域並不像本書那樣關注國家，卻同樣與環境問題和權力關係的交會相關。Paul Robbins, *Political Ecology: A Critical Introduction.*

6 由我本人英譯。蔣禮鴻，〈算地第六〉，《商君書錐指》，頁四二。Yuri Pines, *The Book of Lord Shang: Apologetics of State Power in Early China*, 158.

7 Guillermo Algaze, *Ancient Mesopotamia at the Dawn of Civilization: The Evolution of an Urban Landscape*, 129. 牧羊作為一種政治隱喻，參看Rob Wiseman, "Interpreting Ancient Social Organization: Conceptual Metaphors and Image Schemas." 以及Michel Foucault, *Security, Territory, Population: Lectures at the College de France 1977-78.*

8 Charles Tilly, "War Making and State Making as Organized Crime"; James C. Scott, *Against the Grain: A Deep History of the Earliest States*; Bruce G. Trigger, *Sociocultural Evolution: Calculation and Contingency*, 208-22; Walter Scheidel, "Studying the State"; Terence D'Altroy, "Empires Reconsidered: Current Archaeological Approaches"; Michael Mann, *The Sources of Social Power*, 146-54. 我對國家的定義乃是基於Bruce G. Trigger, *Understanding*

Early Civilizations: A Comparative Study, 195.

9 Paul Halstead and John O'Shea, *Bad Year Economics: Cultural Responses to Risk and Uncertainty;* Bruce G Trigger, *Sociocultural Evolution: Calculation and Contingency*, 208-22; Michael Mann, *The Sources of Social Power*, 146-54.

10 魏復古《東方專制論》是高估前近代國家權力的經典範例，該書將他本人在母國德國遭受的納粹極權折磨，投射於想像中「東方」的前近代國家。關於前近代國家的相對弱小，參看Walter Scheidel, "Studying the State." 關於徵稅，參看Madeleine Zelin, *The Magistrate's Tael: Rationalizing Fiscal Reform in Eighteenth-Century Ch'ing China.* 關於違法的農業拓殖，參看John Robert Shepherd, *Statecraft and Political Economy on the Taiwan Frontier, 1600-1800;* James Reardon-Anderson, *Reluctant Pioneers: China's Expansion Northward, 1644-1937.* 以及Peter. Perdue, *Exhausting the Earth: State and Peasant in Hunan, 1500-1850.*

11 關於印度的大象，參看Thomas R. Trautmann, *Elephants and Kings: An Environmental History.*

12 Norman Yoffee, *Myths of the Archaic State: Evolution of the Earliest Cities, States and Civilizations.*

13 Anne P. Underhill, *Craft Production and Social Change in Northern China;* Roel. Sterckx, *Food, Sacrifice, and Sagehood in Early China.*

14 如同第三章討論的法文／英文字「levée / levy」和中文字「賦」，美索不達米亞語的*ilku*首先指的也是勞務，而後用來指稱稅收，由此證明了勞役義務轉化為繳納稅款是多麼容易。Mario Liverani, *Uruk: The First City;* Michael Jursa, and Juan Carlos Moreno Garcia, "The Ancient Near East and Egypt."

15 Karl Marx, *Capital: A Critique of Political Economy*, vol. 1, chap. 26; Ellen M. Wood, "The Separation of the 'Economic' and the 'Political' in Capitalism."

16 Bruce G. Trigger, *Understanding Early Civilizations: A Comparative Study*, 375-94; Terence D'Altroy, "The Inka Empire"; Michael Smith, "The Aztec Empire"; Terence D'Altroy and Timothy Earle, "Staple Finance, Wealth Finance and Storage in the Inka Political Economy"; Gabriel Ardant, "Financial Policy and Economic Infrastructure of Modern States and Nations"; Maxim Korolkov, "Empire-Building and Market-Making at the Qin Frontier: Imperial Expansion and Economic Change, 221-207 BCE."

17 Andrew Monson and Walter Scheidel, "Studying Fiscal Regimes"; Shmuel N. Eisenstadt, *The Political Systems of Empires.*

18 Timothy Earle, *Bronze Age Economics: The Beginnings of Political Economies.* 軍閥人生的有用說明，參看Alex de Waal, *The Real Politics of the Horn of Africa: Money, War and the Business of Power.*

19 Douglas E. Streusand, *Islamic Gunpowder Empires: Ottomans, Safavids and Mughals*; John W. Hall, "The Muromachi Bakufu"; John F. Richards, *The Mughal Empire,* 77-93; Charles Tilly, *Coercion, Capital, and European States, AD 990-1990*, 104-8. 這樣一個分權體系更晚近的範例，乃是二十世紀前半的英國及其定居殖民地。

20 羅馬帝國直到西元三世紀的危機過後，才因應著歲入短缺而發展出官僚機構。參看Samuel E. Finer, *The History of Government from the Earliest Times.* Volume 1, 532-604. 聖經的引文參看《馬太福音》第九章第十節、第十一章第十九節、第二十一章第三十一節；《馬可福音》第二章第十五節；《路加福音》第五章第三十節、第七章第三十四節、第十五章第一節。

21 Max Weber, *Economy and Society: An Outline of Interpretive Sociology*, 2 vols, 956-75; Eugene Kamenka, *Bureaucracy*, 1989; Tilly, *Coercion, Capital, and European States, AD 990-1990*, 107-17.

22 Christopher T. Morehart and Kristin De Lucia, editors. *Surplus: The Politics of Production and the Strategies of Everyday Life;* Yuri Pines, *The Book of Lord Shang: Apologetics of State Power in Early China.* 引自Bruce G. Trigger, *Understanding Early Civilizations: A Comparative Study*, 388. 轉引韋伯《古代文明的農業社會學》（*The Agrarian Sociology of Ancient Civilizations*）。

23 男性支配的事實，參看Trigger, *Understanding Early Civilizations: A Comparative Study*, 71; Kate Millett, *Sexual Politics*, 25. 當然，人類不能簡單區分為兩性，兩性之間有著生物的連續體（biological continuum），但授精和懷孕的能力卻始終是互斥的，這一對偶性得到人類社會普遍認可。父權制並不是所有人類社會的特徵，證據參看Martin King Whyte, *The Status of Women in Preindustrial Societies;* Eleanor Leacock, "Women's Status in Egalitarian Society: Implications for Social Evolution"; Alice Schlegel, editor. *Sexual Stratification: A Cross-Cultural View*, 1977. 理解父權制需要全球取徑，而不是和Lerner, *The Creation of Patriarchy*，以及Plumwood, *Feminism*

*and the Mastery of Nature*一樣聚焦於歐洲傳統。

24 Laura Betzig, *Despotism and Differential Reproduction: A Darwinian View of History;* Walter Scheidel, "Sex and Empire: A Darwinian Perspective"; Sebastian Lippold, "Human Paternal and Maternal Demographic Histories: Insights from High-Resolution Y Chromosome and MtDNA Sequences"; Simon Blackburn, *Lust,* chap. 13; David Reich, *Who We Are and How We Got Here: Ancient DNA and the New Science of the Human Past,* 137-40, 231-46; T. H. Clutton-Brock, *Mammal Societies;* Endymion Wilkinson, *Chinese History: A New Manual.* sec. 38.15.3. 引文出自Jacqueline Fabre-Serris and Alison Keith, *Women and War in Antiquity,* 3.

25 例如，劉向《列女傳》（英文本Liu and Kinney, *Exemplary Women of Early China*）一書中，幾乎每個故事的開頭都把故事中的女性和某個男性扯上關係。

26 Nam C. Kim and Marc Kissel, *Emergent Warfare in Our Evolutionary Past;* Pierre Clastres, *Society against the State: The Leader as Servant and the Humane Uses of Power among the Indians of the Americas;* Bruce G. Trigger, "Maintaining Economic Equality in Opposition to Complexity: An Iroquoian Case Study"; Mark E. Lewis, *Sanctioned Violence in Early China;* William Harris, *War and Imperialism in Republican Rome, 327-70 B.C.;* Mark Elvin, *The Retreat of the Elephants: An Environmental History of China,* chap. 5.

27 Jonathan Haas, *Evolution of the Prehistoric State;* Robert L. Carneiro, "The Role of Warfare in Political Evolution: Past Results and Future Projections"; Samuel E. Finer, "State- and Nation-Building in Europe: The Role of the Military"; Richard Bensel, *Yankee Leviathan: The Origins of Central State Authority in America, 1859-1877;* Roy Bin Wong and Jean-Laurent Rosenthal, *Before and Beyond Divergence: The Politics of Economic Change in China and Europe;* Charles Tilly, *Coercion, Capital, and European States, AD 990-1990,* 139; Peter Perdue, *China Marches West China Marches West: The Qing Conquest of Central Eurasia.*

28 Kathleen R. Smythe, "Forms of Political Authority: Heterarchy."

29 對羅馬的這段描述，根據Andrew Monson and Walter Scheidel, *Fiscal Regimes and the Political Economy of Premodern States,* 208-81.

30 引文出自Charles Tilly and Gabriel Ardant, *The Formation of National States in Western Europe*, 42. 另參看Andrew Monson, "Hellenistic Empires"; Victoria Tin-bor Hui, *War and State Formation in Ancient China and Early Modern Europe;* Chun-shu Chang, *The Rise of the Chinese Empire.* 2 vols.

31 引文出自James C. Scott, *Seeing Like a State,* 2; Benjamin Schwartz, "The Primacy of the Political Order in East Asian Societies." 此後的中國歷史上國家與納稅人的關係，參看Denis Twitchett, *Financial Administration under the T'ang Dynasty;* Ray Huang, *Taxation and Governmental Finance in Sixteenth-Century Ming China;* Kung-chuan Hsiao, *Rural China: Imperial Control in the Nineteenth Century.* 來生的官僚化，參看Harper, "Resurrection in Warring States Popular Religion."

第二章・孕育生機——人們如何建立自己的生態系

1 Yinon M. Bar-On, Rob Phillips, and Ron Milo, "The Biomass Distribution on Earth." 以十億噸碳生質計算，牛總重六千一百萬公噸碳，豬兩千一百萬公噸碳，兩者合計占了全世界哺乳動物生質總量一億六千七百萬公噸碳的百分之四十八。

2 以下段落摘要Brian Lander, "Birds and Beasts Were Many: The Ecology and Climate of the Guanzhong Basin in the Pre-Imperial Period." 該文原先預計成為本書其中一章，另參看Brian Lander, "Wild Mammals of Ancient North China." 以及史念海，〈古代的關中〉。

3 Tristram R. Kidder and Yijie Zhuang, "Anthropocene Archaeology of the Yellow River, China, 5000-2000 BP"; Joseph Needham, Ling Wang, and Gwei-djen Lu, *Science and Civilisation in China,* vol. 4.3; Ruth Mostern, *The Yellow River: A Natural and Unnatural History.* 關中盆地在中國通常被當作黃土高原的一部分，但我認為它不同於黃土高原，因為關中盆地海拔較低。

4 Yong-Xiang Li, Yun-Xiang Zhang, and Xiang-Xu Xue, "The Composition of Three Mammal Faunas and Environmental Evolution in the Last Glacial Maximum, Guanzhong Area, Shaanxi Province, China." 祁國琴，〈中

國北方第四紀哺乳動物群兼論原始人類生活環境〉，頁三三三至三三四。Haowen Tong, "Occurrences of Warm-Adapted Mammals in North China over the Quaternary Period and Their Paleoenvironmental Significance"; Qiaomei Fu et al., "DNA Analysis of an Early Modern Human from Tianyuan Cave, China."

5 黃春長在二〇一三年告訴我，他和同事們估計全新世中期的氣溫更暖一點五度，降雨量多兩百毫米，但這些數字很難證明，因為它們根據幾條不同的證據線索。除了黃春長的著作，也可參看Hou-Yuan Lu et al., "Phytoliths as Quantitative Indicators for the Reconstruction of Past Environmental Conditions in China II: Palaeoenvironmental Reconstruction in the Loess Plateau." 以及Z.-D.Feng et al., "Stratigraphic Evidence of a Megahumid Climate between 10,000 and 4000 Years B.P. in the Western Part of the Chinese Loess Plateau." 關於古代氣候和動物相，參看Joris Peters et al., "Holocene Cultural History of Red Jungle Fowl (*Gallus gallus*) and Its Domestic Descendant in East Asia"; Brian Lander, "Wild Mammals of Ancient North China"; Samuel T. Turvey and Susanne A. Fritz, "The Ghosts of Mammals Past: Biological and Geographical Patterns of Global Mammalian Extinction across the Holocene."

6 Katherine J. Willis and Jennifer McElwain, *The Evolution of Plants,* 225-64; Brian Lander, "Birds and Beasts Were Many: The Ecology and Climate of the Guanzhong Basin in the Pre-Imperial Period"; Hui Shen et al., "Forest Cover and Composition on the Loess Plateau during the Middle to Late-Holocene: Integrating Wood Charcoal Analyses."

7 關中平原最常見的樹種是楊樹（青楊、黑楊、小葉楊、毛白楊〔*Populus cathayana, P. nigra, P. simonii,* and *P. tomentosa*〕）；泡桐（毛泡桐，學名*Paulownia tomentosa*）；梓木（楸樹，學名*Catalpa bungee*）；槐（學名*Styphnolobium japonicum*）；白榆樹（學名*Ulmus pumila*）；樗（臭椿，學名*Ailanthus altissima*）；柳樹（白毛柳，學名*Salix* sp.）；柏樹（側柏，學名*Platycladus orientalis*）；刺柏（檜柏，學名*Juniperus chinensis*）；以及赤松（油松，學名*Pinus tabuliformis*）。參看陝西省地方志編纂委員會編，《陝西省植被志》，頁五三八。

8 對這些課題更詳細的討論，參看Brian Lander, "Birds and Beasts Were Many: The Ecology and Climate of the

Guanzhong Basin in the Pre-Imperial Period"; Brian Lander, "Wild Mammals of Ancient North China." 以及 Samuel T. Turvey et al., "Long-Term Archives Reveal Shifting Extinction Selectivity in China's Postglacial Mammal Fauna." 關於鯢，參看Xiao-ming Wang et al., "The Decline of the Chinese Giant Salamander *Andrias davidianus* and Implications for Its Conservation." 田螺的學名為*Cipangopaludina chinensis*，石蚌的學名為*Unio* (or *Nodularia*) *douglasiae*。Fengjiang Li et al., "Mid-Neolithic Exploitation of Mollusks in the Guanzhong Basin of Northwestern China: Preliminary Results." 黃河水系的魚類，參看黃河水系漁業資源調查協作組，《黃河水系漁業資源》。Jonathan Watts, "30% of Yellow River Fish Species Extinct."

9 Bruce D. Smith, "Low-Level Food Production"; Gary W. Crawford, "Early Rice Exploitation in the Lower Yangzi Valley: What Are We Missing?"; Marshall Sahlins, *Stone Age Economics;* Laurent Sagart et al., "Dated Language Phylogenies Shed Light on the Ancestry of Sino-Tibetan"; Peter Bellwood, "Asian Farming Diasporas? Agriculture, Languages, and Genes in China and Southeast Asia."

10 Wu Liu et al., "The Earliest Unequivocally Modern Humans in Southern China"; Li Liu and Xingcan Chen, *The Archaeology of China: From the Late Paleolithic to the Early Bronze Age,* 42-74. 中國社會科學院考古研究所、陝西省考古研究所，〈陝西宜川縣龍王辿舊石器時代遺址〉。Li Liu et al., "Plant Exploitation of the Last Foragers at Shizitan in the Middle Yellow River Valley China: Evidence from Grinding Stones."

11 本段內容根據Bruce D. Smith, "A Cultural Niche Construction Theory of Initial Domestication." 也得到蓋瑞・克勞福的建議。

12 Melinda A. Zeder, "The Domestication of Animals."

13 感謝莎夏（Sasha）和歐提斯（Ortis），讓我對狗的行為得到諸多洞見。Laurent A. F. Frantz et al., "Genomic and Archaeological Evidence Suggest a Dual Origin of Domestic Dogs"; Olaf Thalmann et al., "Complete Mitochondrial Genomes of Ancient Canids Suggest a European Origin of Domestic Dogs"; Melinda A. Zeder, "Pathways to Animal Domestication"; Li Liu and Xingcan Chen, *The Archaeology of China: From the Late Paleolithic to the Early Bronze Age,* 96-98; Greger Larson et al., "Rethinking Dog Domestication by Integrating Genetics,

Archeology, and Biogeography."

14 Sheahan Bestel et al., "The Evolution of Millet Domestication, Middle Yellow River Region, North China: Evidence from Charred Seeds at the Late Upper Paleolithic Shizitan Locality 9 Site"; Xiaoyan Yang et al., "Early Millet Use in Northern China"; Robert N. Spengler, "Anthropogenic Seed Dispersal: Rethinking the Origins of Plant Domestication"; Bruce D. Smith, *The Emergence of Agriculture,* 20.

15 Shouliang Chen et al., *Flora of China,* vol. 22: *Poaceae,* 22:508, 535-36; Silas T.A.R. Kajuna, *Millet: Post-Harvest Operations,* 40; Houyuan Lu et al., "Earliest Domestication of Common Millet (*Panicum miliaceum*) in East Asia Extended to 10,000 Years Ago"; Li Liu and Xingcan Chen, *The Archaeology of China: From the Late Paleolithic to the Early Bronze Age,* 83-84; Zhijun Zhao, "New Archaeobotanic Data for the Study of the Origins of Agriculture in China"; Xinyi Liu, Harriet V. Hunt, and Martin K. Jones, "River Valleys and Foothills: Changing Archaeological Perceptions of North China's Earliest Farms"; Eugene Anderson, *Food and Environment in Early and Medieval China,* 37.

16 Paul Halstead and John O'Shea, *Bad Year Economics: Cultural Responses to Risk and Uncertainty;* Jared M. Diamond, *Guns, Germs, and Steel: The Fates of Human Societies.,* chap. 7; Patrick E. McGovern, *Uncorking the Past: The Quest for Wine, Beer, and Other Alcoholic Beverages;* Li Liu et al., "The Origins of Specialized Pottery and Diverse Alcohol Fermentation Techniques in Early Neolithic China"; Brian Hayden, "Were Luxury Foods the First Domesticates? Ethnoarchaeological Perspectives from Southeast Asia"; Jianping Zhang et al., "Phytolith Evidence for Rice Cultivation and Spread in Mid-Late Neolithic Archaeological Sites in Central North China"; Yunbing Zong et al., "Selection for Oil Content during Soybean Domestication Revealed by X-Ray Tomography of Ancient Beans"; James C. Scott, *Against the Grain: A Deep History of the Earliest States.* 貝喜安等人在〈野生植物使用與複作〉（Wild Plant Use and Multi-Cropping）一文中揭示，人們也採集蕓薹屬、大麻和野棗。

17 關中地區早於老官臺文化最新出土的遺址，大概發表於劉士莪、張洲，〈陝西韓城禹門口舊石器時代洞穴遺址〉。木炭使用的證據，參看Chun Chang Huang et al., "High-Resolution Studies of the Oldest Cultivated

Soils in the Southern Loess Plateau of China", 38-39; Zhihai Tan et al., "Holocene Wildfires Related to Climate and Land-Use Change over the Weihe River Basin, China"; Chun Chang Huang et al., "Charcoal Records of Fire History in the Holocene Loess—Soil Sequences over the Southern Loess Plateau of China", 34; Chun Chang Huang et al., "Holocene Colluviation and Its Implications for Tracing Human-Induced Soil Erosion and Redeposition on the Piedmont Loess Lands of the Qinling Mountains, Northern China", 844; Xiaoqiang Li et al., "Holocene Agriculture in the Guanzhong Basin in NW China Indicated by Pollen and Charcoal Evidence." 更廣義的用火，參看Stephen J. Pyne, *Fire: A Brief History*, 48-84，以及Neil Roberts, "Prehistoric Landscape Management Retard the Post-Glacial Spread of Woodland in Southwest Asia?" 新石器時代人類造成的侵蝕，參看Arlene Rosen, "The Impact of Environmental Change and Human Land Use on Alluvial Valleys in the Loess Plateau of China during the Middle Holocene." 以及Arlene M. Rosen et al., "The Anthropocene and the Landscape of Confucius: A Historical Ecology of Landscape Changes in Northern and Eastern China during the Middle to Late-Holocene."

18 關於大地灣，參看Loukas Barton et al., "Agricultural Origins and the Isotopic Identity of Domestication in Northern China." 以及甘肅省文物考古研究所編著，《秦安大地灣：新石器時代遺址發掘報告》上冊，頁二一至七六。關中考古遺址出土的工具，參看北京大學考古學教研室，〈華縣、渭南古代遺址調查與試掘〉；西安半坡博物館，〈渭南北劉新石器時代早期遺址調查與試掘簡報〉；中國社會科學院考古研究所編著，《臨潼白家村》。關於飲食，參看Pia Atahan et al., "Early Neolithic Diets at Baijia, Wei River Valley, China: Stable Carbon and Nitrogen Isotope Analysis of Human and Faunal Remains", 2815; Ekaterina A. Pechenkina et al., "Reconstructing Northern Chinese Neolithic Subsistence Practices by Isotopic Analysis"; Rui. Wang, "Fishing, Farming, and Animal Husbandry in the Early and Middle Neolithic of the Middle Yellow River Valley, China", 157-63.

19 關桃園考古報告將第二期定於西元前五三五〇年，文化近似的第三期則定於西元前五三五〇至四九五〇年間。此時該處的動物相種類多過同時期關中平原上的其他遺址，例如白家村。陝西省考古研究院、寶雞市考古工作隊編著，《寶雞關桃園》，頁二八二至三二五、三五八至三六三。

20 甘肅省文物考古研究所編著，《秦安大地灣：新石器時代遺址發掘報告》下冊，頁八九五。Loukas Barton et al., "Agricultural Origins and the Isotopic Identity of Domestication in Northern China"; Melinda A. Zeder, "The Domestication of Animals."

21 劉莉、楊東亞、陳星燦，〈中國家養水牛起源初探〉。Dongya Yang et al., "Wild or Domesticated: DNA Analysis of Ancient Water Buffalo Remains from North China"; Jean A. Lefeuvre, "Rhinoceros and Wild Buffaloes North of the Yellow River at the End of the Shang Dynasty"; Brian Lander and Katherine Brunson, "The Sumatran Rhinoceros Was Extirpated from Mainland East Asia by Hunting and Habitat Loss." 野羊和野山羊的遺骸，參看北京大學考古學教研室，〈華縣、渭南古代遺址調查與試掘〉，頁三〇四。關於其他動物，參看中國社會科學院考古研究所編著，《臨潼白家村》，頁一一三至一一七；陝西省考古研究所編著，《臨潼零口村》，頁五二五至五三三。

22 以下這份報告即使結果尚屬初步，卻令人信服地主張新石器時代是中國第一個人口持續增長的時期：Can Wang et al., "Prehistoric Demographic Fluctuations in China Inferred from Radiocarbon Data and Their Linkage with Climate Change over the Past 50,000 Years." 關於人類的影響，參看Li Liu, *The Chinese Neolithic: Trajectories to Early States,* 210-19. 以及Mayke Wagner et al., "Mapping of the Spatial and Temporal Distribution of Archaeological Sites of Northern China during the Neolithic and Bronze Age."

23 Zhiyan Li, Virginia Bower, and Li He, *Chinese Ceramics: From the Paleolithic Period through the Qing Dynasty,* 47-58.

24 Li Liu, *The Chinese Neolithic: Trajectories to Early States,* 133-34.

25 考古遺址地圖，參看Yitzchak Jaffe et al., "Mismatches of Scale in the Application of Paleoclimatic Research to Chinese Archaeology." 關於休耕時間，參看Ester Boserup, *The Conditions of Agricultural Growth: The Economics of Agrarian Change under Population Pressure.*

26 布局相似的其他村莊在北首嶺和大地灣發掘出土，史家遺址則有類似的物質遺存。Kwang-chih Chang, *The*

Archaeology of Ancient China, 112-28. 周昕，《中國農具發展史》，頁六四至七一；西安半坡博物館，〈陝西渭南史家新石器時代遺址〉；中國社會科學院考古研究所、陝西省西安半坡博物館編，《西安半坡：原始氏族公社聚落遺址》，頁七五至八〇、一六六至一六八，圖版七十五。

27 Christian E. Peterson and Gideon Shelach, "Jiangzhai: Social and Economic Organization of a Middle Neolithic Chinese Village"; Li Liu, *The Chinese Neolithic: Trajectories to Early States,* 82.

28 陝西省考古研究所編著，《臨潼零口村》，頁四四五至四五〇；西安半坡博物館、陝西省考古研究所、臨潼縣博物館編，《姜寨：新石器時代遺址發掘報告》上冊，頁五三九至五四二。

29 Ekaterina A. Pechenkina et al., "Reconstructing Northern Chinese Neolithic Subsistence Practices by Isotopic Analysis"; Ekaterina Pechenkina, Robert A. Benfer, and Zhijun Wang, "Diet and Health Changes at the End of the Chinese Neolithic: The Yangshao/Longshan Transition in Shaanxi Province." 西安半坡博物館編，《西安半坡》，頁三〇。野生胡桃是胡桃楸（學名*Juglans mandshurica*），人工栽培的普通胡桃（學名*J. regla*）則在漢代或其後由西亞傳入。參看河北省文物管理局、邯鄲市文物保管所，〈河北武安磁山遺址〉，頁三三六。以及Ruth Beer et al., "Vegetation History of the Walnut Forests in Kyrgyzstan (Central Asia): Natural or Anthropogenic Origin?"; Li Liu, Yongqiang Li, and Jianxing Hou, "Making Beer with Malted Cereals and Qu Starter in the Neolithic Yangshao Culture, China."

30 Hua Wang et al., "Pig Domestication and Husbandry Practices in the Middle Neolithic of the Wei River Valley, Northwest China: Evidence from Linear Enamel Hypoplasia"; Hua Wang et al., "Morphometric Analysis of Sus Remains from Neolithic Sites in the Wei River Valley, China, with Implications for Domestication"; Ekaterina A. Pechenkina et al., "Reconstructing Northern Chinese Neolithic Subsistence Practices by Isotopic Analysis", 1186; Greger Larson et al., "Patterns of East Asian Pig Domestication, Migration, and Turnover Revealed by Modern and Ancient DNA"; Brian Lander, Mindi Schneider, and Katherine Brunson, "A History of Pigs in China: From Curious Omnivores to Industrial Pork." 武莊等，〈中國新石器時代至先秦時期遺址出土家犬的動物考古學研究〉。Raymond Coppinger and Lorna Coppinger, *What Is a Dog?*

31 中國社會科學院考古研究所、陝西省西安半坡博物館編，《西安半坡：原始氏族公社聚落遺址》，頁二五五至二六九；西安半坡博物館、陝西省考古研究所、臨潼縣博物館編，《姜寨：新石器時代遺址發掘報告》上冊，頁五〇四至五三八；中國社會科學院考古研究所編，《寶雞北首嶺》，頁一四六。Rowan Flad, Yuan Jing, and Li Shuicheng, "Zooarchaeological Evidence for Animal Domestication in Northwest China", 182-84. 甘肅省文物考古研究所編著，《秦安大地灣：新石器時代遺址發掘報告》下冊，頁八六一至九一〇。北首嶺從老官臺文化晚期直到仰韶文化時期都有人居住，但動物考古學報告並未區分不同層位。淡水螺是中國蘋果螺「中華圓田螺」（學名*Cipangopaludina cathayensis*）。

32 Li Liu, *The Chinese Neolithic: Trajectories to Early States*, 85-89; Xiaolin Ma, *Emergent Social Complexity in the Yangshao Culture: Analyses of Settlement Patterns and Faunal Remains from Lingbao, Western Henan, China (c. 4900-3000 BC)*, 45-50; Anne P. Underhill and Junko Habu, "Early Communities in East Asia: Economic and Sociopolitical Organization at the Local and Regional Levels", 131-32. 西北大學文博學院考古專業編著，《扶風案板遺址發掘報告》；甘肅省文物考古研究所編著，《秦安大地灣：新石器時代遺址發掘報告》上冊，頁一三一至一三二。

33 北京大學考古學系、中國社會科學院考古研究所，《華縣泉護村》，頁三一至四七；西安半坡博物館、陝西省考古研究所、臨潼縣博物館編，《姜寨：新石器時代遺址發掘報告》上冊，頁二八五至二九八、三五〇；陝西省考古研究院編著，《西安米家崖：新石器時代遺址2004-2006年考古發掘報告》，頁一五九、一七〇；陝西省考古研究院、西北大學文化遺產與考古學研究中心編著，《高陵東營：新石器時代遺址發掘報告》，頁五八。

34 Pengfei Sheng et al., "North-South Patterning of Millet Agriculture on the Loess Plateau: Late Neolithic Adaptations to Water Stress, NW China", 1558; Xiaoqiang Li et al., "Early Cultivated Wheat and Broadening of Agriculture in Neolithic China"; Xin Jia et al., "The Development of Agriculture and Its Impact on Cultural Expansion during the Late Neolithic in the Western Loess Plateau, China"; Xinying Zhou et al., "Early Agricultural Development and Environmental Effects in the Neolithic Longdong Basin (Eastern Gansu)"; Keyang He et al.,

"Prehistoric Evolution of the Dualistic Structure Mixed Rice and Millet Farming in China"; Jixiang Song, Lizhi Wang, and Dorian Fuller, "A Regional Case in the Development of Agriculture and Crop Processing in Northern China from the Neolithic to Bronze Age: Archaeobotanical Evidence from the Sushui River Survey, Shanxi Province"; Gyoung-Ah Lee et al., "Archaeological Soybean (*Glycine max*) in East Asia: Does Size Matter?"; Jianping Zhang et al., "Phytolith Evidence for Rice Cultivation and Spread in Mid-Late Neolithic Archaeological Sites in Central North China"; Yunbing Zong et al., "Selection for Oil Content during Soybean Domestication Revealed by X-Ray Tomography of Ancient Beans"; Mitchell Ma, "The Prehistoric Flora of Yangguangzhai." 最後一份未出版的研究，列出以下各個物種的籽粒數量：看麥娘屬，一五六三；小米，一一八四；豆科，八〇六；禾本科，四七〇；黍，一七九；馬齒莧，一一七；藜，十九；豬毛菜，十三；紫蘇，十；蓼，三；芡（學名*Euryale ferox*），一。

35 Ekaterina Pechenkina, Robert A. Benfer, and Xiaolin Ma, "Diet and Health in the Neolithic of the Wei and Yellow River Basins, Northern China"; Food and Agriculture Organization of the United Nations, *Sorghum and Millets in Human Nutrition*.

36 《詩經》的詩句中提及桃、李、常棣和梅，通常分別是指桃（學名*Prunus persica*）、李（學名*P. salicina*）、櫻桃（學名*P. pseudocerasus*）和梅（Japanese apricot，學名*P. mume*），即使我們無從確認這些指稱。鬱、唐棣大概也是指梅屬的不同變種；甘棠、杜和樸通常指梨屬（*Pyrus* sp.）的不同變種，或者有可能是海棠果（蘋果屬），未必由人工栽培。棗通常也稱為棘；木瓜大概是指中華榅桲（學名*Pseudocydonia sinensis*）。Emil Bretschneider, "Botanicon Sinicum: Notes on Chinese Botany from Native and Western Sources: Part 2"; Robert N. Spengler, *Fruit from the Sands: The Silk Road Origins of the Foods We Eat;* Jing Zhang et al., "Genetic Diversity and Domestication Footprints of Chinese Cherry [*Cerasus pseudocerasus* (Lindl.) G. Don] as Revealed by Nuclear Microsatellites"; Yunfei Zheng, Gary W. Crawford, and Xugao Chen, "Archaeological Evidence for Peach (*Prunus persica*) Cultivation and Domestication in China." 張帆，〈頻婆果考——中國蘋果栽培史之一斑〉；陸璣、趙佑，《毛詩草木鳥獸蟲魚疏校正》（未標頁碼，索引後第五十九頁）。

37 西坡發現的動物群遺骸（標本數量和重量皆然）超過八成是家豬，多數在兩歲前就被宰殺。鹿在動物群遺骸中不到一成。還有熊、雉／雞、豪豬、蹬羚、野馬、原牛、獼猴、野兔、蚌、蛤、蛙的遺骸。Xiaolin Ma, *Emergent Social Complexity in the Yangshao Culture: Analyses of Settlement Patterns and Faunal Remains from Lingbao, Western Henan, China (c. 4900-3000 BC)*, 64-81. 陝西省考古研究院、西北大學文化遺產與考古學研究中心編著，《高陵東營：新石器時代遺址發掘報告》，頁一九九；寶雞市考古工作隊、陝西省考古研究所寶雞工作站編，《寶雞福臨堡：新石器遺址發掘報告》，頁二一二至二七四；西北大學文博學院考古專業編著，《扶風案板遺址發掘報告》。John Dodson et al., "Oldest Directly Dated Remains of Sheep in China." 最後一份研究運用同位素資料，主張仰韶時代遺址出土的骨骸屬於馴化羊，但這個論斷根據所在的推測卻很可疑：「野羊很少吃四碳植物。」

38 最能適應農業地景的哺乳動物，包括褐家鼠（學名*Rattus norvegicus*）和東方家鼠（亞洲家鼠，學名*R. tanezumi*）、白腹鼠（北社鼠，學名*Niniventer confucianus*）、條紋田鼠（赤背條鼠，學名*Apodemus agrarius*）、大倉鼠（學名*Tscherskia triton*）、黑龍江刺蝟（學名*Erinaceus amurensis*）、蒙古兔（學名*Lepus tolai*）、以及至少三種蝙蝠：常見的大棕蝠（學名*Eptesicus serotinus*）、灰色的長耳蝠（學名*Plecotus austriacus*）和日本伏翼（東亞家蝠，學名*Pipistrellus abramus*）。此處提及的鳥類則有野鴿（學名*Columba livia*）、歐亞樹麻雀（學名*Passer montanus*）、家燕（學名*Hirundo rustica*）、赤腰燕（學名*Hirundo daurica*），以及東方毛腳燕（學名*Delichon dasypus*）。Andrew T. Smith and Yan Xie, *Guide to the Mammals of China;* Jean-Denis Vigne et al., "Earliest 'Domestic' Cats in China Identified as Leopard Cat (Prionailurus bengalensis)." 關於雜草，參看北京大學考古文博學院、河南省文物考古研究所編著，《登封王城崗考古發現與研究（2002-2005）》，頁九一六至九五八，以及Jingping An, Wiebke Kirleis, and Guiyun Jin, "Changing of Crop Species and Agricultural Practices from the Late Neolithic to the Bronze Age in the Zhengluo Region, China."

39 遺址被廢棄，參看Xiaolin Ma, *Emergent Social Complexity in the Yangshao Culture: Analyses of Settlement Patterns and Faunal Remains from Lingbao, Western Henan, China (c. 4900-3000 BC)*, 19, 25; Jiongxin Xu, "Naturally

and Anthropogenically Accelerated Sedimentation in the Lower Yellow River, China, over the Past 13,000 Years.” 土壤添加物的證據，參看Yijie Zhuang, “Geoarchaeological Investigation of Pre-Yangshao Agriculture, Ecological Diversity and Landscape Change in North China”, 190.

40 中國社會科學院考古研究所陝西六隊，〈陝西藍田泄湖遺址〉，頁四三五至四三七；中國社會科學院考古研究所編著，《武功發掘報告：滸西莊與趙家來遺址》，頁十四、九八；梁星彭、李森，〈陝西武功趙家來院落居址初步復原〉。Zhiyan Li, Virginia Bower, and Li He, *Chinese Ceramics: From the Paleolithic Period through the Qing Dynasty,* 72-102; Rowan Flad, “Divination and Power: A Multiregional View of the Development of Oracle Bone Divination in Early China”, 408; Jianjun Mei, “Early Metallurgy and Socio-cultural Complexity: Archaeological Discoveries in Northwest China.”

41 二里頭文化的遺存只在關中的一處遺址發現，此即關中東部的南沙村遺址。關中東部各地發現的陶器與二里頭文化有些近似之處，二里頭文化畢竟也是龍山文化的地域性旁支。Li Liu, *The Chinese Neolithic: Trajectories to Early States,* 215-16. 北京大學考古學教研室，〈華縣、渭南古代遺址調查與試掘〉，頁三一五至三二〇。li Liu and Xingcan Chen, *State Formation in Early China,* 74. 張天恩，《關中商代文化研究》。Pauline Sebillaud, “La distribution spatiale de l’habitat en Chine dans la plaine Centrale à la transition entre le Néolithique et l’âge du Bronze (env. 2500-1050 av. n. è.)”, vol. 1, 307, vol. 2, 223-31.

42 Li Liu, *The Chinese Neolithic: Trajectories to Early States,* 47, 60-63, 101, 209-10; Li Liu and Xingcan Chen, *The Archaeology of China: From the Late Paleolithic to the Early Bronze Age,* 215, 257; Guanghui Dong et al., “Response of Geochemical Records in Lacustrine Sediments to Climate Change and Human Impact during Middle Holocene in Mengjin, Henan Province, China.” 考古調查揭示了某些可能規模不小的遺址，例如武功的史家遺址，但它們尚未受到發掘。國家文物局主編，《中國文物地圖集：陝西分冊》，頁四七六。

43 發現工具的遺址，包含中國社會科學院考古研究所編著，《武功發掘報告：滸西莊與趙家來遺址》，頁六一至六九、九八；西安半坡博物館，〈陝西岐山雙庵新石器時代遺址〉；陝西省考古研究院、西北大學文化遺產與考古學研究中心編著，《高陵東營：新石器時代遺址發掘報告》，頁一一五至一三三；陝西省考古研究院編著，《西安米家崖：新石器時代遺址2004-2006年考古發掘報告》；中國科學院考古研究所編著，《灃西發掘報告：1955-1957年陝西長安縣灃西鄉考古發掘資料》，頁四九至六九；西安半坡博物館、陝西省考古研究所、臨潼縣博物館編，《姜寨：新石器時代遺址發掘報告》上冊，頁三二一；中國社會科學院考古研究所陝西工作隊，〈陝西華陰橫陣遺址發掘報告〉，頁二〇至三一；陝西省考古研究所，〈陝西臨潼康家遺址發掘簡報〉；陝西省考古研究所，〈陝西省臨潼縣康家遺址1987年發掘簡報〉。河南的大面積遺址，參看Pauline Sebillaud, "La distribution spatiale de l'habitat en Chine dans la plaine Centrale à la transition entre le Néolithique et l'âge du Bronze (env. 2500-1050 av. n. è.)", 309-11.

44 Can Wang et al., "Temporal Changes of Mixed Millet and Rice Agriculture in Neolithic-Bronze Age Central Plain, China: Archaeobotanical Evidence from the Zhuzhai Site", 747.（關於小米愈來愈受到歡迎。）Gyoung-Ah Lee et al., "Plants and People from the Early Neolithic to Shang Periods in North China", 1089; Gyoung-Ah Lee and Sheahan Bestel, "Contextual Analysis of Plant Remains at the Erlitou-Period Huizui Site, Henan, China." 趙志軍、徐良高，〈周原遺址（王家嘴地點）嘗試性浮選的結果及初步分析〉。Xin Jia et al., "The Development of Agriculture and Its Impact on Cultural Expansion during the Late Neolithic in the Western Loess Plateau, China."（該文提及甘肅堡子坪遺址出土的一千兩百顆藜籽，暗示人們以種籽為食。）Xinying Zhou et al., "Early Agricultural Development and Environmental Effects in the Neolithic Longdong Basin (Eastern Gansu)"; Gyoung-Ah Lee et al., "Archaeological Soybean in East Asia: Does Size Matter?"; Rowan Flad et al., "Early Wheat in China: Results from New Studies at Donghuishan in the Hexi Corridor"; Chunxiang Li et al., "Ancient DNA Analysis of Desiccated Wheat Grains Excavated from a Bronze Age Cemetery in Xinjiang"; Xiaoqiang Li et al., "Early Cultivated Wheat and Broadening of Agriculture in Neolithic China." 王訢等，〈陝西白水河流域兩處遺址浮選結果初步分析〉。關於小米勝過小麥之處，參看Ling Zhang, *The River, the Plain, and the State: An Environmental Drama in Northern Song China, 1048-1128*, 224-28. 關於東亞果實傳入中亞，參看Chris Stevens et al., "Between China and South Asia: A Middle Asian Corridor of Crop Dispersal and Agricultural Innovation in the Bronze Age." 以及Robert N. Spengler, *Fruit from the Sands: The Silk Road Origins of the Foods We Eat*. 關於文

冠果（學名*Xanthoceras sorbifolium*）和山杏（學名*Armeniaca vulgaris*），參看Li Liu, *The Chinese Neolithic: Trajectories to Early States,* 55. 關於桃木和杏木炭，參看Hui Shen et al., "Forest Cover and Composition on the Loess Plateau during the Middle to Late-Holocene: Integrating Wood Charcoal Analyses." 關於火與侵蝕，參看Chun Chang Huang et al., "Charcoal Records of Fire History in the Holocene Loess—Soil Sequences over the Southern Loess Plateau of China"; Chun Chang Huang et al., "Holocene Colluviation and Its Implications for Tracing Human-Induced Soil Erosion and Redeposition on the Piedmont Loess Lands of the Qinling Mountains, Northern China." 以及Xiaoqiang Li et al., "Holocene Agriculture in the Guanzhong Basin in NW China Indicated by Pollen and Charcoal Evidence."

45 關於出土的織物印紋，參看中國科學院考古研究所甘肅工作隊，〈甘肅永靖大河莊遺址發掘報告〉，圖版六，墓葬75:1。Dieter Kuhn, *Science and Civilisation in China,* vol. 5.9, 23, 272-79. 楊寬，《西周史》，頁三〇七。年代遠及西元前二〇〇〇年前後的麻籽，參看Xin Jia et al., "The Development of Agriculture and Its Impact on Cultural Expansion during the Late Neolithic in the Western Loess Plateau, China." 雙槐樹遺址的資訊尚未正式發表。

46 陝西省考古研究院、西北大學文化遺產與考古學研究中心編著，《高陵東營：新石器時代遺址發掘報告》，頁一九九。Ekaterina Pechenkina, Robert A. Benfer, and Zhijun Wang, "Diet and Health Changes at the End of the Chinese Neolithic: The Yangshao/Longshan Transition in Shaanxi Province." 關於康家，參看Li Liu, *The Chinese Neolithic: Trajectories to Early States,* 261. 根據Ekaterina Pechenkina, Robert A. Benfer, and Xiaolin Ma, "Diet and Health in the Neolithic of the Wei and Yellow River Basins, Northern China", 260. 貧血「可能因應著長期能量不足，連同食物中礦物質成分不足或長期寄生蟲感染而形成」。

47 Charlotte Roberts, "What Did Agriculture Do for Us? The Bioarchaeology of Health and Diet"; Nathan D. Wolfe, Claire Panosian Dunavan, and Jared Diamond, "Origins of Major Human Infectious Diseases"; Jared M. Diamond, *Guns, Germs, and Steel: The Fates of Human Societies,* 195-214; Hui-Yuan Yeh, Xiaoya Zhan, and Wuyun Qi, "A Comparison of Ancient Parasites as Seen from Archeological Contexts and Early Medical Texts in China"; Inaki

Comas et al., "Out-of-Africa Migration and Neolithic Coexpansion of *Mycobacterium tuberculosis* with Modern Humans."（論及肺結核。）Angela Ki Che Leung, "Diseases of the Premodern Period in China."

48 L. G. Fitzgerald-Huber, "The Qijia Culture: Paths East and West"; Rowan Flad, Yuan Jing, and Li Shuicheng, "Zooarchaeological Evidence for Animal Domestication in Northwest China"; E. E. Kuzmina, *The Prehistory of the Silk Road;* Choongwon Jeong et al., "Bronze Age Population Dynamics and the Rise of Dairy Pastoralism on the Eastern Eurasian Steppe"; Jing Yuan, Jianlin Han, and Roger Blench, "Livestock in Ancient China: An Archaeozoological Perspective", 86; Dawei Cai et al., "The Origins of Chinese Domestic Cattle as Revealed by Ancient DNA Analysis"; Dawei Cai et al., "Early History of Chinese Domestic Sheep Indicated by Ancient DNA Analysis of Bronze Age Individuals"; Peng Lu et al., "Zooarchaeological and Genetic Evidence for the Origins of Domestic Cattle in Ancient China"; Masaki Eda et al., "Reevaluation of Early Holocene Chicken Domestication in Northern China"; Joris Peters et al., "Holocene Cultural History of Red Jungle Fowl (*Gallus gallus*) and Its Domestic Descendant in East Asia."

49 Francesca Bray, *Science and Civilisation in China,* vol. 6.2, 138-66. 游修齡主編，《中國農業通史：原始社會卷》，頁二七九。Minghao Lin et al., "Pathological Evidence Reveals Cattle Traction in North China by the Early Second Millennium BC"; J. N. Postgate, *Early Mesopotamia: Society and Economy at the Dawn of History,* 163-64; Peng Lu et al., "Zooarchaeological and Genetic Evidence for the Origins of Domestic Cattle in Ancient China", 108.

50 Marten Stol, "Milk, Butter and Cheese"; Choongwon Jeong et al., "Bronze Age Population Dynamics and the Rise of Dairy Pastoralism on the Eastern Eurasian Steppe"; Shevan Wilkin et al., "Dairy Pastoralism Sustained Eastern Eurasian Steppe Populations for 5,000 Years"; Andrew Curry, "The Milk Revolution"; Hsing-Tsung Huang, *Science and Civilisation in China,* vol. 6.5, 248-57; Yimin Yang et al., "Proteomics Evidence for Kefir Dairy in Early Bronze Age China."

51 Yongjin Wang et al., "The Holocene Asian Monsoon: Links to Solar Changes and North Atlantic Climate"; Yanjun

Cai et al., “The Variation of Summer Monsoon Precipitation in Central China since the Last Deglaciation”; Chengbang An, Zhao-Dong Feng, and Loukas Barton, “Dry or Humid? Mid-Holocene Humidity Changes in Arid and Semi-Arid China”; Huining Wu et al., “A High Resolution Record of Vegetation and Environmental Variation through the Last 25,000 Years in the Western Part of the Chinese Loess Plateau”; Z.-D. Feng et al., “Holocene Vegetation Variations and the Associated Environmental Changes in the Western Part of the Chinese Loess Plateau”; Chun Chang Huang et al., “Holocene Palaeoflood Events Recorded by Slackwater Deposits along the Lower Jinghe River Valley, Middle Yellow River Basin, China”; Chun Chang Huang et al., “Extraordinary Floods of 4100-4000 a BP Recorded at the Late Neolithic Ruins in the Jinghe River Gorges, Middle Reach of the Yellow River, China”; Chun Chang Huang et al., “Extraordinary Floods Related to the Climatic Event at 4200 a BP on the Qishuihe River, Middle Reaches of the Yellow River, China”; Peter Clift and R. Alan Plumb, *The Asian Monsoon,* 203-10; Neil Roberts, *The Holocene: An Environmental History,* 220-21; Wenxiang Wu and Tung-sheng Liu, “Possible Role of the ‘Holocene Event 3’ on the Collapse of Neolithic Cultures around the Central Plain of China”; Fenggui Liu et al., “The Impacts of Climate Change on the Neolithic Cultures of Gansu-Qinghai Region during the Late Holocene Megathermal”; Nicolas Rascovan et al., “Emergence and Spread of Basal Lineages of *Yersinia pestis* during the Neolithic Decline.”

52 Yanjun Cai et al., “The Variation of Summer Monsoon Precipitation in Central China since the Last Deglaciation.”（西安南方洞窟。）Chun Chang Huang et al., “Sedimentary Records of Extraordinary Floods at the Ending of the Mid-Holocene Climatic Optimum along the Upper Weihe River, China”; Chun Chang Huang et al., “Holocene Palaeoflood Events Recorded by Slackwater Deposits along the Lower Jinghe River Valley, Middle Yellow River Basin, China”; Xiaogang Li and Chun Chang Huang, “Holocene Palaeoflood Events Recorded by Slackwater Deposits along the Jin-Shan Gorges of the Middle Yellow River, China”; Chun Chang Huang et al., “Abruptly Increased Climatic Aridity and Its Social Impact on the Loess Plateau of China at 3100 B.P”; Chun Chang Huang et al., “Climatic Aridity and the Relocations of the Zhou Culture in the Southern Loess Plateau of China”; Chun

Chang Huang et al., "Extraordinary Floods of 4100-4000 a BP Recorded at the Late Neolithic Ruins in the Jinghe River Gorges, Middle Reach of the Yellow River, China", 6; Chun Chang Huang et al., "Charcoal Records of Fire History in the Holocene Loess—Soil Sequences over the Southern Loess Plateau of China", 31; Chun Chang Huang et al., "Holocene Dust Accumulation and the Formation of Polycyclic Cinnamon Soils (Luvisols) in the Chinese Loess Plateau"; Hao Long et al., "Holocene Climate Variations from Zhuyeze Terminal Lake Records in East Asian Monsoon Margin in Arid Northern China."

53 劉士莪，《老牛坡：西北大學考古專業發掘報告》。關中的周代以前遺址，包含於以下各著作的描述：北京大學考古系商周組、陝西省考古研究所，〈陝西輝縣北村遺址一九八四年發掘報告〉；北京大學考古系商周組，〈陝西扶風縣壹家堡遺址一九八六年發掘報告〉；以及寶雞市考古工作隊，〈陝西武功鄭家坡先周遺址發掘簡報〉。銅魚和銅龜的圖像，參看陝西省考古研究所、陝西省文物管理委員會、陝西省博物館編，《陝西出土商周青銅器》第一冊，頁六六至七二；中國社會科學院考古研究所編著，《南邠州：碾子坡》，頁四九〇至四九二。碾子坡兩百多處灰坑出土的一萬一千四百八十四件標本，其中一半是牛骨，三分之一是豬骨，百分之七是狗骨，還有一些山羊／綿羊和馬。

54 Chun Chang Huang et al., "Holocene Colluviation and Its Implications for Tracing Human-Induced Soil Erosion and Redeposition on the Piedmont Loess Lands of the Qinling Mountains, Northern China."

55 《詩經》中最常用來指稱小米的字是「稷」和「黍」，「粱」與「粟」較少用。「菽」是指稱豆類的常用字。它大概通常用來指稱大豆，但也可以指稱紅豆和綠豆（學名*Vigna angularis*和*V. radiata*），以上參看Gary W. Crawford, "East Asian Plant Domestication"，以及Donald J. Harper, *Early Chinese Medical Literature: The Mawangdui Medical Manuscripts,* 223.（注意，豌豆和蠶豆直到漢代才傳入中國）。張波、樊志民在《中國農業通史：戰國秦漢卷》主張大豆隨著休耕期縮短而流行起來，看似說得通，但幾乎沒有證據。關中的大豆，參看Cho-yun Hsu, *Han Agriculture: The Formation of Early Chinese Agrarian Economy, 206 B.C.-A.D. 220,* 102. 食物保存和大豆歷史，參看Hsing-Tsung Huang, *Science and Civilisation in China,* vol. 6.5. 小麥攝食量增加，參看Ligang Zhou et al., "Human Diets during the Social Transition from Territorial States to Empire: Stable Isotope

Analysis of Human and Animal Remains from 770 BCE to 220 CE on the Central Plains of China." 以及Xin Li et al., "Dietary Shift and Social Hierarchy from the Proto-Shang to Zhou Dynasty in the Central Plains of China."

56 基因研究指出，櫻桃首先在四川盆地周邊受到人工栽培，時間不晚於西元前一〇〇〇年。Jing Zhang et al., "Genetic Diversity and Domestication Footprints of Chinese Cherry [*Cerasus pseudocerasus* (Lindl.) G. Don] as Revealed by Nuclear Microsatellites." 陝西省考古研究院等編著，《周原：2000年度齊家製玦作坊和禮村遺址考古發掘報告》，頁七一七至七二三（梅種是杏〔學名*P. armeniaca*〕或東北杏〔學名*P. mandshurica*〕）。Z. Luo and R. Wang, "Persimmon in China: Domestication and Traditional Utilizations of Genetic Resources."

57 栗子是「栗」（學名*Castanea mollissima*），榛果則是「榛」（學名*Corylus* sp.）。野生胡桃則是胡桃楸（學名*Juglans mandshurica*）。《詩經》把葫蘆科植物稱為「瓜」、「瓞」、「瓟」和「瓠／壺」。胡桃參看Berthold Laufer, *Sino-Iranica: Chinese Contributions to the History of Civilization in Ancient Iran, with Special Reference to the History of Cultivated Plants and Products,* 254-75; Paola Pollegioni et al., "Ancient Humans Influenced the Current Spatial Genetic Structure of Common Walnut Populations in Asia." 葫蘆參看Logan Kistler et al., "Transoceanic Drift and the Domestication of African Bottle Gourds in the Americas." 甜瓜參看陝西省考古研究院等編著，《周原：2000年度齊家製玦作坊和禮村遺址考古發掘報告》，頁七一七至七二三。Patrizia Sebastian et al., "Cucumber (*Cucumis sativus*) and Melon (*C. melo*) Have Numerous Wild Relatives in Asia and Australia, and the Sister Species of Melon Is from Australia"; Yukari Akashi et al., "Genetic Variation and Phylogenetic Relationships in East and South Asian Melons, *Cucumis melo* L., Based on the Analysis of Five Isozymes."

58 「葑」可能指稱蕪菁的一個或多個變種。包心白菜（小白菜）學名為*Brassica chinensis*，油菜是*B. campestris*，錦葵則是*Malva verticillata*（「葵」）。「韭」指稱薤（學名*Allium chinense*）或韭菜（學名*A. tuberosum*）等物種，「椒」在《詩經》中可能是指花椒。Francesca Bray, *Science and Civilisation in China,* vol. 6.2, 345-6, 521; Emil Bretschneider, "Botanicon Sinicum: Notes on Chinese Botany from Native and Western Sources: Part 2", 169-73, 195-203.

59 《詩經》提及植物叢聚卻並非明顯農用的篇章，包含《國風．周南》的〈關雎〉、〈卷耳〉、〈芣苢〉，《召南》的〈采蘩〉、〈采蘋〉，《邶風》的〈谷風〉，《鄘風》的〈載馳〉，《王風》的〈采葛〉，《魏風》的〈汾沮洳〉，《唐風》的〈采苓〉，《豳風》的〈鴟鴞〉；《小雅．鹿鳴之什》的〈采薇〉、〈杕杜〉，《祈父之什》的〈我行其野〉，《北山之什》的〈北山〉，《都人士之什》的〈采綠〉，以及《魯頌》的〈泮水〉。Hsuan Keng, "Economic Plants of Ancient North China as Mentioned in *Shih Ching* (Book of Poetry)", 401-2. 植物的醫藥用途，參看Donald J. Harper, *Early Chinese Medical Literature: The Mawangdui Medical Manuscripts.* 以及Georges Métailié, *Science and Civilisation in China,* vol. 6.4.

60 麻織物在《詩經》的《國風．曹風．蜉蝣》稱為「麻衣」，《豳風．七月》則稱為「褐」。《陳風．東門之池》提到「漚麻」。葛藤就是《國風．周南．葛覃》的「葛」，苧麻則是〈東門之池〉的「紵／苧」。關於麻織品，參看Dieter Kuhn, *Science and Civilisation in China,* vol. 5.9, 15-44. 關於出土織物，參看葛今，〈涇陽高家堡早周墓葬發掘記〉，頁七；孫永剛，〈大麻栽培起源與利用方式的考古學探索〉；以及中國社會科學院考古研究所編著，《張家坡西周墓地》，圖版二〇〇。

61 《周頌．閔予小子之什．良耜》指稱草帽的字，寫成竹部「笠」和草部「苙」都有：《漢語大辭典》，頁二九五九。關於家屋，參看中國科學院考古研究所編著，《灃西發掘報告：1955-1957年陝西長安縣灃西鄉考古發掘資料》，頁七五。

62 在西安西方周代首都之一的灃西遺址，豬在動物遺骸中占了四成，其次是牛和羊（各占百分之十五）。在周原一處製玦作坊，牛的遺骸仍占了百分之十七，豬骨則有百分之二十三、羊骨百分之二十一、狗骨百分之十四、山羊骨百分之五，以及綿羊／山羊骨百分之三。所有這些數字都是最小個體數。袁靖、徐良高，〈灃西出土動物骨骼研究報告〉；陝西省考古研究院等編著，《周原：2000年度齊家製玦作坊和禮村遺址考古發掘報告》，頁七二四至七五一；林永昌、種建榮、雷興山，〈周公廟商周時期聚落動物資源利用初識〉。Joris Peters et al., "Holocene Cultural History of Red Jungle Fowl (*Gallus gallus*) and Its Domestic Descendant in East Asia."

63 指稱漁網的字包括「網」、「罛」、「罟」。指稱魚筌的字包括「罩」、「笱」、「罶」，其中一些大概安裝於攔河堰（「梁」）上。《小雅．白華之什．魚麗》和《周頌．臣工之什．潛》內容與魚有關，而《國風．邶風．谷風》則提及魚梁和魚筌。中國社會科學院考古研究所編著，《張家坡西周墓地》，頁二八二至二九九、四五〇至四五五，以及圖版一五九至一六〇、一八二至一九一。林永昌、種建榮、雷興山，〈周公廟商周時期聚落動物資源利用初識〉。周公廟發掘出了金龜，而中華草龜和斑龜都在張家坡出土。

64 「漆」和「沮」是兩條河川。《詩經．小雅．彤弓之什》，〈吉日〉。Bernhard Karlgren, *The Book of Odes,* 124. 阮元校刻，《十三經注疏》，頁四二九。我修訂了高本漢的英譯。指稱「水牛」的兕，參看Jean A. Lefeuvre, "Rhinoceros and Wild Buffaloes North of the Yellow River at the End of the Shang Dynasty."

65 對鹿的某些描繪，參看盧連成、胡智生，《寶雞弖國墓地》，頁三三八至三四八；高功，〈龍行陳倉，鹿鳴周野——石鼓山西周墓地出土青銅器賞析（二）〉；中國社會科學院考古研究所編著，《張家坡西周墓地》，頁一六一至一六四，彩色圖版十五至二十三。圖版二十四呈現出一整隻（梅花？）鹿被殉葬在墓中。Roel Sterckx, "Attitudes towards Wildlife and the Hunt in Pre-Buddhist China."

66 Francesca Bray, *Science and Civilisation in China,* vol. 6.2, 105, 162; John Knoblock and Jeffrey Riegel, *The Annals of Lu Buwei: A Complete Translation and Study,* 656. 產量增加的主張，參看張波、樊志民主編，《中國農業通史：戰國秦漢卷》，頁一七七至一八九。

67 宜侯夨簋的銘文記載賞賜「川」，據推測「川」可能是指「甽」，即田間圳溝。馬承源主編，《商周青銅器銘文選》第三卷，頁三四至三五。關於護城河，參看中國社會科學院考古研究所豐鎬隊，〈西安市長安區豐京遺址水系遺存的勘探與發掘〉，以及阿房宮與上林苑考古隊，〈西安市漢唐昆明池遺址區西周遺存的重要考古發現〉。

68 這首詩是《周頌．閔予小子之什．良耜》，參看阮元校刻，《十三經注疏》，頁六〇二，以及James Legge, *The She King or the Book of Poetry,* 604. 《月令》引文出自John Knoblock and Jeffrey Riegel, *The Annals of Lu Buwei: A Complete Translation and Study,* 153. 《荀子》引文出自王先謙，《荀子集解》上冊，卷六，〈富國篇第十〉，頁一八三，以及John Knoblock, *Xunzi: A Translation and Study of the Complete Works,* vol. 2, 127. 我修訂了理雅各和王志民的英譯。

69 本段根據Paul Halstead, "Plough and Power: The Economic and Social Significance of Cultivation with the Ox-Drawn Ard in the Mediterranean." 以及Amy Bogaard, Mattia Fochesato, and Samuel Bowles, "The Farming-Inequality Nexus: New Insights from Ancient Western Eurasia."

70 其中一段早期的記載，出自徐元誥，《國語集解》第十五，晉語九，〈趙簡子嘆曰〉，頁四五三。早期的著述參看裘錫圭，〈甲骨文所見的商代農業〉，頁一六四。「耕」字通常譯成「犁田」，但往往僅指「種地」或「耕作」。Li Liu and Xingcan Chen, *The Archaeology of China: From the Late Paleolithic to the Early Bronze Age,* 116-17. 袁靖、徐良高，〈灃西出土動物骨骼研究報告〉。Francesca Bray, *Science and Civilisation in China,* vol. 6.2, 166-67; Joseph Needham and Ling Wang, *Science and Civilisation in China,* vol. 4.2, 303-33; Vaclav Smil, *Energy in Nature and Society: General Energetics of Complex Systems,* 155-61.

71 引文出自劉向集錄，《戰國策》中冊，卷十八，〈趙一．秦王謂公子他〉，頁六一八至六一九，英譯見James Crump, *Chan-Kuo Ts'e,* 336. 秦出借耕牛，參看睡虎地秦墓竹簡整理小組編，《睡虎地秦墓竹簡》，頁二二五（圖版一二六、一二七）。A.F.P. Hulsewé, *Remnants of Ch'in Law: An Annotated Translation of the Ch'in Legal and Administrative Rules of the 3rd Century B.C. Discovered in Yun-Meng Prefecture, Hu-Pei Province, in 1975,* 74. 關於微縮車輛模型，參看Lothar von Falkenhausen, "Mortuary Behaviour in Pre-Imperial Qin: A Religious Interpretation", 132.

第三章・牧民方略——中國政治組織的興起

1 本段概述第一章。

2 Bruce G. Trigger, *Sociocultural Evolution: Calculation and Contingency,* 208; Scott, *The Art of Not Being Governed.*

3 Thomas R. Trautmann, *Elephants and Kings: An Environmental History.*

4 Bruce G. Trigger, *Sociocultural Evolution: Calculation and Contingency.* 本節內容取自Li Liu and Xingcan Chen, *The Archaeology of China: From the Late Paleolithic to the Early Bronze Age.* 以及Gideon Shelach-Lavi, *The Archaeology of Early China: From Prehistory to the Han Dynasty.*

5 Li Liu, *The Chinese Neolithic: Trajectories to Early States,* 85-89, 101, 117-58; Anne P. Underhill and Junko Habu, "Early Communities in East Asia: Economic and Sociopolitical Organization at the Local and Regional Levels."; Anne P. Underhill, "Warfare and the Development of States in China." 西北大學文博學院考古專業編著，《扶風案板遺址發掘報告》。Xiaolin Ma, *Emergent Social Complexity in the Yangshao Culture: Analyses of Settlement Patterns and Faunal Remains from Lingbao, Western Henan, China (c. 4900-3000 BC)*, 45-50. 甘肅省文物考古研究所編著，《秦安大地灣：新石器時代遺址發掘報告》；王玉清，〈陝西咸陽尹家村新石器時代遺址的發現〉。Xiaoneng Yang, "Urban Revolution in Late Prehistoric China."

6 良渚文化興盛於西元前三千紀中葉以前。Li Liu and Xingcan Chen, *The Archaeology of China: From the Late Paleolithic to the Early Bronze Age,* 222-46; Zhouyong Sun et al., "The First Neolithic Urban Center on China's North Loess Plateau: The Rise and Fall of Shimao"; Chi Zhang et al., "China's Major Late Neolithic Centres and the Rise of Erlitou"; Bin Liu et al., "Earliest Hydraulic Enterprise in China, 5,100 Years Ago"; David N. Keightley, "At the Beginning: The Status of Women in Neolithic and Shang China", 26-27.

7 Sarah Allan, "Erlitou and the Formation of Chinese Civilization: Towards a New Paradigm."

8 E. E. Kuzmina, *The Prehistory of the Silk Road,* 46-49; Katheryn M. Linduff, Han Rubin, and Sun Shuyun, *The Beginnings of Metallurgy in China,* 8-22; Jianjun Mei, "Early Metallurgy and Socio-cultural Complexity: Archaeological Discoveries in Northwest China." 保全，〈西安老牛坡出土商代早期文物〉；西北大學歷史系考古專業，〈西安老牛坡商代墓地的發掘〉；西北大學文化遺產與考古學研究中心、陝西省考古研究院、淳化縣博物館，〈陝西淳化縣棗樹溝腦遺址先周時期遺存〉，頁三〇至三三。老牛坡及其他地方出土的圓柱型器具，一端空心供木柄插入，另一端磨利一如斧頭。這些器具可能用於鋤地，但也可以成為好用的武器，既然這些遺址出土的所有其他青銅器具都是武器，它們大概也是武器。

9 官方的歷史分期認為二里崗文化大致從西元前一六〇〇年延續到西元前一四〇〇年，但這兩個日期可能都應該再稍微往後推。二里崗下層遺址的碳—14測定，將時間定在西元前一六〇〇年和西元前一四五〇年之間，某些「二里崗上層」第二期的遺存，時間則定於西元前一三〇〇年乃至其後。參看夏商周斷代工程專家組編著，《夏商周斷代工程1996-2000年階段成果報告（簡本）》，頁五一至五二、六二至六五。Roderick Campbell, *Archaeology of the Chinese Bronze Age: From Erlitou to Anyang*, 68-105; Robert L. Thorp, *China in the Early Bronze Age: Shang Civilization*, 62-116.

10 Mark E. Lewis, *Sanctioned Violence in Early China;* Anne P. Underhill, *Craft Production and Social Change in Northern China;* Constance A. Cook, "Moonshine and Millet: Feasting and Purification Rituals in Ancient China"; Kwang-chih Chang, "The Animal in Shang and Chou Bronze Art"; Sarah Allan, "The *Taotie* Motif on Early Chinese Ritual Bronzes." 研究商、周藝術動物圖案意義的英文學術著作，多過研究活著的動物對商、周人民生活意義的著作。

11 Roderick Campbell, *Archaeology of the Chinese Bronze Age: From Erlitou to Anyang*, 77-87; Roderick Campbell, *Violence, Kinship and the Early Chinese State: The Shang and Their World;* li Liu and Xingcan Chen, *State Formation in Early China*, 99-130.

12 這幾段描述依據Roderick Campbell, *Violence, Kinship and the Early Chinese State: The Shang and Their World;* David N. Keightley, "The Shang: China's First Historical Dynasty"; David N. Keightley, *Working for His Majesty: Research Notes on Labor Mobilization in Late Shang China (ca. 1200-1045 B.C.);* Robert Bagley, "Shang Archaeology"; Robert L. Thorp, *China in the Early Bronze Age: Shang Civilization;* Anne P. Underhill, *A Companion to Chinese Archaeology*, 323-86. 另參看張興照，《商代地理環境研究》。許多學者將整個二里崗—安陽時期都稱做「商」，西元前一二〇〇至一〇四六年間則稱為「晚商」。我避免這種用法，因為我們無法證實二里崗和安陽受到同一個王朝統治。

13 Roderick Campbell, *Violence, Kinship and the Early Chinese State: The Shang and Their Worl*, 190; David N. Keightley, "The Late Shang State: When, Where and What?", 551-54; Li Liu and Xingcan Chen, *The Archaeology of China: From the Late Paleolithic to the Early Bronze Age*, 363-67; Yu Dong et al., "Shifting Diets and the Rise of Male-Biased Inequality on the Central Plains of China during the Eastern Zhou."

14 David N. Keightley, *Working for His Majesty: Research Notes on Labor Mobilization in Late Shang China (ca. 1200-*

1045 B.C.); Roderick Campbell, *Violence, Kinship and the Early Chinese State: The Shang and Their World*, 125-26, 262; Roderick Campbell, "Toward a Networks and Boundaries Approach to Early Complex Polities: The Late Shang Case"; Monica L. Smith, "Territories, Corridors, and Networks: A Biological Model for the Premodern State."〈禹貢〉參看Bernhard Karlgren, *The Book of Documents*, 16-18.

15 Roderick Campbell, *Violence, Kinship and the Early Chinese State: The Shang and Their World*, 258-61. 多數龜種大概是斑龜（學名*Ocadia sinensis*）或金龜（學名*Mauremys reevesii*，前名*Chinemys reevesii*），儘管或許還有其他種類。李志鵬，〈殷墟動物遺存研究〉，頁十二、四二一。David N. Keightley, *Sources of Shang History: The Oracle-Bone Inscriptions of Bronze Age China*, 157-70.

16 Roderick Campbell et al., "Consumption, Exchange and Production at the Great Settlement Shang: Bone-Working at Tiesanlu, Anyang"; David N. Keightley, "The Late Shang State: When, Where and What?", 278.

17 Li Liu and Xingcan Chen, *The Archaeology of China: From the Late Paleolithic to the Early Bronze Age*, 359-72; Yohei Kakinuma, "The Emergence and Spread of Coins in China from the Spring and Autumn Period to the Warring States Period," 84; A. M. Pollard et al., "Bronze Age Metal Circulation in China."

18 Katherine Linduff, "A Walk on the Wild Side: Late Shang Appropriation of Horses in China"; William Honeychurch, *Inner Asia and the Spatial Politics of Empire: Archaeology, Mobility, and Culture Contac*, 191-94, 201-11.

19 Magnus Fiskesjö, "Rising from Blood-Stained Fields: Royal Hunting and State Formation in Shang China." 引文出自頁一〇二一（原圖參看郭沫若主編，《甲骨文合集》第四冊，頁一四九七，編號一〇一九七）；另參看頁一〇六至一二八、頁一四二一。David N. Keightley, *Working for His Majesty: Research Notes on Labor Mobilization in Late Shang China (ca. 1200-1045 B.C.)*, 161-68; Mark E. Lewis, *Sanctioned Violence in Early China*, 150-57; James Legge, *The Works of Mencius*, 3B.280. 張政烺，〈卜辭「裒田」及其相關諸問題〉。《國風・鄭風・大叔于田》同樣提到點火打獵。

20 Edward H. Schafer, "Hunting Parks and Animal Enclosures in Ancient China"; Thomas Allsen, *The Royal Hunt in*

Eurasian History; Brian Lander,"Wild Mammals of Ancient North China"; Brian Lander and Katherine Brunson,"The Sumatran Rhinoceros Was Extirpated from Mainland East Asia by Hunting and Habitat Loss."

21 我所知的唯一一件銅馬，是二〇〇一年在洛陽唐宮西路出土的春秋時期銅馬，二〇一三年見於洛陽博物館，還有一九五五年在李家村發現的西周銅馬駒，參看陝西省考古研究院等編著，《吉金鑄華章：寶雞眉縣楊家村單氏青銅器窖藏》，頁二四〇至二四三。Nicholas Vogt, "Between Kin and King: Social Aspects of Western Zhou Ritual", 214-26. 李志鵬，〈殷墟動物遺存研究〉。

22 Mark Elvin, "Three Thousand Years of Unsustainable Growth: China's Environment from Archaic Times to the Present."

23 陳夢家，《殷墟卜辭綜述》，頁二九一。Jessica Rawson, "Western Zhou Archaeology", 377-82.

24 關中人口密度，參看Pauline Sebillaud, "La distribution spatiale de l'habitat en Chine dans la plaine Centrale à la transition entre le Néolithique et l'âge du Bronze (env. 2500-1050 av. n. è.)", 307-8, 232. 史寶琳假定一處考古遺址每四十平方公尺有一人居住，由此估計關中在龍山文化時期的一千一百年間有八十萬人，二里崗—安陽時期五百五十年間（西元前一六〇〇至一〇五〇年）則有三十一萬五千人，這就意味著關中地區在龍山時期任何一年的人口都多了百分之二十七。但關中的龍山文化在西元前二〇〇〇年以後可能又延續了數百年，如此一來，這兩個時期的差別或許更少。關中的早期二里崗文化遺址，參看劉士莪，《老牛坡：西北大學考古專業發掘報告》，頁三五至三六；以及張天恩，《關中商代文化研究》，頁二一。西安老牛坡遺址這一層位出土的陶器，整體上是龍山客省莊傳統的一部分，它們近似於更西方的天水地區出土的同時代陶器，而非二里崗式樣。二里崗文化的影響在關中各地的傳播，參看劉緒，〈商文化在西方的興衰〉。安陽對關中的影響，參看Roderick Campbell, *Archaeology of the Chinese Bronze Age: From Erlitou to Anyang,* 85, 116-18, 153-55. 張天恩，《關中商代文化研究》。Robert Bagley, "Shang Archaeology", 227-29.

25 li Liu and Xingcan Chen, *State Formation in Early China,* 111, 71-73. 西安半坡博物館，〈陝西藍田懷珍坊商代遺址試掘簡報〉；霍有光，〈試探洛南紅崖山古銅礦採冶地〉。

26 老牛坡的青銅時代遺存分成五期，年代依據的是與河南陶器序列的相似性：第一期推定為二里崗下層（西元前一六〇〇至一四五〇年），第二期推定為二里崗上層（西元前一四五〇至一三〇〇年），第三期推定為殷墟一期和二期（西元前一三五〇至一二三〇年），第四期推定為殷墟四期（西元前一〇八〇至一〇四〇年），保存不善的第五期推定時間則稍後。這些年代都極為概略。陝西省考古研究院，〈2010年陝西省考古研究院考古調查發掘新收穫〉；袁靖、徐良高，〈灃西出土動物骨骼研究報告〉；劉士莪，《老牛坡：西北大學考古專業發掘報告》，頁二六至二七三；北京大學考古系商周組、陝西省考古研究所，〈陝西耀縣北村遺址一九八四年發掘報告〉；北京大學考古系商周組，〈陝西扶風縣壹家堡遺址一九八六年發掘報告〉；寶雞市考古工作隊，〈陝西武功鄭家坡先周遺址發掘簡報〉。

27 W.A.C.H. Dobson, "Linguistic Evidence and the Dating of the 'Book of Songs"; Martin Kern, "Bronze Inscriptions, the *Shijing* and the *Shangshu:* The Evolution of the Ancestral Sacrifice during the Western Zhou", 182.

28 《大雅．文王之什．皇矣》；阮元校刻，《十三經注疏》，頁五一九。關於樹名，《爾雅》將「栵」釋為「栭」，利氏學社的《利氏漢法辭典》（*Le Grand Ricci*，Pleco版）將它指為某種栗子（毛栗，學名*Castanea seguinii*）。「椐」日後的用法與榆或櫸相關。《說文解字》將「檿」釋為「山桑」，「柘」則逕稱為「桑」。關中地區有幾種不同的桑。

29 《大雅．文王之什．緜》。我運用高本漢的英譯，修訂了魏禮的幾處英譯。這些植物名稱的意義不明，它們是詩意的選擇。「飴」也多少有些猜測意味。參看Arthur Waley, *The Book of Songs: Translated from the Chinese,* 247; Bernhard Karlgren, *The Book of Odes,* 189-90; Hsing-Tsung Huang, *Science and Civilisation in China,* vol. 6.5, 457。關於冢土，參看Ichirō Kominami, "Rituals for the Earth."

30 Feng Li, *Early China: A Social and Cultural History,* 112-20; Roderick Campbell, *Archaeology of the Chinese Bronze Age: From Erlitou to Anyang,* 168-71.

31 Bernhard Karlgren, *The Book of Documents,* 28-29; William H. Nienhauser, *The Grand Scribe's Records,* vol. 1, 60-61. 司馬遷，《史記》，卷四〈周本紀〉，頁一一〇至一一三。Jessica Rawson, "Western Zhou Archaeology", 382.

32 Lothar von Falkenhausen, *Chinese Society in the Age of Confucius (1000-250 BC): The Archaeological Evidence;*

Yitzchak Jaffe, "The Continued Creation of Communities of Practice—Finding Variation in the Western Zhou Expansion (1046-771 BCE)"; Glenda E. Chao, "Culture Change and Imperial Incorporation in Early China: An Archaeological Study of the Middle Han River Valley (ca. 8th century BCE-1st century CE)"; Scott DeLancey, "The Origins of Sinitic."

33 Feng Li, *Bureaucracy and the State in Early China: Governing the Western Zhou,* 97-103, 247, 267, 293-99; Léon Vandermeersch, *Wangdao; ou, La voie royale: Recherches sur l'esprit des institutions de la Chine archaïque,* 1977; Nicholas Vogt, "Between Kin and King: Social Aspects of Western Zhou Ritual"; Yiqun Zhou, *Festivals, Feasts, and Gender Relations in Ancient China and Greece.*

34 關於周代宗族，參看David Sena, "Reproducing Society: Lineage and Kinship in Western Zhou China"; Edward Shaughnessy, "Toward a Social Geography of the Zhouyuan during the Western Zhou Dynasty" and "Western Zhou Hoards and Family Histories in the Zhouyuan." 周王的封賞，參看Feng Li, *Landscape and Power in Early China: The Crisis and Fall of the Western Zhou, 1045-771 BC,* 124; Feng Li, *Bureaucracy and the Statee in Early China: Governing the Western Zhou,* 173-80. 晁福林，《春秋戰國的社會變遷》，頁三二一至三三四。關於戰時獻納，參看兮甲盤，收入Constance A. Cook and Paul R. Goldin, *A Source Book of Ancient Chinese Bronze Inscriptions,* 184-86.

35 國家文物局主編，《中國文物地圖集：陝西分冊》，頁四四至四五；中國社會科學院考古研究所編著，《中國考古學：兩周卷》，頁五六至六二；中國社會科學院考古研究所豐鎬隊，〈西安市長安區豐京遺址水系遺存的勘探與發掘〉；阿房宮與上林苑考古隊，〈西安市漢唐昆明池遺址區西周遺存的重要考古發現〉。

36 Constance A. Cook, "Wealth and the Western Zhou"; Richard von Glahn, *The Economic History of China: From Antiquity to the Nineteenth Century,* 11-43. 裘錫圭，〈市〉。

37 William Honeychurch, *Inner Asia and the Spatial Politics of Empire: Archaeology, Mobility, and Culture Contact,* 202-11; Roel Sterckx, "Attitudes towards Wildlife and the Hunt in Pre-Buddhist China", 22.

38 中國社會科學院考古研究所豐鎬隊，〈西安市長安區馮村北西周時期製骨作坊〉。Zhouyong Sun, *Craft*

Production in the Western Zhou Dynasty (1046-771 BC): A Case Study of a Jue-Earrings Workshop at the Predynastic Capital Site, Zhouyuan, China.

39 有一百四十一支錘、一百一十三把刀、三十八把錛、三十把斧、十五支鏟，以及四把鋤。只有四把鋤是明確的農具，其他工具也能用來做木工、挖土、採礦等等。陳振中編著，《先秦青銅生產工具》，頁五〇至六二。這個背景下出土農具的兩例，參看中國科學院考古研究所編著，《灃西發掘報告：1955-1957年陝西長安縣灃西鄉考古發掘資料》，頁二〇至二三；以及陝西周原考古隊，〈扶風雲塘西周骨器製造作坊遺址試掘簡報〉，頁三〇。

40 這首詩是《國風．豳風．七月》。Cho-yun Hsu, *Ancient China in Transition: An Analysis of Social Mobility, 722-222 B.C.*, 8-11. 徐中舒，〈《豳風》說〉。

41 David N. Keightley, "Public Work in Ancient China: A Study of Forced Labor in the Shang and Western Chou", 296-300.

42 古典文獻對於井田制的描述出自《孟子》、《周官》，以及《漢書》。James Legge, *The Works of Mencius,* 3A.244-45. 賈公彥，《周禮注疏》上冊，卷十一〈地官司徒第二．小司徒〉，頁三九〇至三九六；班固，《漢書》卷二十四上，〈食貨志上〉，頁一一一九至一一二〇。Nancy Lee Swann, *Food & Money in Ancient China: The Earliest Economic History of China to A.D. 25,* 116-20; Joseph R. Levenson, "Ill Wind in the Well-Field: The Erosion of the Confucian Ground of Controversy."

43 關於田官，《詩經》的《國風．豳風．七月》和《小雅．北山之什》〈大田〉、〈甫田〉都用了「田畯」一詞。金文的「畯」字（以及相關的「俊」和「駿」）都有近似於「大」的意思，可能與「在上位」的意義有關。《爾雅》和《說文解字》把「畯」釋為「農夫」，鄭玄和孫炎認為農夫是官銜（「主田之吏者」）：阮元校刻，《十三經注疏》，頁五九一、二五八二；方述鑫編，《甲骨金文字典》，頁一〇六四。關於土地交易，參看Feng Li, "Literacy and the Social Contexts of Writing in the Western Zhou", 284; Feng Li, *Bureaucracy and the State in Early China: Governing the Western Zhou,* 156-58; Laura Skosey, "The Legal System and Legal Tradition of the Western Zhou (ca. 1045-771 BCE)", 323-26, 340-45. 《論語》提到的「徹」是一種賦稅形式（「什一而

稅謂之徹」），有些學者相信這種賦稅形式存在於西周。但它似乎指的是田地布局，或許也計算田地所能生產的穀糧，而不是指賦稅或勞役。「徹」也出現在《大雅．生民之什．公劉》和《大雅．蕩之什．崧高》，「徹」在史牆盤的銘文指的是「管理、整頓」。Bernhard Karlgren, *Glosses on the Book of Odes*, 79. 阮元校刻，《十三經注疏》，頁五四三、五六六、一二五〇三；何琳儀，《戰國古文字典：戰國文字聲系》，頁九三二；方述鑫編，《甲骨金文字典》，頁二五一。

44 分配給諸侯和官員的成百上千人，稱為「鬲」或「庶人」，但我們並不知道這兩個詞的確切意義。David N. Keightley, "Public Work in Ancient China," 155-78; Léon Vandermeersch, *Wangdao; ou, La voie royale: Recherches sur l'esprit des institutions de la Chine archaïque*, 1980, 33-45, 115; Feng Li, *Bureaucracy and the State in Early China: Governing the Western Zhou*, 154. 關於作坊，參看Zhouyong Sun, *Craft Production in the Western Zhou Dynasty (1046-771 BC): A Case Study of a Jue-Earrings Workshop at the Predynastic Capital Site, Zhouyuan, China.* 以及陝西省考古研究院等編著，《周原：2000年度齊家製玦作坊和禮村遺址考古發掘報告》。

45 朱鳳翰，《商周家族形態研究（增訂本）》。Edwin G. Pulleyblank, "Ji（姬） and Jiang（姜）: The Role of Exogamous Clans in the Organization of the Zhou Polity."

46 Constance A. Cook, "Wealth and the Western Zhou", 284-86; Eugene Cooper, "The Potlatch in Ancient China: Parallels in the Sociopolitical Structure of the Ancient Chinese and the American Indians of the Northwest Coast"; Marshall Sahlins, "Poor Man, Rich Man, Big-Man, Chief: Political Types in Melanesia and Polynesia", 296. 一八五七年時，俄羅斯帝國核心區域的農奴，仍有百分之四十五歸王室所有。Dominic Lieven, *Empire: The Russian Empire and Its Rivals*, 265.

47 這個字由「土」與「晏」組成，想必和「堰」是同一個字。Feng Li, *Bureaucracy and the State in Early China: Governing the Western Zhou*, 42-43, 72, 202-12; Feng Li, "Succession and Promotion: Elite Mobility during the Western Zhou"; Feng Li, "Literacy and the Social Contexts of Writing in the Western Zhou." 這一時期關中的政治地理，參看Feng Li, *Landscape and Power in Early China: The Crisis and Fall of the Western Zhou, 1045-771 BC*, 40-49. 據青銅禮器養簋（《殷周金文集成》編號四二四三）的銘文，周代朝廷在關中的五大城邑附近指派

人員守堰。「堰」被解釋為堤壩（張亞初、劉雨，《西周金文官制研究》，頁二二），但這個字義在東漢以前未能證實，因此在這個例子裡大概和「偃」字同義。鄭玄注《周禮》將「梁」注為「水偃」，釋義為水壩或攔河壩中留出缺口，放置魚籠或網捕魚（孫詒讓，《周禮正義》第一冊，卷八〈天官・𩞁人〉，頁三〇〇至三〇一），但「梁」在《左傳》中似乎是指蓄水池。楊伯峻編著，《春秋左傳注》第三冊，襄公二十五年，頁一一〇七。「匽」作為廁所，參看《周禮注疏》（收入阮元校刻，《十三經注疏》，頁六七六，〈天官・宮人〉）。至於「九陂」，「陂」（和「波」）字有太多相關的字義，包括堤壩、斜坡、水壩和濕地，因此不可能指出此處的確切意義為何。關於濕地和森林，參看逨盤、南宮柳鼎（《殷周金文集成》編號二八〇五）、同簋（《殷周金文集成》編號四二七一）、免簋（《殷周金文集成》編號四二四〇），以及免簠（《殷周金文集成》編號四六二六）上的銘文，收入Feng Li, *Bureaucracy and the State in Early China: Governing the Western Zhou*, 206-12.

48 Feng Li, *Bureaucracy and the State in Early China: Governing the Western Zhou.* 尤其該書頁三〇五至三一四。司字的金文字形結合了「𤔲」和「司」。

49 韋伯根據《禮記》等著作，將這種以特定臣民繳納的所得賞賜官員的體系稱為「受俸制封建」（prebendal feudalism）。Max Weber, *The Religion of China: Confucianism and Taoism*, 36; James Legge, *The Sacred Books of China: The Li Ki*, 16, 27-28, 115; Léon Vandermeersch, *Wangdao; ou, La voie royale: Recherches sur l'esprit des institutions de la Chine archaïque*, 1980, 195-210; David N. Keightley, "Public Work in Ancient China: A Study of Forced Labor in the Shang and Western Chou", 154, 208. 周王將土地從某人名下移轉給另一人的事例，參看Feng Li, *Landscape and Power in Early China: The Crisis and Fall of the Western Zhou, 1045-771 BC*, 133; Feng Li, "Literacy and the Social Contexts of Writing in the Western Zhou", 280; and Feng Li, *Bureaucracy and the State in Early China: Governing the Western Zhou*, 176. 受任命者獲得的贈禮，參看Edward Shaughnessy, *Sources of Western Zhou History: Inscribed Bronze Vessels*, 81-83. 以及Yung-ti Li, "On the Function of Cowries in Shang and Western Zhou China." 美國立國之初的情況，參看Gordon S. Wood, *The Radicalism of the American Revolution*, 287-93.

50 周王將土地從某人名下移轉給另一人的事例，參看Feng Li, *Landscape and Power in Early China: The Crisis and Fall of the Western Zhou, 1045-771 BC,* 133; Feng Li, "Literacy and the Social Contexts of Writing in the Western Zhou", 280; and Feng Li, *Bureaucracy and the State in Early China: Governing the Western Zhou,* 176. 後一例中，土地的前任持有者和繼受者是同氏，因此土地有可能是從某位自朝廷卸任的家族成員，移轉給另一位新近任官的家族成員。

51 Richard Von Glahn, *The Economic History of China: From Antiquity to the Nineteenth Century,* 24. 商代的納貢，參看王宇信、楊升南主編，《甲骨學一百年》，頁五一六至五二一。Hung-Hsiang Chou, "Fu-X Ladies of the Shang Dynasty", 361-65. 東周對早先朝貢體制的概念，參看Robin McNeal, "Spatial Models of the State in Early Chinese Texts: Tribute Networks and the Articulation of Power and Authority, in *Shangshu* 'Yu Gong' 禹貢 and *Yi Zhoushu*'Wang Hui'王會"; Stephen Durrant, Wai-yee Li, and David Schaberg, *Zuo Tradition,* 1509 (Zhao 13)（楊伯峻編著，《春秋左傳注》第四冊，昭公十三年，頁一三五八。）Bernhard Karlgren, *The Book of Documents,* 12-18. 黃懷信、張懋鎔、田旭東，《逸周書匯校集注》下冊，〈王會解第五十九〉。

52 Xiang Wan, "The Horse in Pre-Imperial China," 41-67; Herrlee G. Creel, *The Origins of Statecraft in China: The Western Chou Empire,* 266-73. Feng Li, *Bureaucracy and the State in Early China.* 此一書中，有一百多條引文提到與馬相關的官員。

53 《大雅．文王之什．靈臺》，收入Bernhard Karlgren, *The Book of Odes,* 197; Feng Li, *Bureaucracy and the State in Early China: Governing the Western Zhou,* 207.（諫簋，《殷周金文集成》編號二四八五）。James Legge, *The Works of Mencius,* 1B.153-54. 梁柱、劉信芳編著，《雲夢龍崗秦簡》，簡片二七八、二七九、二五八、二五四。

54 Melvin Thatcher, "Marriages of the Ruling Elite in the Spring and Autumn Period"; Marcel Granet, *Festivals and Songs of Ancient China;* Yu Dong et al., "Shifting Diets and the Rise of Male-Biased Inequality on the Central Plains of China during the Eastern Zhou."

55 Mark Edward Lewis, "The City-State in Spring and Autumn China." 譚其驤，《中國歷史地圖集》，第一冊，

頁二一一；陳槃，《春秋大事表列國爵姓及存滅表譔異》。宗族獨立於公室之外向人民自行徵稅，參看Stephen Durrant, Wai-yee Li, and David Schaberg, *Zuo Tradition,* 1348-49, 1668-71 (Zhao 3, 26)（楊伯峻編著，《春秋左傳注》第四冊，昭公三年，頁一二三四；第四冊，昭公二十六年，頁一四八〇）。人民在文化上趨於同質，參看Lothar von Falkenhausen, *Chinese Society in the Age of Confucius (1000-250 BC): The Archaeological Evidence,* 204-88. 以及Glenda E. Chao, "Culture Change and Imperial Incorporation in Early China: An Archaeological Study of the Middle Han River Valley (ca. 8th century BCE-1st century CE)." Dominic Lieven, *Empire: The Russian Empire and Its Rivals,* 240-241. 揭示了俄國與中國的明顯近似，他描述俄羅斯君王自十五世紀起吞併貴族土地，或者收為己有，或者分封給忠實的臣下。此舉使得俄羅斯王室掌控龐大資源，同時成為俄羅斯帝國建立的基礎所在。

56 Mark E. Lewis, *Sanctioned Violence in Early China;* Kwang-chih Chang, *Art, Myth, and Ritual: The Path to Political Authority in Ancient China;* Susan Weld, "Covenant in Jin 's Walled Cities: The Discoveries at Houma and Wenxian", 41-84; Roel Sterckx, *Food, Sacrifice, and Sagehood in Early China,* 122-66.

57 Cho-yun Hsu, *Ancient China in Transition: An Analysis of Social Mobility, 722-222 B.C.,* 38-51; Herrlee G. Creel, *Shen Pu-Hai: A Chinese Political Philosopher of the Fourth Century BC,* 1, 21; Andrew S. Meyer, "The Baseness of Knights Truly Runs Deep: The Crisis and Negotiation of Aristocratic Status in the Warring States."

58 關於西周審理及懲罰歹徒的法規，參看《尚書．康誥》，小盂鼎銘文，以及學界對「司寇」的討論。〈康誥〉中的「不典」一詞，有時被引述為法典存在的證據，卻不見於西周金文。參看顧頡剛、劉起釪，《尚書校釋譯論》，頁一三三〇。Martin Kern, "Bronze Inscriptions, the *Shijing* and the *Shangshu:* The Evolution of the Ancestral Sacrifice during the Western Zhou"; Laura Skosey, "The Legal System and Legal Tradition of the Western Zhou (ca. 1045-771 BCE)", 159, 176-78, 309-16; Feng Li, *Bureaucracy and the State in Early China: Governing the Western Zhou,* 74-75. 東周關於刑罰的文本，包括鑄於金屬鼎上的刑律，以及〈呂刑〉。Herrlee G. Creel, *The Origins of Statecraft in China: The Western Chou Empire,* 463; Stephen Durrant, Wai-yee Li, and David Schaberg, *Zuo Tradition,* 1402-5, 1702-3 (Zhao 6 and 29)（楊伯峻編著，《春秋左傳注》第四冊，昭公六年，

頁一二七四至一二七七；第四冊，昭公二十九年，頁一五〇四。）Ernest Caldwell, "Social Change and Written Law in Early Chinese Legal Thought."

59 Monica L. Smith, "Territories, Corridors, and Networks: A Biological Model for the Premodern State."

60 關於東周改革的許多記述，都從《國語》描述的齊國改革開始，我的論文（Brian Lander, "Environmental Change and the Rise of the Qin Empire: A Political Ecology of Ancient North China", 193-94.）對此有更深入的討論，但那段文字是數百年後寫成的政治理論著作，而非對實況的描述。楊伯峻編著，《春秋左傳注》第二冊，成公元年，頁七八三至七八四。Stephen Durrant, Wai-yee Li, and David Schaberg, *Zuo Tradition,* 704-5; Cho-yun Hsu, "The Spring and Autumn Period", 573; Mark E. Lewis, *Sanctioned Violence in Early China,* 56-59. 而在普魯士，登記全國人口以供徵兵之用，同樣對於增強中央政府權力和削弱封建貴族發揮了重大作用。Christopher Clark, *Iron Kingdom: The Rise and Downfall of Prussia, 1600-1947,* 97-100.

61 Stephen Durrant, Wai-yee Li, and David Schaberg, *Zuo Tradition,* 974, 1268-71, and 1376. 楊伯峻編著，《春秋左傳注》第三冊，襄公十年，頁九八〇至九八一；第三冊，襄公三十年，頁一一八〇至一一八一；第四冊，昭公四年，頁一二五四。楊伯峻（《春秋左傳注》第三冊，襄公三十年，頁一一八一）主張「廬井」這個詞意指「村莊」（「廬井」一詞，為田野之農舍」），表示這些改革是為了兵役或徵稅而將鄉村人民組織起來。鄭玄在《周禮注疏》中（阮元校刻，《十三經注疏》，〈地官．小司徒〉，頁七一二）陳述，「貢」指的是九穀和「山澤之材」；「賦」則指當兵和服徭役（「出車徒，給繇役」）。（另參看王先謙，《漢書補注》第三冊，〈食貨志第四上〉，頁一五六七至一五六八）我把「賦」英譯為「稅額」，這個詞同樣可以指稱兵役和賦稅。下文英譯的所有「稅額」用法都指「賦」。

62 楊伯峻編著，《春秋左傳注》第三冊，襄公二十五年，頁一一〇六至一一〇八。Stephen Durrant, Wai-yee Li, and David Schaberg, *Zuo Tradition,* 1154-55. 孫詒讓，《周禮正義》第一冊，卷八〈天官．獻人〉，頁三〇〇至三〇一。甲午日是干支紀日法的其中一日。

63 周代的各地諸侯國首先創設，用以管理邊遠地區的行政官職，看來是「宰」和「封人」，但我們對其職責所知甚少。司馬遷，《史記》，卷六十七〈仲尼弟子列傳〉，頁二一九三、二二〇一、二二〇七、二二一一二；晁福林，《春秋戰國的社會變遷》，頁五五〇；楊伯峻編著，《春秋左傳注》第一冊，隱公元年，頁十四；第二冊，成公二年，頁八一四。引文出自Cho-yun Hsu, "The Spring and Autumn Period", 574. 另參看徐少華，《周代南土歷史地理與文化》，頁二七五至二九一；楊寬，〈春秋時代楚國縣制的性質問題〉。Herrlee G. Creel, "The Beginnings of Bureaucracy in China: The Origin of the Hsien"; Feng Li, *Bureaucracy and the State in Early China: Governing the Western Zhou,* 171.

64 詳見本書第四章。「儒」通常被稱為「孔子學派」，但這個稱呼在此時並不適當，因為孔子及其弟子只是其中一群儒家。Mark E. Lewis, *Writing and Authority in Early China,* 57-60.

65 由於孔子等儒者的意識型態以尊崇周朝體制為重心，他們對這套體制就比同時代多數人更熟悉，但也將它理想化。他們對西周制度的理解，大概由他們山東家鄉的傳統與《詩經》、《尚書》等文本資訊混合而成。《公羊傳》注斷言，《春秋》在記載新稅開徵之後立即記載饑荒，用意在於批判徵稅一事。參看James Legge, *The Ch'un Ts'ew with The Tso Chuen,* 329. 另參看阮元校刻，《十三經注疏》，頁一八八七（何休《左傳》注）、二二八六至二二八七（《春秋公羊傳注疏》）。Stephen Durrant, Wai-yee Li, and David Schaberg, *Zuo Tradition,* 674-75. (Xuan 15)（參看楊伯峻編著，《春秋左傳注》第二冊，宣公十五年，頁七六六。）以及皮錫瑞，《經學通論》四，春秋，頁十六。

66 徐元誥，《國語集解》，〈魯語下第五．季康子欲以田賦〉，頁二〇六至二〇七。Stephen Durrant, Wai-yee Li, and David Schaberg, *Zuo Tradition,* 1904-5. (Ai 11)（參看楊伯峻編著，《春秋左傳注》第四冊，哀公十一年，頁一六六七至一六六八）。

67 《孟子注疏》，收入阮元校刻，《十三經注疏》，頁二七〇二。James Legge, *Mencius,* 3A.240-42. 孟子區分了貢、助、徹三種榨取剩餘的形式，但不巧，它們的意義卻不太清楚。（《孟子．滕文公上》：「夏后氏五十而貢，殷人七十而助，周人百畝而徹，其實皆什一也。」注疏：「民耕五十畝，貢上五畝；耕七十畝者，以七畝助公家；耕百畝者徹，取十畝以為賦。雖異名而多少同，故曰『皆什一也』。」）

68 第一段引文出自Mei-kao Ku, *A Chinese Mirror for Magistrates: The Hsin-Yu of Lu Chia,* 110. 參看王利器，《新語校注》，卷下〈至德第八〉，頁一二四。第二段引文出自Stephen Durrant, Wai-yee Li, and David Schaberg, *Zuo*

Tradition, 1584-85. (Zhao 20)（楊伯峻編著，《春秋左傳注》第四冊，昭公二十年，頁一四一七至一四一八），阮元校刻，《十三經注疏》，頁二三八八（《春秋穀梁傳注疏》）。參看James Legge, *Mencius,* 1B.153-54, 162.

69 Edward H. Schafer, "Hunting Parks and Animal Enclosures in Ancient China"; Thomas Allsen, *The Royal Hunt in Eurasian History;* Gilbert L. Mattos, *The Stone Drums of Ch'in,* 105-7; Charles Sanft, "Environment and Law in Early Imperial China (Third Century, BCE-First Century CE): Qin and Han Statutes Concerning Natural Resources"; Ian M Miller, "Forestry and the Politics of Sustainability in Early China."

70 Victoria Tin-bor Hui, *War and State Formation in Ancient China and Early Modern Europe;* Roy Bin Wong and Jean-Laurent Rosenthal, *Before and Beyond Divergence: The Politics of Economic Change in China and Europe;* Chi Lu Chiang, "The Scale of War in the Warring States Period"; Mark E Lewis, "Warring States Political History," 620-32; Cho-yun Hsu, *Ancient China in Transition: An Analysis of Social Mobility,* 53-77; Robin D. S. Yates, "Early China."

71 Richard Von Glahn, *The Economic History of China: From Antiquity to the Nineteenth Century,* chap. 2; Cho-yun Hsu, *Ancient China in Transition: An Analysis of Social Mobility, 722-222 B.C.,* 107-39; Hung Wu, "The Art and Architecture of the Warring States Period", 654, 679-81. 江村治樹，《春秋戦国時代青銅貨幣の生成と展開》。Yohei Kakinuma, "The Emergence and Spread of Coins in China from the Spring and Autumn Period to the Warring States Period"; Ke Peng, "Coinage and Commercial Development in Eastern Zhou China"; John Knoblock and Jeffrey Riegel, *The Annals of Lu Buwei: A Complete Translation and Study,* 3-9; Rose Kerr and Nigel Wood, *Science and Civilisation in China,* vol. 5.12, 302; Dieter Kuhn, *Science and Civilisation in China*, vol. 5.9, 3-4, 159-60. 司馬遷，《史記》，卷一二九〈貨殖列傳〉，頁三二五三至三二八四。William H. Nienhauser, *The Grand Scribe's Records,* vol. 9, 261-301.

72 William Honeychurch, *Inner Asia and the Spatial Politics of Empire: Archaeology, Mobility, and Culture Contact,* 128-29, 160-63, 210-15, 246-49.

73 更多細節參看Mark E. Lewis, "Warring States Political History"; Herrlee G. Creel, *Shen Pu-Hai: A Chinese Political*

Philosopher of the Fourth Century BC.

74 Eugene Kamenka, *Bureaucracy;* Max Weber, *Economy and Society: An Outline of Interpretive Sociology*, 973.

75 Mark E. Lewis, "Warring States Political History"; Feng Li and David Branner, *Writing and Literacy in Early China;* Haicheng Wang, *Writing and the Ancient State: Early China in Comparative Perspective*, chapter 4.

76 曹錦炎，《古代璽印》，頁二至十。Mark E. Lewis, "Warring States Political History," 608.

77 Joseph W. Dauben, "Suan Shu Shu: A Book on Numbers and Computations; English Translation with Commentary." 朱漢民、陳松長主編，《嶽麓書院藏秦簡》第二卷。Brian Lander, "State Management of River Dikes in Early China: New Sources on the Environmental History of the Central Yangzi Region." 楊博，〈北大藏秦簡《田書》初識〉。Roger T. Ames, *Sun-Tzu: The Art of Warfare; The First English Translation Incorporating the Recently Discovered Yin-Ch'ueh-Shan Texts*, 174-76; A.F.P. Hulsewé, *Remnants of Ch'in Law: An Annotated Translation of the Ch'in Legal and Administrative Rules of the 3rd Century B.C. Discovered in Yun-Meng Prefecture, Hu-Pei Province, in 1975*, 208-9; Charles Sanft, *Communication and Cooperation in Early Imperial China: Publicizing the Qin Dynasty.*

78 Donald J. Harper, "Resurrection in Warring States Popular Religion," 17.

第四章・雄略西方——秦國到秦朝的興盛史

1 John Brewer, *The Sinews of Power: War, Money, and the English State, 1688-1783*, 3-7.

2 Chun Chang Huang et al., "Charcoal Records of Fire History in the Holocene Loess—Soil Sequences over the Southern Loess Plateau of China", 34-37; Zhihai Tan et al., "Holocene Wildfires Related to Climate and Land-Use Change over the Weihe River Basin, China", 171.

3 Sanft, "Edict of Monthly Ordinances for the Four Seasons in Fifty Articles from 5 C.E.: Introduction to the Wall Inscriptions Discovered at Xuanquanzhi, with Annotated Translation"; John Knoblock and Jeffrey Riegel, *The Annals of Lu Buwei: A Complete Translation and Study*, 35-43, 59-276, 683-92.（「鷹化為鳩」一句意譯該書頁三

八）Bernhard Karlgren, *The Book of Odes*, 97-99. 鄭之洪，〈論《詩七月》的用歷與觀象知時〉。William E. Soothill, *The Hall of Light: A Study of Early Chinese Kingship*, 237-51. 以下使用王志民、王安國的《呂氏春秋》英譯本，有時略作改動。

4 新年假期參看Derk Bodde, *Festivals in Classical China: New Year and Other Annual Observances during the Han Dynasty, 206 B.C.-A.D. 220*, 45-52. 關於結冰、捕魚和維修農具，參看John Knoblock and Jeffrey Riegel, *The Annals of Lu Buwei: A Complete Translation and Study*, 241, 259. 關於狩獵和捕魚，參看Gilbert L. Mattos, *The Stone Drums of Ch'in*, 165-66, 195-96, 220-21, 240-41.

5 引文出自John Knoblock and Jeffrey Riegel, *The Annals of Lu Buwei: A Complete Translation and Study*, 61, 77-78, 95-97, 98, 115.「囿有見韭」出自王聘珍，《大戴禮記解詁》卷二，〈夏小正第四十七〉，頁二六。

6 王聘珍，《大戴禮記解詁》卷二，〈夏小正第四十七〉，頁二六至二七。William E. Soothill, *The Hall of Light: A Study of Early Chinese Kingship*, 239-40; John Knoblock and Jeffrey Riegel, *The Annals of Lu Buwei: A Complete Translation and Study*, 135（「蟬始鳴」）, 155（「土潤溽暑」）. 昆蟲侵襲農作物，參看Stephen Durrant, Wai-yee Li, and David Schaberg, *Zuo Tradition*, 14, 88, 214-17, 314, 476-79, 508, 614, 666, 674, 684, 932, 1906-13.

7 引文出自John Knoblock and Jeffrey Riegel, *The Annals of Lu Buwei: A Complete Translation and Study*, 189, 191. 關於營養不良，參看Miao Wei et al., "Dental Wear and Oral Health as Indicators of Diet among the Early Qin People." 以及Ekaterina Pechenkina, Robert A. Benfer, and Xiaolin Ma, "Diet and Health in the Neolithic of the Wei and Yellow River Basins, Northern China." 關於烹煮小米，參看Yitzchak Jaffe, "The Continued Creation of Communities of Practice—Finding Variation in the Western Zhou Expansion (1046-771 BCE)."

8 John Knoblock and Jeffrey Riegel, *The Annals of Lu Buwei: A Complete Translation and Study*, 208.

9 「水始冰」出自John Knoblock and Jeffrey Riegel, *The Annals of Lu Buwei: A Complete Translation and Study*, 223-25. 蟋蟀一段出自《詩經》《國風．豳風．七月》，「碩鼠」則出自《國風．魏風．碩鼠》。關於肉醬（醢），參看Hsing-Tsung Huang, *Science and Civilisation in China*, vol. 6.5.

10 Yu Dong et al., "Shifting Diets and the Rise of Male-Biased Inequality on the Central Plains of China during the

Eastern Zhou"; Melanie J. Miller et al., "Raising Girls and Boys in Early China: Stable Isotope Data Reveal Sex Differences in Weaning and Childhood Diets during the Eastern Zhou Era"; Shubhra Gururani, "Forests of Pleasure and Pain: Gendered Practices of Livelihood in the Forests of the Kumaon Himalayas, India."

11 Richard Von Glahn, *The Economic History of China: From Antiquity to the Nineteenth Century*, chap. 2; Cho-yun Hsu, *Ancient China in Transition: An Analysis of Social Mobility, 722-222 B.C*, 107-39; Hung Wu, "The Art and Architecture of the Warring States Period," 654, 679-81. 江村治樹，《春秋戦国時代青銅貨幣の生成と展開》。Yohei Kakinuma, "The Emergence and Spread of Coins in China from the Spring and Autumn Period to the Warring States Period"; Ke Peng, "Coinage and Commercial Development in Eastern Zhou China"; Rose Kerr and Nigel Wood, *Science and Civilisation in China*, vol. 5.12, 302; Dieter Kuhn, *Science and Civilisation in China*, vol. 5.9, 3-4, 159-60. 司馬遷，《史記》，卷一二九〈貨殖列傳〉，頁三二五三至三二八四。William H. Nienhauser, *The Grand Scribe's Records*, vol. 9, 261-301. 劉興林，《先秦兩漢農業與鄉村聚落的考古學研究》。

12 司馬遷沒有具體說明《秦記》是一份文獻，抑或多種文本。他所說的「不包括月或日」的說法與〈秦本紀〉、睡虎地秦墓出土的《編年紀》逐年記事的風格相吻合。如果暫不考慮〈秦本紀〉中的長篇故事，取材自《左傳》和《戰國策》等文本，那麼就只能從《秦記》摘取簡要的編年記事。參見《史記》，卷一五〈六國年表〉，頁六八五至六八七。Edward Shaughnessy, "The Qin *Biannianji* 編年記 and the Beginnings of Historical Writing in China", 115-36. 藤田勝久著，曹峰、廣瀨薰雄譯，《《史記》戰國史料研究》，頁二三一至二六九；高敏，《雲夢秦簡初探》，頁一二至一七、一二三至一四七。

13 Huacheng Zhao, "New Explorations of Early Qin Culture"; Feng Li, "A Study of the Bronze Vessels and Sacrificial Remains of the Early Qin State from Lixian, Gansu." 劉欣，〈甘肅天水毛家坪遺址動物遺存研究〉。Lothar von Falkenhausen, *Chinese Society in the Age of Confucius (1000-250 BC): The Archaeological Evidence*, 233-39; Yitzchak Jaffe, "The Continued Creation of Communities of Practice—Finding Variation in the Western Zhou Expansion (1046-771 BCE)."

14 司馬遷，《史記》，卷五〈秦本紀〉，頁一七九。William H. Nienhauser, *The Grand Scribe's Records*, vol. 1, 91;

Lothar von Falkenhausen, "Mortuary Behaviour in Pre-Imperial Qin: A Religious Interpretation"; Lothar von Falkenhausen, *Chinese Society in the Age of Confucius (1000-250 BC): The Archaeological Evidence*, 215. 寶雞的秦都名為平陽。

15 王學理主編，尚志儒、呼林貴副主編，《秦物質文化史》，頁二〇八；司馬遷，《史記》，卷一二九〈貨殖列傳〉，頁三二六一。Burton Watson, *Records of the Grand Historian: Han Dynasty*, 441.

16 對秦考古的這段概述，多半依照Lothar von Falkenhausen, *Chinese Society in the Age of Confucius (1000-250 BC): The Archaeological Evidence*, 111, 213-43, 326-38; Lothar von Falkenhausen, "Mortuary Behaviour in Pre-Imperial Qin: A Religious Interpretation"; Lothar von Falkenhausen, "The Waning of the Bronze Age: Material Culture and Social Developments, 770-481 B.C."（引文出自該文頁四八七）。Gideon Shelach, "Collapse or Transformation? Anthropological and Archaeological Perspectives on the Fall of Qin." 一文主張（p. 129），這是史上為單一個人建造的最大墓葬群。

17 Gilbert L. Mattos,"Eastern Zhou Bronze Inscriptions", 111-23.（關於「受命於天」）Lothar von Falkenhausen,"The Waning of the Bronze Age: Material Culture and Social Developments, 770-481 B.C.", 459-62. 陝西省考古研究院，〈2014年陝西省考古研究院考古調查發掘新收穫〉，頁十至十一；中國社會科學院考古研究所豐鎬隊，〈西安市長安區豐京遺址水系遺存的勘探與發掘〉。

18 Gilbert L. Mattos, *The Stone Drums of Ch'in*, 105-7, 220-21, 237-41.

19 Melvin Thatcher, "Central Government of the State of Ch'in in the Spring and Autumn Period", 33. 司馬遷，《史記》，卷五〈秦本紀〉，頁一七九。William H. Nienhauser, *The Grand Scribe's Records*, vol. 1, 91.

20 西元前七一三年，秦滅亳／蕩社（可能在西安附近）；西元前六九七年，秦攻打關中東部的彭戲氏；西元前六八八年，秦征伐天水附近邽、冀的戎人；西元前六八七年，秦攻取杜（西安附近）、鄭（位於周原）；西元前六四〇年，秦滅亡關中東部的梁、芮兩邦國。邽、冀、杜、鄭四邑設縣。司馬遷，《史記》，卷五〈秦本紀〉，頁一八二至一八九。William H. Nienhauser, *The Grand Scribe's Records*, vol. 1, 92-98. 錢穆，《史記地名考》，頁二七一、二七五、三六八。Feng Li, *Landscape and Power in Early China: The Crisis and Fall of the*

Western Zhou, 1045-771 BC, 245-62. 陝西省考古研究院編著，《梁帶村芮國墓地：二〇〇七年度發掘報告》。

21 Anatoly Khazanov, *Nomads and the Outside World.*

22 Feng Li, *Landscape and Power in Early China: The Crisis and Fall of the Western Zhou, 1045-771 BC*, 175-87; Nicola Di Cosmo, *Ancient China and Its Enemies: The Rise of Nomadic Power in East Asian History*, esp. 68-90. 楊建華，《春秋戰國時期中國北方文化帶的形成》，頁三六至四三。Jenny F. So and Emma C. Bunker, *Traders and Raiders on China's Northern Frontier.*

23 Miao Wei et al., "Dental Wear and Oral Health as Indicators of Diet among the Early Qin People." 劉欣，〈甘肅天水毛家坪遺址動物遺存研究〉。

24 Owen Lattimore, *Inner Asian Frontiers of China*, 328-463; Nicola Di Cosmo, *Ancient China and Its Enemies: The Rise of Nomadic Power in East Asian History*, 93-126.

25 三門峽附近的戎人城鎮是茅津，大概在今日的山西平陸縣附近。錢穆，《史記地名考》，頁五一二；林劍鳴，《秦史稿》，頁一一七。司馬遷對於秦征服戎的記載，似乎取自戰國時代的某部政論著作，其中部分內容也見於《韓非子》。參看司馬遷《史記》卷五〈秦本紀〉，頁一九二至一九四。William H. Nienhauser, *The Grand Scribe's Records*, vol. 1, 100-101. 王先慎，《韓非子集解》卷三，〈十過第十〉，頁七一至七二。關於涇河流域的秦墓葬，參看Lothar von Falkenhausen, "The Waning of the Bronze Age: Material Culture and Social Developments, 770-481 B.C.", 488.

26 Robin D. S. Yates, "The Horse in Early Chinese Military History", 36-57; Herrlee G. Creel, *The Origins of Statecraft in China: The Western Chou Empire*, 262-88; Charleen Gaunitz et al., "Ancient Genomes Revisit the Ancestry of Domestic and Przewalski's Horses."

27 Katherine Linduff, "Production of Signature Artifacts for the Nomad Market in the State of Qin during the Late Warring States Period in China (4th-3rd century BCE)"; Katheryn M. Linduff, Bryan K. Hanks, and Emma Bunker, "First Millennium BCE Beifang Artifacts as Historical Documents", 282-87; Owen Lattimore, *Inner Asian Frontiers of China.*

28 這些戰事的詳情散見於《左傳》（尤其魯僖公、魯文公時期），以及《史記》，卷五〈秦本紀〉、卷三十九〈晉世家〉和卷四十四〈魏世家〉。林劍鳴，《秦史稿》，頁一一七至一四五；司馬遷，《史記》，卷五〈秦本紀〉，頁一八六至一九三。William H. Nienhauser, *The Grand Scribe's Records,* vol. 1, 95-100.

29 司馬遷，《史記》，卷五〈秦本紀〉，頁二〇二。William H. Nienhauser, *The Grand Scribe's Records,* vol. 1, 108; Edouard Chavannes, *Les Memoires Historiques de Se-ma Ts'ien,* 2:253 n. 314; Yuri Pines, "The Question of Interpretation: Qin History in Light of New Epigraphic Sources"; Yuri Pines, "Biases and Their Sources: Qin History in the 'Shiji'; Maxim Korolkov, "Empire-Building and Market-Making at the Qin Frontier: Imperial Expansion and Economic Change, 221-207 BCE", chap. 2; Songchang Chen, "Two Ordinances Issued during the Reign of the Second Emperor of the Qin Dynasty in the Yuelu Academy Collection of Qin Slips."

30 秦在西元前四七五年接受了蜀的外交贈禮（「蜀人來賂」），由此揭示秦當時就與南方遠處的邦國保持聯繫（司馬遷，《史記》，卷五〈秦本紀〉，頁一九九；卷十五〈六國年表〉，頁六八八至六八九。William H. Nienhauser, *The Grand Scribe's Records,* vol. 1, 106-7.）漢中盆地築城之處名為南鄭。〈秦本紀〉記載秦伐蜀攻取南鄭，但〈六國年表〉又記載蜀從秦手中取得南鄭（司馬遷，《史記》，卷五〈秦本紀〉，頁一九九至二〇〇；卷十五〈六國年表〉，頁六七九、七〇〇、七一三）。注意：秦、楚兩國爭奪數十年之久的漢中之地，並非今日的漢中地區，而是位於東方更遠處，或許在今日的陝西安康一帶（錢穆，《史記地名考》，頁二一三）。Steven F. Sage, *Ancient Sichuan and the Unification of China;* Robert Bagley, *Ancient Sichuan: Treasures from a Lost Civilization.*

31 Maxim Korolkov, "Empire-Building and Market-Making at the Qin Frontier: Imperial Expansion and Economic Change, 221-207 BCE", chap. 2; A.F.P. Hulsewé, *Remnants of Ch'in Law: An Annotated Translation of the Ch'in Legal and Administrative Rules of the 3rd Century B.C. Discovered in Yun-Meng Prefecture, Hu-Pei Province, in 1975,* 211-15.

32 Anthony J. Barbieri-Low, "Coerced Migration and Resettlement in the Qin Imperial Expansion." 帝國主義影響帝國中心區域的其他事例，參看Geoffrey Hosking, *Russia: People and Empire, 1552-1917.* 以及Alfred W. McCoy

and Francisco A. Scarano, *Colonial Crucible: Empire in the Making of the Modern American State.*

33 引自Michael Loewe, "Review of 'Shang Yang's Reforms and State Control in China." 原宗子《「農本」主義と「黄土」の発生：古代中国の開発と環境2》，以及村松弘一《中国古代環境史の研究》，也都探討了商鞅變法的環境史。關於商鞅，更為通論性的著作包括Yuri Pines, *The Book of Lord Shang;* Vandermeersch, *La formation du légisme;* Li and Yang, *Shang Yang's Reforms and State Control in China: Apologetics of State Power in Early China;* Kenneth Dean and Brian Massumi, *First and Last Emperors: The Absolute State and the Body of the Despot.*

34 秦的主要統治者在孝公之後自封為王，包括惠文王（西元前三三七至三一一年在位）、昭襄王（西元前三〇六至二五一年），以及秦王政／始皇帝（西元前二四六至二一〇年在位）。司馬遷，《史記》，卷五〈秦本紀〉，頁一九九至二〇二。William H. Nienhauser, *The Grand Scribe's Records,* vol. 1, 106-9. 馬非百，《秦集史》，頁一四七、八五六至八七〇。Xueqin Li, *Eastern Zhou and Qin Civilizations,* 235.

35 商鞅曾是公叔痤的下屬，公叔痤曾師法吳起，吳起曾是李悝的下屬。公叔痤將賞罰並用鼓勵兵士遵從王法歸功於吳起。儘管後世文本將李悝奉為重要的改革家，早期文本卻很少提到他，更受尊崇的看來是吳起。《史記》稱許李悝「盡地力之教」（卷七十四〈孟子荀卿列傳〉，頁二三四九），商鞅的思想也可如此稱之。Léon Vandermeersch, *La formation du légisme: Recherche sur la constitution d'une philosophie politique caractéristique de la Chine ancienne,* 24-25; Nancy Lee Swann, *Food & Money in Ancient China: The Earliest Economic History of China to A.D. 25,* 136-44. 劉向集錄，《戰國策》上冊，卷五〈秦三．蔡澤見逐於趙〉，頁二一二至二一六；中冊，卷二十二〈魏一．魏武侯與諸大夫浮於西河〉、〈魏公叔痤為魏將〉，頁七八一至七八四。James Crump, *Chan-Kuo Ts'e,* 132-35. 魏對秦的影響之一例，參看A.F.P. Hulsewé, *Remnants of Ch'in Law: An Annotated Translation of the Ch'in Legal and Administrative Rules of the 3rd Century B.C. Discovered in Yun-Meng Prefecture, Hu-Pei Province, in 1975,* 208-10; Mark E. Lewis, "Warring States Political History", 603-6; W. K. Liao, *The Complete Works of Han Fei Tzŭ: A Classic of Chinese Legalism,* vol. 2, 212. 王先慎，《韓非子集解》，卷十七〈定法第四十三〉，頁三九七。Herrlee G. Creel, *Shen Pu-Hai: A Chinese Political Philosopher of the Fourth*

Century BC.

36 墓葬提供的證據，參看Lothar von Falkenhausen, *Chinese Society in the Age of Confucius (1000-250 BC): The Archaeological Evidence*, 319.

37 司馬遷撰寫的商鞅傳記（《史記》，卷六十八〈商君列傳〉），參看William H. Nienhauser, *The Grand Scribe's Records*, vol. 7, 87-96. 關於《商君書》，尤銳考訂〈墾令〉、〈農戰〉、〈去彊〉、〈兵守〉四篇成書時間早於西元前三五〇年，〈算地〉、〈開塞〉、〈壹言〉則成於西元前三五〇至三三〇年間。Yuri Pines, *The Book of Lord Shang: Apologetics of State Power in Early China*, 25-58. 高亨，《商君書注譯》，頁六至十一。Jan J. L. Duyvendak, *Book of Lord Shang: A Classic of the Chinese School of Law; Translated from the Chinese with Introduction and Notes;* Yuri Pines, "Alienating Rhetoric in the *Book of Lord Shang* and Its Moderation." 銘文提及商鞅的器物，參看邱隆等編，《中國古代度量衡圖集》，頁四四，以及Jane Portal, *The First Emperor: China's Terracotta Army*, 34. 商鞅的名聲，參看Yu-ning Li and Kuan Yang, *Shang Yang's Reforms and State Control in China*, xvi-xliii. 王先慎，《韓非子集解》，卷四〈和氏第十三〉，頁九七；卷四〈姦劫弒臣第十四〉，頁一〇一；卷十七〈定法第四十三〉，頁三九七；孫次舟，〈史記商君列傳史料抉原〉。

38 引文出自蔣禮鴻，《商君書錐指》，〈墾令第二〉，頁十二，由我本人英譯。Yuri Pines, *The Book of Lord Shang: Apologetics of State Power in Early China*, 127. 「壹」意指「統一由國家控制」的用法，參看Martin Kern, *The Stele Inscriptions of Ch'in Shih-Huang: Text and Ritual in Early Chinese Imperial Representation*, 13, 18, 42, 44, 47; Charles Sanft, *Communication and Cooperation in Early Imperial China: Publicizing the Qin Dynasty*, 41-42. 正如A. C. Graham, "The 'Nung-Chia' 'School of the Tillers' and the Origins of Peasant Utopianism in China." 一文所示，某些農本意識型態更傾向於無政府主義，而非國家專制。商鞅開徵的新稅是賦，參看司馬遷，《史記》，卷五〈秦本紀〉，頁二〇三。William H. Nienhauser, *The Grand Scribe's Records*, vol. 1, 109; Maxim Korolkov, "Empire-Building and Market-Making at the Qin Frontier: Imperial Expansion and Economic Change, 221-207 BCE", 106-13.

39 司馬遷的「明尊卑爵制等級」一段應當如何點讀及詮釋並不明確，但意思大致是清楚的。司馬遷，《史記》，卷六十八〈商君列傳〉，頁二二三〇。William H. Nienhauser, *The Grand Scribe's Records*, vol. 7, 89-90.（英譯已修訂。）瀧川龜太郎，《史記會注考證》，卷六十八〈商君列傳第八〉，頁三四〇五。關於魏律，參看A.F.P. Hulsewé, *Remnants of Ch'in Law: An Annotated Translation of the Ch'in Legal and Administrative Rules of the 3rd Century B.C. Discovered in Yun-Meng Prefecture, Hu-Pei Province, in 1975*, 208-9; Mark E. Lewis, *The Construction of Space in Early China*, chap. 2.

40 引文英譯同時參考尤銳、戴聞達。蔣禮鴻，《商君書錐指》，〈去彊第四〉，頁三二至三四。Yuri Pines, *The Book of Lord Shang: Apologetics of State Power in Early China*, 153-54; Jan J. L. Duyvendak, *Book of Lord Shang: A Classic of the Chinese School of Law; Translated from the Chinese with Introduction and Notes*, 204.

41 Yi-tien Hsing, "Qin-Han Census and Tax and Corvee Administration: Notes on Newly Discovered Texts."

42 順帶一提，偶爾有些說法認為商鞅把人民每五家、每十家組成一個單位，但其實是五家為一伍。看來後世的評注者把「仕伍」（或寫成「士五」）的「仕」解為代表十的「什」，實際上「仕」是「士」的變體，是成年男子的通稱（無官爵的平民稱做「士伍」）。司馬遷，《史記》，卷六十八〈商君列傳〉，頁二二三〇。William H. Nienhauser, *The Grand Scribe's Records*, vol. 7, 89; A.F.P. Hulsewé, *Remnants of Ch'in Law: An Annotated Translation of the Ch'in Legal and Administrative Rules of the 3rd Century B.C. Discovered in Yun-Meng Prefecture, Hu-Pei Province, in 1975*, 13, 145-46. 許維遹，《韓詩外傳集釋》卷四，第十三章，頁一四三。Robin D. S. Yates, "Social Status in the Ch'in: Evidence from the Yun-Meng Legal Documents. Part One: Commoners," 201-3; Edgar Kiser and Yong Cai, "War and Bureaucratization in Qin China: Exploring an Anomalous Case."

43 James C. Scott, *Seeing Like a State: How Certain Schemes to Improve the Human Condition Have Failed;* William H. Nienhauser, *The Grand Scribe's Records*, vol. 7, 91. 司馬遷，《史記》，卷六十八〈商君列傳〉，頁二二三一。Mark E. Lewis, *Sanctioned Violence in Early China*, 273; Yuri Pines, *The Book of Lord Shang: Apologetics of State Power in Early China*, 200. 我將英譯略作修訂，以反映我個人如何理解這段語意含糊的引文。

44 西元前最後兩百年間的出土度量衡顯示，每一尺平均二十三點一公分長。我們可據此推算如下：六尺為一步（一點三九公尺）；三十步為一則；一平方步等於一點九平方公尺；兩百四十平方步等於一畝（四百五十七點一平方公尺）；一百畝為一頃。Anthony J. Barbieri-Low and Robin D. S. Yates, *Law, State, and Society in Early Imperial China: A Study with Critical Edition and Translation of the Legal Texts from Zhangjiashan Tomb No. 247*, 699-711; A.F.P. Hulsewé, *Remnants of Ch'in Law: An Annotated Translation of the Ch'in Legal and Administrative Rules of the 3rd Century B.C. Discovered in Yun-Meng Prefecture, Hu-Pei Province, in 1975*, 211-15; Endymion Wilkinson, *Chinese History: A New Manual*, 551-58. 司馬遷，《史記》，卷六〈秦始皇本紀〉，頁二三八。

45 彭浩，《張家山漢簡《算數書》注釋》，頁一一三至一一八。Joseph W. Dauben, "Suan Shu Shu: A Book on Numbers and Computations; English Translation with Commentary", 152, 161-67.

46 Frank Leeming, "Official Landscapes in Traditional China."

47 郭子直，〈戰國秦封宗邑瓦書銘文新釋〉，頁一八二。

48 劉向集錄，《戰國策》中冊，卷十四〈楚一．張儀為秦破從連橫〉，頁五〇四。James Crump, *Chan-Kuo Ts'e*, 244. 這些話被認為出自秦相張儀，在劉向集錄，《戰國策》上冊，卷三〈秦一．張儀說秦王〉，頁九五至一一四，他對秦的強大有段更長的論述。James Crump, *Chan-Kuo Ts'e*, 125-30.

49 關於墓葬分布，參看Mingyu Teng, "From Vassal State to Empire: An Archaeological Examination of Qin Culture." 以及Lothar von Falkenhausen, "Mortuary Behaviour in Pre-Imperial Qin: A Religious Interpretation", 115. 地圖九的遺址分布資訊，取自國家文物局主編，《中國文物地圖集：陝西分冊》，頁五二至六三。注意，上圖止於東周時期開始前，下圖則大概始於東周末年，因此東周時代的考古遺址恐怕不見於這兩圖。但《中國文物地圖集：陝西分冊》頁六一的東周時期地圖所載遺址卻極少，由此意味著地圖九下半的秦漢時期地圖，也包含某些東周晚期的秦遺址在內。

50 早期鐵礦床的位置，參看Donald B. Wagner, *Science and Civilisation in China*, vol. 5.11, 83-114，以及Lothar von Falkenhausen, *Chinese Society in the Age of Confucius (1000-250 BC): The Archaeological Evidence*, 224-33. 極力強調金屬工具重要性的範例之一，參看楊寬，《戰國史》，頁四二至五七。金屬工具對環境產生的效果，參看Michael J. Storozum et al., "Anthrosols and Ancient Agriculture at Sanyangzhuang, Henan Province, China." 關

於水井，參看高升榮，《明清時期關中地區水資源環境變遷與鄉村社會》，頁四七至五五。

51 秦都的東遷可能始於秦肅靈公（西元前四二四至四一五年在位）居於涇陽之時，該地位於今日陝西涇陽縣一帶。司馬遷，《史記》，卷五〈秦本紀〉，頁二〇二；卷六〈秦始皇本紀〉，頁二八七；卷六十八〈商君列傳〉，頁二二三二。William H. Nienhauser, *The Grand Scribe's Records*, vol. 1, 172; vol. 7, 2006, 107. 王子今，〈秦獻公都櫟陽說質疑〉；中國社會科學院考古研究所櫟陽發掘隊，〈秦漢櫟陽城遺址的勘探和試掘〉；王子今，〈秦定都咸陽的生態地理學與經濟地理學分析〉。

52 北牆長八百四十三公尺、南牆長九百零二公尺、東牆長四百二十六公尺、西牆長五百七十六公尺。陝西省考古研究所編著，《秦都咸陽考古報告》，頁十至十二。

53 前引書，頁十三、三四至四三、二二二至二二七；王子今，《秦漢時期生態環境研究》，頁九三至九四。關於西安的供水，參看史念海，〈漢唐長安與生態環境〉。

54 Michael Loewe, *Early Chinese Texts: A Bibliographical Guide*, 25-29; Benjamin Elman and Martin Kern, *Statecraft and Classical Learning: The Rituals of Zhou in East Asian History*, 33-93, 129-54; Mark E. Lewis, *Writing and Authority in Early China*, 42-51; Ray Huang, "The Ming Fiscal Administration", 116.

55 《周官》依照職位編排，因此在職稱之下都能找到相關章節：屠夫（庖人）、廚師（饔、亨人）、獵人（獸人）、漁民（漁人）、捕龜人（鱉人）、裁縫（縫人）、修鞋匠（屨人）、毛皮專家（司裘）、皮匠（掌皮）、絲匠（典絲）、織麻專家（典枲）和染布匠（染人），還有負責保存肉類（醢人）、保存醋（醯人）、掌管酒（酒正、酒人）、其他可攝取液體（漿人）、鹽（鹽人）、米（舂人）、醃肉（臘人）、冰（凌人）和果園（場人）的人們。另參看Roel Sterckx, *Food, Sacrifice, and Sagehood in Early China*, 134-43; Mu-chou Poo, "Religion and Religious Life of the Qin."

56 Anthony J. Barbieri-Low and Robin D. S. Yates, *Law, State, and Society in Early Imperial China: A Study with Critical Edition and Translation of the Legal Texts from Zhangjiashan Tomb No. 247*, 923-37, 1254; Anthony J. Barbieri-Low, *Artisans in Early Imperial China;* Zengjian Guan and Konrad Herrmann, *Kao Gong Ji: The World's Oldest Encyclopaedia of Technologies.* 陝西省考古研究所編著，《秦都咸陽考古報告》。

57 據我估計，漢代中葉人口紀錄所登載，生活在關中三個行政區（三輔）的兩百四十三萬六千三百六十人，其中約有兩百三十萬人定居於關中及周邊山麓一萬五千平方公里的範圍裡。葛劍雄，《西漢人口地理》，頁九六；譚其驤，《中國歷史地圖集》第二冊，頁五至六；楊振紅，《出土簡牘與秦漢社會（續編）》，頁十二至十五。我們知道咸陽縣的三個鄉——陰鄉、長安鄉、建章鄉都在渭河南岸。徐衛民，《秦漢歷史地理研究》，頁五二至五八。關於墓地，參看陝西省考古研究院編著，《西安尤家莊秦墓》。關於橋梁，參看陝西省考古研究院，〈西安市漢長安城北渭橋遺址〉；班固，《漢書》，卷六十三〈武五子傳〉，頁二七四七；李曉傑主編，《水經注校箋圖釋：渭水流域諸篇》，頁三五四、五三六。

58 引文出自王先慎，《韓非子集解》，卷十四〈外儲說右下第三十五〉，頁三三七。這兩段取材自徐衛民，《秦漢都城與自然環境關係研究》，頁一六一至一六六。Edward H. Schafer, "Hunting Parks and Animal Enclosures in Ancient China"; Charles Sanft, "The Construction and Deconstruction of Epanggong: Notes from the Crossroads of History and Poetry." 關於漢代的農園，參看周曉陸，〈《關中秦漢陶錄》農史資料讀考〉。上林苑中的平民，參看司馬遷，《史記》，卷八十七〈李斯列傳〉，頁二五六二。

59 唐華清宮考古隊，〈唐華清宮湯池遺址第一期發掘簡報〉。

60 Joseph Needham, Ling Wang, and Gwei-djen Lu, *Science and Civilisation in China,* vol. 4.3, 228-31, 285-96; Burton Watson, *Records of the Grand Historian: Han Dynasty,* 53-60; Bin Liu et al., "Earliest Hydraulic Enterprise in China, 5,100 Years Ago." 關於鄭，參看Stephen Durrant, Wai-yee Li, and David Schaberg, *Zuo Tradition,* 974 (Xiang 10). 關於魏，參看司馬遷，《史記》，卷二十九〈河渠書〉，頁一四〇八。關於大運河起源的吳運河，參看史念海，〈論濟水和鴻溝〉。

61 王先謙，《荀子集解》，卷五〈王制篇第九〉，頁一六八。Brian Lander, "State Management of River Dikes in Early China: New Sources on the Environmental History of the Central Yangzi Region", 347-53; John Knoblock, *Xunzi: A Translation and Study of the Complete Works,* 106. 《呂氏春秋》，卷二十六〈士容論・上農〉引文如下：「量力不足，不敢渠地而耕。」（由我英譯）取自John Knoblock and Jeffrey Riegel, *The Annals of Lu Buwei: A Complete Translation and Study,* 653.

62 司馬遷，《史記》，卷二十九〈河渠書〉，頁一四〇八。Burton Watson, *Records of the Grand Historian: Han Dynasty*, 54-55. 王先謙，《漢書補注》第六冊，〈溝洫志第九〉，頁二八六七至二八六八。關於這種政治故事文類，參看Michael Loewe, *Early Chinese Texts: A Bibliographical Guide*, 1-11. 以及馬王堆漢墓帛書整理小組編，《戰國縱橫家書》。這些故事包含不少準確的歷史，但往往不可能把事實和虛構區分開來。

63 此處的畝為兩百四十步，相當於四百六十一平方公尺，因此四萬頃地會是十八萬四千公頃。三百里則是一百二十六公里。司馬遷，《史記》，卷二十九〈河渠書〉，頁一四〇八。Burton Watson, *Records of the Grand Historian: Han Dynasty*, 54-55. 土地面積參看Pierre-Étienne Will, "Clear Waters versus Muddy Waters: The Zheng-Bai Irrigation System of Shaanxi Province in the Late-Imperial Period", 288.

64 Jie Fei et al., "Evolution of Saline Lakes in the Guanzhong Basin during the Past 2000 Years: Inferred from Historical Records." 李令福，《關中水利開發與環境》，頁十九至二〇。

65 司馬遷，《史記》，卷二十九〈河渠書〉，頁一四〇八。Burton Watson, *Records of the Grand Historian: Han Dynasty*, 54-55; Étienne Will, "Clear Waters versus Muddy Waters: The Zheng-Bai Irrigation System of Shaanxi Province in the Late-Imperial Period." 六世紀的《水經注》說明了渠道路徑的一些細節，儘管渠道系統自秦以來經過大幅修改，文中提及的許多地標如今已不為人知。楊守敬、熊會貞，《水經注疏》中冊，卷十六〈沮水〉，頁一四五五至一四六一。

66 S. Eliassen and O. J. Todd, "The Wei Pei Irrigation Project in Shensi Province", 172. 武漢水利電力學院《中國水利史稿》編寫組編，《中國水利史稿》，頁一二四至一二五。近代地圖參看劉明光主編，《中國自然地理圖集》，頁一三四。淤沙問題參看Joseph Needham, Ling Wang, and Gwei-djen Lu, *Science and Civilisation in China*, vol. 4.3, 227. 司馬遷的數字高得令人難以置信，參看Derk Bodde, "The State and Empire of Ch'in," 98-102.

67 S. Eliassen and O. J. Todd, "The Wei Pei Irrigation Project in Shensi Province", 176; Chun Chang Huang et al., "Extraordinary Floods of 4100-4000 a BP Recorded at the Late Neolithic Ruins in the Jinghe River Gorges, Middle Reach of the Yellow River, China"; Chun Chang Huang et al., "Holocene Palaeoflood Events Recorded by Slackwater Deposits along the Lower Jinghe River Valley, Middle Yellow River Basin, China." 我要感謝陝西師範

大學的研究生提供涇河的流量紀錄。

68 秦建明、楊政、趙榮，〈陝西涇陽縣秦鄭國渠首攔河壩工程遺址調查〉；王先謙，《漢書補注》第六冊，〈溝洫志第九〉，頁二八八〇；班固，《漢書》，卷二十九〈溝洫志〉，頁一六八五。

69 李令福，《關中水利開發與環境》，頁二一〇、三三一至三三三。Pierre-Étienne Will, "Clear Waters versus Muddy Waters: The Zheng-Bai Irrigation System of Shaanxi Province in the Late-Imperial Period"; Mark Elvin, *The Pattern of the Chinese Past: A Social and Economic Interpretation*, 298-315.

70 王勇，《東周秦漢關中農業變遷研究》；張波、樊志民主編，《中國農業通史：戰國秦漢卷》，頁一六四。Françoise Sabban, "De la main à la pâte: Réflexion sur l'origine des pâtes alimentaires et les transformations du blé en Chine ancienne"; Cho-yun Hsu, *Han Agriculture: The Formation of Early Chinese Agrarian Economy, 206 B. C.-A.D. 220*, 84-85.

71 用語是「畛浴土」。John Knoblock and Jeffrey Riegel, *The Annals of Lu Buwei: A Complete Translation and Study*, 26.655.

72 班固，〈西都賦〉，引自高步瀛，《文選李注義疏》，頁六七至七〇。David R. Knechtges, *Wen Xuan; or, Selections of Refined Literature.* Volume 1: *Rhapsodies on Metropolises and Capitals*, vol. 1, 111-13. 英譯已修訂。字面上寫成「提封五萬」，但顯然是一句形容面積的口頭禪，班固並未說明五萬的面積計算單位為何。

第五章・守在倉廩——秦朝的政治生態學

1 「始皇帝」一詞英譯為「元始天尊」（first majestic deity）更符合字面意義，但我會遵循舊慣，稱之為「帝國」（empire）和「帝國的」（imperial），後者的來源並非秦王偏好的宗教語言，而是出自拉丁文的軍銜「統帥」（*imperator*）。

2 Robin D. S. Yates, "The Rise of Qin and the Military Conquest of the Warring States"; James C. Scott, *Seeing Like a State: How Certain Schemes to Improve the Human Condition Have Failed.*

3 中國早期帝國是古代世界行政能力最強的帝國，這一論斷參看Samuel E. Finer, *The History of Government*

from the Earliest Times. Volume 1: *Ancient Monarchies and Empires.* 出土的秦和漢初法律文本，參看Anthony J. Barbieri-Low and Robin D. S. Yates, *Law, State, and Society in Early Imperial China: A Study with Critical Edition and Translation of the Legal Texts from Zhangjiashan Tomb No. 247,* 39-46, 221-33; Thies Staack and Ulrich Lau, *Legal Practice in the Formative Stages of the Chinese Empire: An Annotated Translation of the Exemplary Qin Criminal Cases from the Yuelu Academy Collection;* Robin D. S. Yates, "Evidence for Qin Law in the Qianling County Archive: A Preliminary Survey."

4 Maxim Korolkov, "Empire-Building and Market-Making at the Qin Frontier: Imperial Expansion and Economic Change, 221-207 BCE", chap. 2; Gabriel Ardant, "Financial Policy and Economic Infrastructure of Modern States and Nation"; Terence D'Altroy and Timothy Earle, "Staple Finance, Wealth Finance and Storage in the Inka Political Economy."

5 Maxim Korolkov, "Empire-Building and Market-Making at the Qin Frontier: Imperial Expansion and Economic Change, 221-207 BCE", 183-88; Monica L. Smith, "Territories, Corridors, and Networks: A Biological Model for the Premodern State."

6 關於分封諸侯論，參看司馬遷，《史記》，卷六〈秦始皇本紀〉，頁二三八至二三九、二五四至二五五。William H. Nienhauser, *The Grand Scribe's Records,* vol. 1, 137, 146-47.

7 中國行政組織史，參看G. William. Skinner, *The City in Late Imperial China;* Madeleine Zelin, *The Magistrate's Tael: Rationalizing Fiscal Reform in Eighteenth-Century Ch'ing China.*

8 秦的宗教參看Mu-chou Poo, "Religion and Religious Life of the Qin." 以及Charles Sanft, "Paleographic Evidence of Qin Religious Practice from Liye and Zhoujiatai." 中國及其他地方的統治權意識型態，參看Samuel E. Finer, *The History of Government from the Earliest Times,* 26; Léon Vandermeersch, "An Enquiry into the Chinese Conception of the Law"; Dominic Lieven, *Empire: The Russian Empire and Its Rivals,* 10-11.

9 Luke Habberstad, *Forming the Early Chinese Court: Rituals, Spaces, Roles.*

10 研究漢朝政府的許多著作，都依照《漢書》卷十九〈百官公卿表〉的相同順序。我採用魯惟一的職官英譯名稱，但把他的「監督」改為「部」和「部長」，因為中文的名稱兼指官員和官職而言。Michael Loewe, *The Government of the Qin and Han Empires 221 BCE-220 CE;* Hans Bielenstein, *The Bureaucracy of Han Times.* 卜憲群，《秦漢官僚制度》；王先謙，《漢書補注》第二冊，〈百官公卿表第七上〉，頁八五九至九一五。Michael Loewe, *A Biographical Dictionary of the Qin, Former Han and Xin Periods (221 BC-AD 24)*, 757-65. 關於璽印封泥，參看周曉陸、路東之編，《秦封泥集》；中國社會科學院考古研究所漢長安城工作隊，〈西安相家巷遺址秦封泥的發掘〉；以及陝西省考古研究所編著，《秦都咸陽考古報告》。

11 兩位御前大臣官職較高者稱為「相邦」，通常由外來客卿出任，較低者則稱為「丞相」。帝國顧問官稱為「御史大夫」，最高統帥則是「太尉」。丞相、御史大夫、太尉在漢代稱為「三公」，各部長官則是「九卿」，但並無證據顯示秦代已經使用「三公」「九卿」等詞。聶新民、劉雲輝，〈秦置相邦丞相考異〉；司馬遷，《史記》，卷六〈秦始皇本紀〉，頁二三六、二六〇、二六七；卷七十一〈樗里子甘茂列傳〉，頁二三一一。Derk Bodde, *China's First Unifier: A Study of the Ch'in Dynasty as Seen in the Life of Li Ssŭ (280?-208 B.C.)*. 王先謙，《漢書補注》第二冊，〈百官公卿表第七上〉，頁八六六；傅嘉儀，《秦封泥彙攷》，頁三。（譯者案：作者將李斯擔任丞相的時間誤記為西元前二一九至二一三年。）

12 這些政府部門的中文名稱如下：（一）奉常、或太常；（二）郎中令；（三）衛尉；（四）太僕；（五）廷尉；（六）典客；（七）宗正；（八）治粟內史；（九）少府；（十）中尉。奉常／太常、郎中令、衛尉、典客、中尉的職權範圍多半與都城相關。秦時奉常、郎中丞、廷尉、宗正、少府、中尉和內史的璽印封泥皆已發現。漢初律令也記載了備塞都尉、車騎尉、中大夫令等職名，其品秩與政府各部門相當，秦時可能也是如此。Michael Loewe, *The Government of the Qin and Han Empires 221 BCE-220 CE*, 24-33; Hans Bielenstein, *The Bureaucracy of Han Times*, 17-69. 傅嘉儀，《秦封泥彙攷》。Anthony J. Barbieri-Low and Robin D. S. Yates, *Law, State, and Society in Early Imperial China: A Study with Critical Edition and Translation of the Legal Texts from Zhangjiashan Tomb No. 247*, 983-87, 1179.

13 向華山祈禱一事，參看Yuri Pines, "The Question of Interpretation: Qin History in Light of New Epigraphic Sources." 司馬遷，《史記》，卷六〈秦始皇本紀〉，頁二六六；卷二十八〈封禪書〉，頁一三七一至一三

七七。Burton Watson, *Records of the Grand Historian: Han Dynasty,* 16-18; Lothar von Falkenhausen, *Chinese Society in the Age of Confucius (1000-250 BC): The Archaeological Evidence,* 328-36; Hung Wu, "The Art and Architecture of the Warring States Period," 716-17; Michael Nylan and Griet Vankeerberghen, *Chang'an 26 BCE: An Augustan Age in China,* 24, 33, 211-12. 徐衛民，《秦漢都城與自然環境關係研究》，頁一八二至一九九。關於農神，參看Charles Sanft, "Paleographic Evidence of Qin Religious Practices from Liye and Zhoujiatai."（譯者案：華山玉版禱詞應是秦惠文王向華山禱告，祈求神明禳除自己和百姓所罹患的流行病，參看周鳳五，〈《秦惠文王禱詞華山玉版》新探〉，《中央研究院歷史語言研究所集刊》，第七十二本第一分（二○○○年三月），頁二一七至二三二。）

14 陳偉主編，彭浩、劉樂賢撰著，《秦簡牘合集：釋文注釋修訂本》第一冊，頁五五至五六；王先謙，《漢書補注》第二冊，〈百官公卿表第七上〉，頁八八三至八八五。Homer H. Dubs, *The History of the Former Han Dynasty,* vol. 1, 281-83, 242. 范曄，《後漢書》，〈志二十六．百官三〉，頁三五九○。秦的大糧倉稱為「太倉」，國庫則是「大內」。太的字義是「大」，可能寫成「泰」、「大」或「太」。《漢書》也記載，治粟內史掌管君王率百官舉行耕田儀式的「籍田」，但我們不知道秦時是否已存在籍田之禮。王先謙，《漢書補注》第二冊，〈百官公卿表第七上〉，頁八八三至八八五；第三冊，〈律曆志第一上〉，頁一一六四。A.F.P. Hulsewé, *Remnants of Ch'in Law: An Annotated Translation of the Ch'in Legal and Administrative Rules of the 3rd Century B.C. Discovered in Yun-Meng Prefecture, Hu-Pei Province, in 1975,* 54. 傅嘉儀，《秦封泥彙攷》，頁五八；楊振紅，《出土簡牘與秦漢社會（續編）》，頁三至三○。關於太倉，參看A.F.P. Hulsewé, "The Ch'in Documents Discovered in Hupei in 1975", 195-200. 司馬遷，《史記》，卷十一〈孝景本紀〉，頁四四六。Anthony J. Barbieri-Low and Robin D. S. Yates, *Law, State, and Society in Early Imperial China: A Study with Critical Edition and Translation of the Legal Texts from Zhangjiashan Tomb No. 247,* 1013. 傅嘉儀，《秦封泥彙攷》，頁六三。

15 Maxim Korolkov, "Empire-Building and Market-Making at the Qin Frontier: Imperial Expansion and Economic Change, 221-207 BCE", 78, 121; Esson M. Gale, *Discourses on Salt and Iron: A Debate on State Control of Commerce*

and Industry in Ancient China, 34. 王利器，《鹽鐵論校注》上冊，〈復古第六〉，頁七八。漢代少府歲收相對於中央政府的數字，出自漢代中葉的桓譚，《新論》，〈離事第十一〉。王先謙，《漢書補注》第二冊，〈百官公卿表第七上〉，頁八八四至八八五。（譯者案：宋朝收入《太平御覽》的《新論》「下重萬字」，記為「少府所領園地作務之八十三萬萬」，作者依此立論。）

16 關於秦的通信系統，參看王子今，《秦漢交通史稿》，頁二八至三二一。Charles Sanft, *Communication and Cooperation in Early Imperial China: Publicizing the Qin Dynasty,* chap. 6; A.F.P. Hulsewe, *Remnants of Ch'in Law: An Annotated Translation of the Ch'in Legal and Administrative Rules of the 3rd Century B.C. Discovered in Yun-Meng Prefecture, Hu-Pei Province, in 1975,* 211-15; Y. Edmund Lien, "Reconstructing the Postal Relay System of the Han Period."

17 繪製地圖的命令，參看陳偉主編，《里耶秦簡牘校釋》第一卷，頁一一八（8-224、8-412、8-1415號簡）。Maxim Korolkov, "Empire-Building and Market-Making at the Qin Frontier: Imperial Expansion and Economic Change, 221-207 BCE", 479. 引文出自賈公彥，《周禮注疏》上冊，卷九〈地官司徒第二・大司徒〉，頁三三三至三三四。

18 司馬遷，《史記》，卷五十三〈蕭相國世家〉，頁二〇一四。

19 Anthony J. Barbieri-Low and Robin D. S. Yates, *Law, State, and Society in Early Imperial China: A Study with Critical Edition and Translation of the Legal Texts from Zhangjiashan Tomb No. 247,* 111-20; Maxim Korolkov, "Empire-Building and Market-Making at the Qin Frontier: Imperial Expansion and Economic Change, 221-207 BCE", 72. 秦對縣令的稱呼是「大嗇夫」或「縣嗇夫」。由於「嗇夫」是對主事者的通稱，我也依照何四維的英譯稱做「監督人」，只有縣令除外。漢代文獻也提到邑、市、傳舍、廚、庫等「嗇夫」，所有這些官職秦時可能都已存在。財務官職稱做「少內」。關於縣令，參看裘錫圭，〈嗇夫初探〉，以及A.F.P. Hulsewé, *Remnants of Ch'in Law: An Annotated Translation of the Ch'in Legal and Administrative Rules of the 3rd Century B.C. Discovered in Yun-Meng Prefecture, Hu-Pei Province, in 1975,* 36, 87. 關於各種嗇夫，參看A.F.P. Hulsewe, "The Ch'in Documents Discovered in Hupei in 1975", 201-4. 葉山撰，胡川安譯，〈解讀里耶秦簡：秦代地方行政

制度〉；銀雀山漢墓竹簡整理小組編，《銀雀山漢墓竹簡》第一輯，頁八一（守法守令等十三篇，圖版八四三至八四六）、八五（圖版八八八至八九七）、九〇（圖版九四八）；湖北省文物考古研究所、隨州市考古隊編著，《隨州孔家坡漢墓簡牘》，頁一二三、一九七。

20 關於鄰伍，參看Robin D. S. Yates, "Social Status in the Ch'in: Evidence from the Yun-Meng Legal Documents. Part One: Commoners", 219-28; Anthony J. Barbieri-Low and Robin D. S. Yates, *Law, State, and Society in Early Imperial China: A Study with Critical Edition and Translation of the Legal Texts from Zhangjiashan Tomb No. 247,* 788-89.

21 王先謙，《漢書補注》第一冊，〈高帝紀第一上〉，頁十。Anthony J. Barbieri-Low and Robin D. S. Yates, *Law, State, and Society in Early Imperial China: A Study with Critical Edition and Translation of the Legal Texts from Zhangjiashan Tomb No. 247,* 111-19; Maxim Korolkov, "Empire-Building and Market-Making at the Qin Frontier: Imperial Expansion and Economic Change, 221-207 BCE", 104.

22 陳偉主編，彭浩、劉樂賢撰著，《秦簡牘合集：釋文注釋修訂本》第一冊，頁六三至六四、九三至九五、一三五（三六、三七、八六至九三、一八七號簡）。A.F.P. Hulsewé, *Remnants of Ch'in Law: An Annotated Translation of the Ch'in Legal and Administrative Rules of the 3rd Century B.C. Discovered in Yun-Meng Prefecture, Hu-Pei Province, in 1975,* 29, 38-41, 53-55, 78-82, 90-101; Barbieri-Low and Yates, *Law, State, and Society,* 823-32.

23 規定地方官員需呈報之資訊的律令，參看Anthony J. Barbieri-Low and Robin D. S. Yates, *Law, State, and Society in Early Imperial China: A Study with Critical Edition and Translation of the Legal Texts from Zhangjiashan Tomb No. 247,* 798-99. 戶曹的登記簿（計錄）參看陳偉主編，《里耶秦簡牘校釋》第一卷，頁一六七（8-488號簡）；司空曹和倉曹的計錄，參看陳偉主編，《里耶秦簡牘校釋》第一卷，頁一六四（8-480和8-481號簡）；遷陵金布曹的計錄，參看陳偉主編，《里耶秦簡牘校釋》第一卷，頁一五二至一五三（8-454號簡）。

24 Yi-tien Hsing, "Qin-Han Census and Tax and Corvée Administration: Notes on Newly Discovered Texts." 陳絜，〈里耶「戶籍簡」與戰國末期的基層社會〉。Charles Sanft, "Population Records from Liye: Ideology in Practice." 葉山在〈解讀里耶秦簡：秦代地方行政制度〉一文中，提供了一名並未喪夫的女性列為戶主的例

子（里耶8-19號簡）。

25 Anthony J. Barbieri-Low and Robin D. S. Yates, *Law, State, and Society in Early Imperial China: A Study with Critical Edition and Translation of the Legal Texts from Zhangjiashan Tomb No. 247*, 697-706. 睡虎地秦墓竹簡整理小組編，《睡虎地秦墓竹簡》，頁十五（秦律十八種，圖版一至三）。A.F.P. Hulsewé, *Remnants of Ch'in Law: An Annotated Translation of the Ch'in Legal and Administrative Rules of the 3rd Century B.C. Discovered in Yun-Meng Prefecture, Hu-Pei Province, in 1975*, 21.

26 歐洲和清代徵稅的簡短對照，參看Madeleine Zelin, *The Magistrate's Tael: Rationalizing Fiscal Reform in Eighteenth-Century Ch'ing China*, 5-9.

27 中國歷史上的穀糧貯存，參看Francesca Bray, *Science and Civilisation in China*, vol. 6.2, 378-423; Pierre-Etienne Will and Roy Bin Wong, *Nourish the People: The State Civilian Granary System in China, 1650-1850*. 用麻布納稅，參看朱漢民、陳松長主編，《嶽麓書院藏秦簡》第二卷，頁六（圖版二八）。

28 這五種簿籍登記的中文名稱為「宅園戶籍」、「年細籍」、「田比地籍」、「田合籍」、「田租籍」。Anthony J. Barbieri-Low and Robin D. S. Yates, *Law, State, and Society in Early Imperial China: A Study with Critical Edition and Translation of the Legal Texts from Zhangjiashan Tomb No. 247*, 798-99 (slips 331-32).

29 Maxim Korolkov, "Empire-Building and Market-Making at the Qin Frontier: Imperial Expansion and Economic Change, 221-207 BCE", 686-702. 山田勝芳，《秦漢財政収入の研究》，頁三三。

30 引文出自《睡虎地秦墓竹簡》，頁十五（秦律十八種，圖版一至三）。我修訂了A.F.P. Hulsewé, *Remnants of Ch'in Law: An Annotated Translation of the Ch'in Legal and Administrative Rules of the 3rd Century B.C. Discovered in Yun-Meng Prefecture, Hu-Pei Province, in 1975*, 21. 的英譯，另參看Robin D. S. Yates, "Some Notes on Ch'in Law: A Review Article of *Remnants of Ch'in Law* by A.F.P. Hulsewe", 247. 從特定面積的土地徵收固定稅額，參看彭浩，《張家山漢簡《算數書》注釋》，頁七七（題八五），以及Joseph W. Dauben, "Suan Shu Shu: A Book on Numbers and Computations; English Translation with Commentary", 135.

31 Maxim Korolkov, "Empire-Building and Market-Making at the Qin Frontier: Imperial Expansion and Economic

Change, 221-207 BCE.” 換算率的一例如下：「禾三步一斗，麥四步一斗，荅五步一斗。」彭浩，《張家山漢簡《算數書》注釋》，頁五八（題四三）。Joseph W. Dauben, “Suan Shu Shu: A Book on Numbers and Computations; English Translation with Commentary”, 119; Karine Chemla and Biao Ma, “How Do the Earliest Known Mathematical Writings Highlight the State’s Management of Grains in Early Imperial China?”; Karine Chemla and Shuchun Guo, *Les neuf chapitres: Le classique mathematique de la Chine ancienne et ses commentaires,* 201-61.

32 A.F.P. Hulsewé, *Remnants of Ch’in Law: An Annotated Translation of the Ch’in Legal and Administrative Rules of the 3rd Century B.C. Discovered in Yun-Meng Prefecture, Hu-Pei Province, in 1975,* 23; Maxim Korolkov,“Empire-Building and Market-Making at the Qin Frontier: Imperial Expansion and Economic Change, 221-207 BCE”, 81-110. 湖南省文物考古研究所編著，《里耶秦簡》第一冊，頁一（圖版一五〇，該書8-1165號簡，但在陳偉主編，《里耶秦簡牘校釋》第一卷，頁一七九則是8-559號簡）。芻稾的用途，參看Joseph W. Dauben, “Suan Shu Shu: A Book on Numbers and Computations; English Translation with Commentary”, 126-27 (nos. 52-54). 羽毛和蠶繭上稅，參看湖南省文物考古研究所編著，《里耶秦簡》第一冊，頁七六、二三一（8-158、8-1735號簡）。

33 彭浩，《張家山漢簡《算數書》注釋》，頁七三（題七一）。Joseph W. Dauben, “Suan Shu Shu: A Book on Numbers and Computations; English Translation with Commentary”, 132.

34 蔣禮鴻，《商君書錐指》，〈算地第六〉，頁四一。Jan J. L. Duyvendak, *Book of Lord Shang: A Classic of the Chinese School of Law; Translated from the Chinese with Introduction and Notes,* 111; Yuri Pines, *The Book of Lord Shang: Apologetics of State Power in Early China,* 158-59; D. C. Legge, *Mencius: A Bilingual Edition,* 1A.129; Ian Johnston, *The Mozi: A Complete Translation,* 20.200-1. 司馬遷，《史記》，卷七十九〈范雎蔡澤列傳〉，頁二四二三。

35 司馬遷，《史記》，卷六〈秦始皇本紀〉，頁二五一；陳偉主編，《里耶秦簡牘校釋》第一卷，頁三四六（8-1519號簡）。關於「草田」，參看陳偉主編，《里耶秦簡牘校釋》第二卷，頁二一、四九（9-15、9-40號簡）；另參看頁三七七和四七七（編號9-1865、9-2344）。Anthony J. Barbieri-Low and Robin D. S. Yates,

Law, State, and Society in Early Imperial China: A Study with Critical Edition and Translation of the Legal Texts from Zhangjiashan Tomb No. 247, 796 (nos. 323 and 324); Maxim Korolkov, "Empire-Building and Market-Making at the Qin Frontier: Imperial Expansion and Economic Change, 221-207 BCE", 233, 558-62.

36 運用刑徒開墾，參看Maxim Korolkov, "Empire-Building and Market-Making at the Qin Frontier: Imperial Expansion and Economic Change, 221-207 BCE", 122-23. 以及陳偉主編，《里耶秦簡牘校釋》第一卷，頁一四一（8-383號簡）。論及秦的引文，參看劉向集錄，《戰國策》中冊，卷十八〈趙一．秦王謂公子他〉，頁六一八。James Crump, *Chan-Kuo Ts'e*, 336. 關於爵制，參看Anthony J. Barbieri-Low and Robin D. S. Yates, *Law, State, and Society in Early Imperial China: A Study with Critical Edition and Translation of the Legal Texts from Zhangjiashan Tomb No. 247*, xxii, 873-75, 1328. 唐律中存在的類似制度，參看Denis Twitchett, *Financial Administration under the T'ang Dynasty.*

37 一步為六尺，一尺約為二十三點一公分。因此步長一點三九公尺，面積為一點九平方公尺；二百四十方步面積為一畝，百畝為一頃。一畝約為四百五十七平方公尺，因此一頃為四萬五千七百平方公尺。相對來說，一英畝為四千零四十七平方公尺，一公頃則為一萬平方公尺。土地重新分配和爵位高者繳稅的法律，參看Anthony J. Barbieri-Low and Robin D. S. Yates, *Law, State, and Society in Early Imperial China: A Study with Critical Edition and Translation of the Legal Texts from Zhangjiashan Tomb No. 247*, 790-93 (slips 310-17). 以及楊振紅，〈《二年律令》與秦漢名田宅制〉。關於度量衡，參看Endymion Wilkinson, *Chinese History: A New Manual*, 552-58. 這些法律旨在於限制權勢者持有土地的想法，參看Lien-sheng Yang, "Notes on the Economic History of the Chin Dynasty." 以及瀧川龜太郎，《史記會注考證》卷六十八，〈商君列傳第八〉，頁三四〇一。無爵者的地位，參看Robin D. S. Yates, "Social Status in the Ch'in: Evidence from the Yun-Meng Legal Documents. Part One: Commoners", 201-3.

38 Anthony J. Barbieri-Low and Robin D. S. Yates, *Law, State, and Society in Early Imperial China: A Study with Critical Edition and Translation of the Legal Texts from Zhangjiashan Tomb No. 247*, 790-91 (nos. 312-13).

39 令人困惑的是，一「石」既是一百二十斤（每斤兩百五十公克，總重三十公斤）的重量單位，又是一百升

（每升兩百毫升，總重二十公升）的容量單位。孫念禮估算，漢代一石相當於美國一點二九蒲式耳（bushels，英斗）的帶殼小米。班固，《漢書》，卷二十四上〈食貨志上〉，頁一一二五。Nancy Lee Swann, *Food & Money in Ancient China: The Earliest Economic History of China to A.D. 25,* 140-42, 365; Endymion Wilkinson, *Chinese History: A New Manual,* 555-56. 近代土地數字，參看Loren Brandt and Barbara Sands, "Land Concentration and Income Distribution in Republican China", 182.

40 Keith Hopkins, *Conquerors and Slaves: Sociological Studies in Roman History,* 2-3; Sheng-han Shih, *A Preliminary Study of the Book Ch'i Min Yao Shu: An Agricultural Encyclopaedia of the 6th Century.*

41 後世的情況參看Denis Twitchett, *Financial Administration under the T'ang Dynasty,* 1-11; Etienne Balazs, "Le traité économique du 'Souei-chou'", 144-53; Lien-sheng Yang, "Notes on the Economic History of the Chin Dynasty", 119-26, 167-68.

42 日後的鄭國渠，參看Pierre-Étienne Will, "Clear Waters versus Muddy Waters: The Zheng-Bai Irrigation System of Shaanxi Province in the Late-Imperial Period." In *Sediments of Time: Environment and Society in Chinese History,* edited by Mark Elvin and Ts'ui-jung Liu", 325。英國軍官的引文出自Ruth Rogaski, *Hygienic Modernity: Meanings of Health and Disease in Treaty-Port China,* 87; Anthony J. Barbieri-Low, "Coerced Migration and Resettlement in the Qin Imperial Expansion."

43 陳偉主編，彭浩、劉樂賢撰著，《秦簡牘合集：釋文注釋修訂本》第一冊，頁六五（四〇號簡）。A.F.P. Hulsewé, *Remnants of Ch'in Law: An Annotated Translation of the Ch'in Legal and Administrative Rules of the 3rd Century B.C. Discovered in Yun-Meng Prefecture, Hu-Pei Province, in 1975,* 41-42; Armin Selbitschka, "Quotidian Afterlife: Grain, Granary Models, and the Notion of Continuing Sustenance in Late Pre-Imperial and Early Imperial Tombs"; Robin D. S. Yates, "War, Food Shortages, and Relief Measures in Early China."

44 陳偉主編，彭浩、劉樂賢撰著，《秦簡牘合集：釋文注釋修訂本》第一冊，頁五六至五七（二一至二七號簡）。A.F.P. Hulsewé, *Remnants of Ch'in Law: An Annotated Translation of the Ch'in Legal and Administrative Rules of the 3rd Century B.C. Discovered in Yun-Meng Prefecture, Hu-Pei Province, in 1975,* 34-35.

45 蔡萬進，《秦國糧食經濟研究》（敖倉位於滎陽）；司馬遷，《史記》，卷九十七〈酈生陸賈列傳〉，頁二六九四；《睡虎地秦墓竹簡》，頁十九（秦律十八種，圖版四九至五〇）。A.F.P. Hulsewé, *Remnants of Ch'in Law: An Annotated Translation of the Ch'in Legal and Administrative Rules of the 3rd Century B.C. Discovered in Yun-Meng Prefecture, Hu-Pei Province, in 1975*, 31.

46 本節取材於Maxim Korolkov, "Empire-Building and Market-Making at the Qin Frontier: Imperial Expansion and Economic Change, 221-207 BCE." 以及A.F.P. Hulsewé, "Some Remarks on Statute Labour during the Ch'in and Han Period." 里耶文獻中令人目瞪口呆的勞動義務清單，參看陳偉，《里耶秦簡牘校釋》第一卷，頁八四至八五、一九六（8-145、8-663號簡）。

47 《睡虎地秦墓竹簡》，頁二六（秦律十八種，圖版一三六）。A.F.P. Hulsewé, *Remnants of Ch'in Law: An Annotated Translation of the Ch'in Legal and Administrative Rules of the 3rd Century B.C. Discovered in Yun-Meng Prefecture, Hu-Pei Province, in 1975*, 67.

48 參看陳偉主編，彭浩、劉樂賢撰著，《秦簡牘合集：釋文注釋修訂本》第一冊，頁一〇五（一一五至一二四號簡）。Hulsewé, *Remnants of Ch'in Law: An Annotated Translation of the Ch'in Legal and Administrative Rules of the 3rd Century B.C. Discovered in Yun-Meng Prefecture, Hu-Pei Province, in 1975*, 63-64; Anthony J. Barbieri-Low and Robin D. S. Yates, *Law, State, and Society in Early Imperial China: A Study with Critical Edition and Translation of the Legal Texts from Zhangjiashan Tomb No. 247*, 902-10. 我的英譯根據陳偉主編，孫占宇、晏昌貴撰著，《秦簡牘合集：釋文注釋修訂版》第四冊，頁二二五至二三七。A.F.P. Hulsewe, *Remnants of Ch'in Law: An Annotated Translation of the Ch'in Legal and Administrative Rules of the 3rd Century B.C. Discovered in Yun-Meng Prefecture, Hu-Pei Province, in 1975*, 211-15; Anthony J. Barbieri-Low and Robin D. S. Yates, *Law, State, and Society in Early Imperial China: A Study with Critical Edition and Translation of the Legal Texts from Zhangjiashan Tomb No. 247*, 693-711.

49 Joseph Needham, Ling Wang, and Gwei-djen Lu, *Science and Civilisation in China*, vol. 4.3, 299-306; Maxim Korolkov, "Empire-Building and Market-Making at the Qin Frontier: Imperial Expansion and Economic Change,

221-207 BCE", 497-509. 史念海，〈論濟水和鴻溝〉。

50 關於漢代律法，參看Anthony J. Barbieri-Low, and Robin D. S. Yates, *Law, State, and Society in Early Imperial China: A Study with Critical Edition and Translation of the Legal Texts from Zhangjiashan Tomb No. 247*, 902-3. 關於水利管理，參看Brian Lander, "State Management of River Dikes in Early China: New Sources on the Environmental History of the Central Yangzi Region." 對都水職責的描述，乃是依據如淳注《漢書》引用的《三輔黃圖》。王先謙，《漢書補注》第二冊，〈百官公卿表第七上〉，頁八七〇、八八四至八八五、八九四至八九六；傅嘉儀，《秦封泥彙攷》，頁十八；何清谷，《三輔黃圖校釋》，頁三五三至三五五。

51 引文出自Gideon Shelach, "Collapse or Transformation? Anthropological and Archaeological Perspectives on the Fall of Qin", 129. 司馬遷，《史記》，卷六〈秦始皇本紀〉，頁二四四至二五九。William H. Nienhauser, *The Grand Scribe's Records*, vol. 1, 139-51. 魯惟一在"On the Terms Bao Zi, Yin Gong, Yin Guan, Huan, and Shou: Was Zhao Gao a Eunuch?"一文中主張，司馬遷提及的「隱宮徒刑者七十餘萬人」可能是「隱官」，這些囚犯遭受過肉刑，但隨後得到一定程度的解放。關於君主制和環境，參看Martin Warnke, *Political Landscape: The Art History of Nature.*

52 Marlee A. Tucker et al., "Moving in the Anthropocene: Global Reductions in Terrestrial Mammalian Movements."

53 司馬遷，《史記》，卷八十八〈蒙恬列傳〉，頁二五七〇。William H. Nienhauser, *The Grand Scribe's Records*, vol. 7, 367. 「輕」的英譯加以修訂，以反映「隨便對待，認為無足輕重」的字義。質疑對秦國傳統看法的學術著作範例，參看Derk Bodde, "The State and Empire of Ch'in"; Charles Sanft, *Communication and Cooperation in Early Imperial China: Publicizing the Qin Dynasty*; Xiaofen Huang, "A Study of Qin Straight Road (*zhidao* 直道) of the Qin Dynasty"一文，強調直道的規模大得不必要。

54 《睡虎地秦墓竹簡》，頁二〇（秦律十八種，圖版六三）。A.F.P. Hulsewé, *Remnants of Ch'in Law: An Annotated Translation of the Ch'in Legal and Administrative Rules of the 3rd Century B.C. Discovered in Yun-Meng Prefecture, Hu-Pei Province, in 1975*, 45; Brian Lander, Mindi SSchneider, and Katherine Brunson, "A History of Pigs in China: From Curious Omnivores to Industrial Pork." 關於盜竊家畜，參看《睡虎地秦墓竹簡》，頁四九、五

一至五三、七〇（法律答問，圖版五至六、二九、四一至五〇；封診式，圖版二一）。A.F.P. Hulsewé, *Remnants of Ch'in Law: An Annotated Translation of the Ch'in Legal and Administrative Rules of the 3rd Century B.C. Discovered in Yun-Meng Prefecture, Hu-Pei Province, in 1975*, 122-33, 189.

55 司馬遷，《史記》，卷一二九〈貨殖列傳〉，頁三二五四、三二六二。Burton Watson, *Records of the Grand Historian: Han Dynasty*, 434, 441; Xiaolong Wu, "Cultural Hybridity and Social Status: Elite Tombs on China's Northern Frontier during the Third Century BC."

56 秦擁有大量牛隻的概念，參看劉向集錄，《戰國策》中冊，卷十八〈趙一．秦王謂公子他〉，頁六一八。James Crump, *Chan-Kuo Ts'e*, 336. 《睡虎地秦墓竹簡》，頁十八至二五（秦律十八種，圖版四七、七二至七四、一一七至一二四）。A.F.P. Hulsewé, *Remnants of Ch'in Law: An Annotated Translation of the Ch'in Legal and Administrative Rules of the 3rd Century B.C. Discovered in Yun-Meng Prefecture, Hu-Pei Province, in 1975*, 30, 47, 63; Anthony J. Barbieri-Low and Robin D. S. Yates, *Law, State, and Society in Early Imperial China: A Study with Critical Edition and Translation of the Legal Texts from Zhangjiashan Tomb No. 247*, 920-33 (nos. 421-25). 彭浩，《張家山漢簡《算數書》注釋》，頁五二（五三至五四題）。Joseph W. Dauben, "Suan Shu Shu: A Book on Numbers and Computations; English Translation with Commentary", 126-27.

57 《睡虎地秦墓竹簡》，頁十六至二五（秦律十八種，圖版十三至二〇、三一、一一六至一一七）。A.F.P. Hulsewé, *Remnants of Ch'in Law: An Annotated Translation of the Ch'in Legal and Administrative Rules of the 3rd Century B.C. Discovered in Yun-Meng Prefecture, Hu-Pei Province, in 1975*, 26-28, 74, 115.

58 周曉陸、路東之編，《秦封泥集》，頁一八三至一九八；傅嘉儀，《秦封泥彙考》。Anthony J. Barbieri-Low and Robin D. S. Yates, *Law, State, and Society in Early Imperial China: A Study with Critical Edition and Translation of the Legal Texts from Zhangjiashan Tomb No. 247*, 983-84, 1014, 1061, 1079-80, 1118-62, 1256; Xiang Wan, "The Horse in Pre-Imperial China."

59 陳偉主編，彭浩、劉樂賢撰著，《秦簡牘合集：釋文注釋修訂本》第一冊，頁一六一、一七〇（九至十、二九至三〇號簡）。A.F.P. Hulsewé, *Remnants of Ch'in Law: An Annotated Translation of the Ch'in Legal and*

Administrative Rules of the 3rd Century B.C. Discovered in Yun-Meng Prefecture, Hu-Pei Province, in 1975, 107, 114.

60 Charles Sanft, "Environment and Law in Early Imperial China (Third Century, BCE-First Century CE): Qin and Han Statutes Concerning Natural Resources"; Ian M Miller, "Forestry and the Politics of Sustainability in Early China"; W. Allyn Rickett, *Guanzi: Political, Economic and Philosophical Essays from Early China: A Study and Translation*, vol. 1, 107; John Knoblock, *Xunzi: A Translation and Study of the Complete Works*, 9.241.

61 Ian M. Miller, "Forestry and the Politics of Sustainability in Early China"; Nancy Lee Swann, *Food & Money in Ancient China: The Earliest Economic History of China to A.D. 25*, 121. 《周官》將這些官員稱為山虞、林衡、川衡、澤虞。賈公彥，《周禮注疏》上冊，卷十七〈地官司徒下〉，頁五九〇至五九五。Édouard Biot, *Le Tcheou-li ou Rites des Tcheou*, 105-6; John Knoblock and Jeffrey Riegel, *The Annals of Lu Buwei: A Complete Translation and Study*, 6.155.（另參看該書頁六五三。）王先謙，《荀子集解》，〈王制第九〉，頁一六八。John Knoblock, *Xunzi: A Translation and Study of the Complete Works*, 106.（譯者案：《呂氏春秋》，〈季夏紀第六〉：「是月也，樹木方盛，〔陰將始刑〕，乃命虞人入山行木，無或斬伐。」作者正文誤記為春季。）

62 引文出自《睡虎地秦墓竹簡》，頁十五（秦律十八種，圖版三至六）。A.F.P. Hulsewé, *Remnants of Ch'in Law: An Annotated Translation of the Ch'in Legal and Administrative Rules of the 3rd Century B.C. Discovered in Yun-Meng Prefecture, Hu-Pei Province, in 1975*, 22.（我修訂了何四維的英譯。）Robin D. S. Yates, "Some Notes on Ch'in Law: A Review Article of *Remnants of Ch'in Law* by A.F.P. Hulsewe", 248. 梁柱、劉信芳編著，《雲夢龍崗秦簡》，簡片二七八、二七九、二五八、二五四包含秦朝在湖北雲夢禁苑施行的律法，其中宣告在苑內盜獵野豬、狗和三種鹿的人，被查獲將處以苦役，但任何獵捕豺、狼、狸、豪豬、狐、雉和兔的人，被查獲則不受處罰。關於木炭，參看Joseph W. Dauben, "Suan Shu Shu: A Book on Numbers and Computations; English Translation with Commentary", 146.

63 《史記．貨殖列傳》顯示，戰國時期是大規模私人貿易盛行的時代，儘管其記載反映司馬遷自身的時代，或許更多於一兩百年前的情況。司馬遷，《史記》，卷一二九〈貨殖列傳〉，頁三二五三至三二八四。Burton Watson, *Records of the Grand Historian: Han Dynasty*, 433-54. 採礦和金屬，參看Peter J. Golas, *Science*

and Civilisation in China, vol. 5.13, 72-109; Donald B. Wagner, *Science and Civilisation in China*, vol. 5.11, 140-44. 使用刑徒開礦，參看Maxim Korolkov, "Empire-Building and Market-Making at the Qin Frontier: Imperial Expansion and Economic Change, 221-207 BCE", 215.（引述湖南省文物考古研究所編著，《里耶秦簡》，頁五七至五八〔12-3、12-447號簡〕。）

64 Donald B. Wagner, *Iron and Steel in Ancient China*, 258; Donald B. Wagner, *Science and Civilisation in China*, vol. 5.11, 83-170. 劉興林，《先秦兩漢農業與鄉村聚落的考古學研究》，頁三三三至三三九。關於出土文本，參看Anthony J. Barbieri-Low and Robin D. S. Yates, *Law, State, and Society in Early Imperial China: A Study with Critical Edition and Translation of the Legal Texts from Zhangjiashan Tomb No. 247*, 1251-54. 何有祖，〈新見里耶秦簡牘資料選校（一）〉（10-673號簡）。

65 Songchang Chen, "Two Ordinances Issued during the Reign of the Second Emperor of the Qin Dynasty in the Yuelu Academy Collection of Qin Slips."

66 放馬灘地圖，參看晏昌貴，〈天水放馬灘木板地圖新探〉；陳偉主編，孫占宇、晏昌貴撰著，《秦簡牘合集：釋文注釋修訂版》第四冊；王子今、李斯，〈放馬灘秦地圖林業交通史料研究〉。Donald J. Harper and Marc Kalinowski, *Books of Fate and Popular Culture in Early China: The Daybook Manuscripts of the Warring States, Qin, and Han*, 21-25. 《漢書》陳述渭河和鄰近的洮河上游山谷森林茂密，當地人民以木板築屋（「天水、隴西，山多林木，民以板為室屋」），這對於屋舍以夯土和磚築成的關中人民來説並不尋常。史念海，《黃土高原歷史地理研究》，頁一二五、一四九至一五〇；王先謙，《漢書補注》第六冊，〈地理志第八下二〉，頁二八二四；王利器，《鹽鐵論校注》上冊，卷一〈通有第三〉，頁四一。木材順流而下，參看王利器，《新語校注》卷下，〈資質第七〉，頁一〇一。John S. Major et al., *The Huainanzi: A Guide to the Theory and Practice of Government in Early Han China*, 18.733.

67 關於地圖，參看W. Allyn. Rickett, *Guanzi: Political, Economic and Philosophical Essays from Early China: A Study and Translation*, 387-91. 邢義田，〈論馬王堆漢墓「駐軍圖」應正名為「箭道封域圖」〉；賈公彥，《周禮注疏》卷十七，〈地官司徒下．卝人〉，頁五九六至五九七；陳偉主編，孫占宇、晏昌貴撰著，《秦簡牘合

集：釋文注釋修訂版》第四冊，頁一九七。

68 William H. Nienhauser, *The Grand Scribe's Records*, vol. 1, 168. 司馬遷，《史記》，卷六〈秦始皇本紀〉，頁二八三。Walter Scheidel, "The Early Roman Monarchy," 233-34.

69 Bruce G. Trigger, *Understanding Early Civilizations: A Comparative Study*, 388.（引述韋伯。）

第六章・百代秦政——中國歷代王朝如何形塑環境

1 本段依據Maxim Korolkov, "Empire-Building and Market-Making at the Qin Frontier: Imperial Expansion and Economic Change, 221-207 BCE", chap. 7.

2 關於非法拓殖，參看Peter Perdue, *Exhausting the Earth: State and Peasant in Hunan, 1500-1850;* James Reardon-Anderson, *Reluctant Pioneers: China's Expansion Northward, 1644-1937;* John Robert Shepherd, *Statecraft and Political Economy on the Taiwan Frontier, 1600-1800.* 關於國家組織的資源榨取，參看Jonathan Schlesinger, *A World Trimmed with Fur: Wild Things, Pristine Places, and the Natural Fringes of Qing.*

3 Pierre-Etienne Will and Roy Bin Wong, *Nourish the People: The State Civilian Granary System in China, 1650-1850.*

4 「斯密型成長」指的是勞力分工、市場擴大而帶來的經濟成長，相對於化石燃料驅動的工業化所促成的更快速成長而言。Richard Von Glahn, *The Economic History of China: From Antiquity to the Nineteenth Century,* 9-10; Maxim Korolkov, "Empire-Building and Market-Making at the Qin Frontier: Imperial Expansion and Economic Change, 221-207 BCE."

5 華語人口及其生態系的整體擴張，參看Robert B. Marks, *China: An Environmental History;* Edwin G. Pulleyblank, "The Chinese and Their Neighbours in Prehistoric and Early Historic Times"; Endymion Wilkinson, *Chinese History: A New Manual,* sections 25.1, "Internal Migration", and 25.2, "Becoming Chinese." 關於珠江三角洲，參看Pamela Crossley, Helen Siu, and Donald Sutton, *Empire at the Margins: Culture, Ethnicity and Frontier in Early Modern China,* 171-89. 從家譜中去除原住民祖先，參看Michael Szonyi, *Practicing Kinship: Lineage and Descent in Late Imperial China.*

6 對今日華南地方的殖民，參看Erica Brindley, *Ancient China and the Yue: Perceptions and Identities on the Southern Frontier, c. 400 BCE-50 CE;* Rafe de Crespigny, *Generals of the South: The Foundation and Early History of the Three Kingdoms State of Wu;* Robert B. Marks, *Tigers, Rice, Silk, and Silt: Environment and Economy in Late Imperial South China;* Hugh R. Clark, *Community, Trade, and Networks: Southern Fujian Province from the Third to the Thirteenth Century;* Catherine Churchman, *The People between the Rivers: The Rise and Fall of a Bronze Drum Culture, 200-750 CE.* 關於四川，參看Richard von Glahn, *The Country of Streams and Grottoes: Expansion, Settlement, and the Civilizing of the Sichuan Frontier in Song Times.* 關於朝鮮，參看Mark E. Byington, *The Han Commanderies in Early Korean History;* John S. Lee, "Protect the Pines, Punish the People: Forests and the State in Pre-Industrial Korea, 918-1897." 關於西南，參看Alice Yao, *The Ancient Highlands of Southwest China: From the Bronze Age to the Han Empire;* John E. Herman, *Amid the Clouds and Mist: China's Colonization of Guizhou, 1200-1700;* Xiaotong Wu et al., "Resettlement Strategies and Han Imperial Expansion into Southwest China: A Multimethod Approach to Colonialism and Migration"; C. Patterson Giersch, *Asian Borderlands: The Transformation of Qing China's Yunnan Frontier;* Pamela Crossley, Helen Siu, and Donald Sutton, *Empire at the Margins: Culture, Ethnicity and Frontier in Early Modern China;* Tana Li, "Towards an Environmental History of the Eastern Red River Delta, Vietnam, c. 900-1400." 關於日本採用中國式治理，參看Conrad Totman, *Japan: An Environmental History*, 74-92.

7 James C. Scott, *The Art of Not Being Governed: An Anarchist History of Upland Southeast Asia;* Ian M. Miller, *Fir and Empire: The Transformation of Forests in Early Modern China.*

8 Chun-shu Chang, *The Rise of the Chinese Empire;* Peter Perdue, *China Marches West: The Qing Conquest of Central Eurasia;* Owen Lattimore, *Inner Asian Frontiers of China;* David A. Bello, *Across Forest, Steppe, and Mountain: Environment, Identity, and Empire in Qing China's Borderlands;* Jonathan Schlesinger, *A World Trimmed with Fur: Wild Things, Pristine Places, and the Natural Fringes of Qing.*

9 根據傳統史料的概述，參看Joseph Needham, Ling Wang, and Gwei-djen Lu, *Science and Civilisation in China,*

vol. 4.3. 關於黃河，參看Mark Elvin, *The Retreat of the Elephants: An Environmental History of China;* Ling Zhang, *The River, the Plain, and the State: An Environmental Drama in Northern Song China, 1048-1128;* David A. Pietz, *The Yellow River: The Problem of Water in Modern China.* 關於南方和「水力週期」，參看Pierre-Étienne Will, "State Intervention in the Administration of a Hydraulic Infrastructure: The Example of Hubei Province in Late Imperial Times." 另參看鄭永昌文字撰述，《水到渠成：院藏清代河工檔案輿圖特展》。

10 Brian Lander, "State Management of River Dikes in Early China: New Sources on the Environmental History of the Central Yangzi Region." 凌文超，《走馬樓吳簡采集簿書整理與研究》，頁四二四至四五四。

11 治水相關文獻，參看Joseph Needham, Ling Wang, and Gwei-djen Lu, *Science and Civilisation in China*, vol. 4.3, 323-29. 鄭永昌文字撰述，《水到渠成：院藏清代河工檔案輿圖特展》。關於農書，參看Francesca Bray, *Science and Civilisation in China*, vol. 6.2, 55-80; Thomas Allsen, *Culture and Conquest in Mongol Eurasia*, 121-26.

12 關於中華人民共和國，參看Robert B. Marks, *China: An Environmental History*, 307-91.

結語——人類世的國家

1 歐美人的「國家恐懼症」，參看Michel Foucault, *Security, Territory, Population: Lectures at the College de France 1977-78.* 尤其是*The Birth of Biopolitics: Lectures at the College de France, 1978-79.*

2 Mark Elvin, "War and the Logic of Short-Term Advantage"; John J. Mearsheimer, *The Tragedy of Great Power Politics*, chap. 3.

3 經濟成長而不增加資源使用的不可能，參看Vaclav Smil, *Growth: From Microorganisms to Megacities.*

4 Mark Elvin, "Three Thousand Years of Unsustainable Growth: China's Environment from Archaic Times to the Present."

參考書目

英語文獻（依姓氏字母排序）

Akashi, Yukari, Naomi Fukuda, Tadayuki Wako, Masaharu Masuda, and Kenji Kato. "Genetic Variation and Phylogenetic Relationships in East and South Asian Melons, *Cucumis melo* L., Based on the Analysis of Five Isozymes." *Euphytica* 125, no. 3 (2002): 385-96.

Algaze, Guillermo. *Ancient Mesopotamia at the Dawn of Civilization: The Evolution of an Urban Landscape*. Chicago: University of Chicago Press, 2008.

Allan, Sarah.（艾蘭） "Erlitou and the Formation of Chinese Civilization: Towards a New Paradigm." *Journal of Asian Studies* 66, no. 2 (2007): 461-96.

Allan, Sarah. "The *Taotie* Motif on Early Chinese Ritual Bronzes." In *The Zoomorphic Imagination in Chinese Art and Culture*, edited by Jerome Silbergeld and Eugene Wang（謝柏軻、汪悅進）, 21-66. Honolulu: University of Hawaii Press, 2016.

Allsen, Thomas. *Culture and Conquest in Mongol Eurasia*. Cambridge: Cambridge University Press, 2001.

Allsen, Thomas. *The Royal Hunt in Eurasian History*. Philadelphia: University of Pennsylvania Press, 2006.

Ames, Roger T.（安樂哲） *Sun-Tzu: The Art of Warfare; The First English Translation Incorporating the Recently Discovered Yin-Ch'ueh-Shan Texts*. New York: Ballantine, 1993.

An, Chengbang（安成邦）, Zhao-Dong Feng（馮兆東）, and Loukas Barton. "Dry or Humid? Mid-Holocene Humidity Changes in Arid and Semi-Arid China." *Quaternary Science Reviews* 25 (2006): 351-61.

An, Jingping, Wiebke Kirleis, and Guiyun Jin（靳桂雲）. "Changing of Crop Species and Agricultural Practices from the Late Neolithic to the Bronze Age in the Zhengluo Region, China." *Archaeological and Anthropological Sciences* 11 (2019): 6273-86.

Anderson, Eugene. *Food and Environment in Early and Medieval China*. Philadelphia: University of Pennsylvania Press, 2014.

Ardant, Gabriel. "Financial Policy and Economic Infrastructure of Modern States and Nations." In *The Formation of National States in Western Europe*, edited by Charles Tilly and Gabriel Ardant, 164-242. Princeton, NJ: Princeton University Press, 1975.

Atahan, Pia, John Dodson, Xiaoqiang Li（李小強）, Xinying Zhou（周新郢）, Songmei Hu（胡松梅）, Liang Chen（陳靚）, Fiona Bertuch, and Kliti Grice. "Early Neolithic Diets at Baijia, Wei River Valley, China: Stable Carbon and Nitrogen Isotope Analysis of Human and Faunal Remains." *Journal of Archaeological Science* 38, no. 10 (2011): 2811-17.

Bagley, Robert.（貝格立） *Ancient Sichuan: Treasures from a Lost Civilization*. Seattle: Seattle Art Museum and Princeton University Press, 2001.

Bagley, Robert. "Shang Archaeology." In *The Cambridge History of Ancient China: From the Origins of Civilization to 221 B.C.*, edited by Michael Loewe and Edward Shaughnessy, 124-231. Cambridge: Cambridge University Press, 1999.

Balazs, Etienne.（白樂日） "Le traite economique du 'Souei-chou." *T'oung Pao* 42, no. 3/4 (1953): 113-329.

Barbieri-Low, Anthony J.（李安敦）*Artisans in Early Imperial China*. Seattle: University of Washington Press, 2007.

Barbieri-Low, Anthony J. "Coerced Migration and Resettlement in the Qin Imperial Expansion." *Journal of Chinese History*, 2019, 1-22.

Barbieri-Low, Anthony J., and Robin D. S. Yates（葉山）. *Law, State, and Society in Early Imperial China: A Study with Critical Edition and Translation of the Legal Texts from Zhangjiashan Tomb No. 247*. 2 vols. Leiden, Netherlands: Brill, 2015.

Bar-On, Yinon M., Rob Phillips, and Ron Milo. "The Biomass Distribution on Earth." *Proceedings of the National Academy of Sciences* 115, no. 5 (2018): 6506-11.

Barton, Loukas, Seth Newsome, Fa-Hu Chen（陳發虎）, Hui Wang（王輝）, Thomas Guilderson, and Robert Bettinger. "Agricultural Origins and the Isotopic Identity of Domestication in Northern China." *Proceedings of the National Academy of Sciences* 106, no. 14 (2009): 5523-28.

Beer, Ruth, Franziska Kaiser, Kaspar Schmidt, Brigitta Ammann, Gabriele Carraro, Ennio Grisa, and Willy Tinner. "Vegetation History of the Walnut Forests in Kyrgyzstan (Central Asia): Natural or Anthropogenic Origin?" *Quaternary Science Reviews* 27, nos. 5-6 (2008): 621-32.

Begon, Michael, Colin Townsend, and John Harper. *Ecology: From Individuals to Ecosystems.* 4th edition. Malden, MA: Blackwell, 2005.

Belich, James. *Replenishing the Earth: The Settler Revolution and the Rise of the Anglo World, 1783-1949.* Oxford: Oxford University Press, 2009.

Bello, David A.（貝杜維） *Across Forest, Steppe, and Mountain: Environment, Identity, and Empire in Qing China's Borderlands.* New York: Cambridge University Press, 2016.

Bellwood, Peter. "Asian Farming Diasporas? Agriculture, Languages, and Genes in China and Southeast Asia." In *Archaeology of Asia,* edited by Miriam T. Stark, 96-118. Oxford: Blackwell, 2006.

Benjamin, Walter. "Theses on the Philosophy of History," in *Illuminations.* New York: Schocken, 1968.

Bensel, Richard. *Yankee Leviathan: The Origins of Central State Authority in America, 1859-1877.* Cambridge: Cambridge University Press, 1990.

Bestel, Sheahan, Yingjian Bao, Hua Zhong, Xingcan Chen, and Li Liu.（貝喜安、鮑穎建、鍾華、陳星燦、劉莉）"Wild Plant Use and Multi-Cropping at the Early Neolithic Zhuzhai Site in the Middle Yellow River Region, China." *The Holocene* 28, no. 2 (2018): 195-207.

Bestel, Sheahan, Gary W. Crawford, Li Liu, Jinming Shi（石金鳴）, Yanhua Song（宋艷花）, and Xingcan Chen.

"The Evolution of Millet Domestication, Middle Yellow River Region, North China: Evidence from Charred Seeds at the Late Upper Paleolithic Shizitan Locality 9 Site." *The Holocene* 24, no. 3 (2014): 261-65.

Betzig, Laura. *Despotism and Differential Reproduction: A Darwinian View of History*. New York: Aldine, 1986.

Bielenstein, Hans.（畢漢思） *The Bureaucracy of Han Times*. Cambridge: Cambridge University Press, 1980.

Bielenstein, Hans. "Chinese Historical Demography A.D. 2-1982." *Bulletin of the Museum of Far Eastern Antiquities* 59 (1987): 1-288.

Biot, Édouard.（畢歐） *Le Tcheou-li ou Rites des Tcheou*. Paris: Imprimerie Nationale, 1851.

Blackburn, Simon. *Lust*. New York: New York Public Library, 2004.

Bodde, Derk.（卜德） *China's First Unifier: A Study of the Ch'in Dynasty as Seen in the Life of Li Ssŭ (280?-208 B.C.)*. Leiden, Netherlands: E. J. Brill, 1938.

Bodde, Derk. *Festivals in Classical China: New Year and Other Annual Observances during the Han Dynasty, 206 B.C.-A. D. 220*. Princeton, NJ: Princeton University Press, 1975.

Bodde, Derk. "The State and Empire of Ch'in." In *The Cambridge History of China*. Volume. 1: *The Ch'in and Han Empires, 221 B.C.-A.D. 220*, edited by Denis Twitchett and John Fairbank（杜希德、費正清）, 20-102. Cambridge: Cambridge University Press, 1986.

Bogaard, Amy, Mattia Fochesato, and Samuel Bowles. "The Farming-Inequality Nexus: New Insights from Ancient Western Eurasia." *Antiquity* 93, no. 371 (2019): 1129-43.

Boserup, Ester. *The Conditions of Agricultural Growth: The Economics of Agrarian Change under Population Pressure*. Chicago: Aldine, 1966.

Brandt, Loren（白若文）, and Barbara Sands. "Land Concentration and Income Distribution in Republican China." In *Chinese History in Economic Perspective*, edited by Thomas Rawski and Lillian Li（羅斯基、李明珠）, 179-207. Berkeley: University of California Press, 1992.

Bray, Francesca.（白馥蘭） *Science and Civilisation in China*. Volume 6.2: *Agriculture*. Cambridge: Cambridge

University Press, 1984.

Bretschneider, Emil.（貝勒）“Botanicon Sinicum: Notes on Chinese Botany from Native and Western Sources: Part 2.” *Journal of the North China Branch of the Royal Asiatic Society* 25 (1893): 1-468.

Brewer, John. *The Sinews of Power: War, Money, and the English State, 1688-1783*. Cambridge, MA: Harvard University Press, 1990.

Brindley, Erica.（錢德樑）*Ancient China and the Yue: Perceptions and Identities on the Southern Frontier, c. 400 BCE-50 CE*. Cambridge: Cambridge University Press, 2015.

Brook, Timothy（卜正民）, and Gregory Blue. *China and Historical Capitalism: Genealogies of Sinological Knowledge*. Cambridge: Cambridge University Press, 1999.

Byington, Mark E.（畢伊頓）, editor. *The Han Commanderies in Early Korean History*. Cambridge, MA: Early Korea Project, 2013.

Cai, Dawei, Yang Sun, Zhuowei Tang, Songmei Hu, Wenying Li, Xingbo Zhao, Hai Xiang, and Hui Zhou.（蔡大偉、孫洋、湯卓煒、胡松梅、李文瑛、趙興波、向海、周慧）“The Origins of Chinese Domestic Cattle as Revealed by Ancient DNA Analysis.” *Journal of Archaeological Science* 41 (2014): 423-34.

Cai, Dawei, Zhuowei Tang, Huixin Yu, Lu Han, Xiaoyan Ren, Xingbo Zhao, Hong Zhu, and Hui Zhou.（蔡大偉、湯卓煒、于會新、韓璐、任曉燕、趙興波、朱泓、周慧）“Early History of Chinese Domestic Sheep Indicated by Ancient DNA Analysis of Bronze Age Individuals.” *Journal of Archaeological Science* 38, no. 4 (2011): 896-902.

Cai, Yanjun（蔡演軍）, et al. “The Variation of Summer Monsoon Precipitation in Central China since the Last Deglaciation.” *Earth and Planetary Science Letters* 291, nos. 1-4 (2010): 21-31.

Caldwell, Ernest.（康佩里）“Social Change and Written Law in Early Chinese Legal Thought.” *Law and History Review* 32, no. 1 (2014): 1-30.

Campbell, Roderick.（江雨德）*Archaeology of the Chinese Bronze Age: From Erlitou to Anyang*. Los Angeles: Cotsen Institute of Archaeology Press, 2014.

Campbell, Roderick. "Toward a Networks and Boundaries Approach to Early Complex Polities: The Late Shang Case." *Current Anthropology* 50, no. 6 (2009): 821-48.

Campbell, Roderick. *Violence, Kinship and the Early Chinese State: The Shang and Their World*. New York: Cambridge University Press, 2018.

Campbell, Roderick, Zhipeng Li, Yuling He, and Yuan Jing.（江雨德、李志鵬、何毓靈、袁靖）"Consumption, Exchange and Production at the Great Settlement Shang: Bone-Working at Tiesanlu, Anyang." *Antiquity* 85, no. 330 (2011): 1279-97.

Carneiro, Robert L. "The Role of Warfare in Political Evolution: Past Results and Future Projections." In *Effects of War on Society*, edited by G Ausenda, 87-102. Republic of San Marino: Center for Interdisciplinary Research on Social Stress, 1992.

Ceballos, Gerardo, Paul R. Ehrlich, and Rodolfo Dirzo. "Biological Annihilation via the Ongoing Sixth Mass Extinction Signaled by Vertebrate Population Losses and Declines." *PNAS* 114, no. 30 (2017): E6089-96.

Chang, Chun-shu.（張春樹）*The Rise of the Chinese Empire*. 2 vols. Ann Arbor: University of Michigan Press, 2007.

Chang, Kwang-chih.（張光直）"The Animal in Shang and Chou Bronze Art." *Harvard Journal of Asiatic Studies* 41, no. 2 (1981): 527-54.

Chang, Kwang-chih. *The Archaeology of Ancient China*. 4th edition. New Haven, CT: Yale University Press, 1986.

Chang, Kwang-chih. *Art, Myth, and Ritual: The Path to Political Authority in Ancient China*. Cambridge, MA: Harvard University Press, 1983.

Chao, Glenda E.（趙家華）"Culture Change and Imperial Incorporation in Early China: An Archaeological Study of the Middle Han River Valley (ca. 8th century BCE-1st century CE)." PhD diss., Columbia University, New York, 2017.

Chavannes, Edouard.（沙畹）*Les Memoires Historiques de Se-ma Ts'ien*. Paris: Adrien-Maisonneuve, 1967.

Chemla, Karine, and Shuchun Guo.（林力娜、郭書春）*Les neuf chapitres: Le classique mathematique de la Chine ancienne et ses commentaires*. Paris: Dunod, 2004.

Chemla, Karine, and Biao Ma.（林力娜、馬彪）"How Do the Earliest Known Mathematical Writings Highlight the State's Management of Grains in Early Imperial China?" *Archive for the History of Exact Sciences* 69 (2015): 1-53.

Chen, Shouliang, Li Dezhu, Zhu Guanghua, and Wu Zhenlan.（陳守良、李德銖、朱光華、吳珍蘭）*Flora of China*. Volume 22: *Poaceae*. Beijing: Science Press and St. Louis: Missouri Botanical Garden Press, 2006.

Chen, Songchang. "Two Ordinances Issued during the Reign of the Second Emperor of the Qin Dynasty in the Yuelu Academy Collection of Qin Slips."*Chinese Cultural Relics* 3, nos. 1-2 (2016): 288-97.（中文版：陳松長，〈嶽麓秦簡中的兩條秦二世時期令文〉，《文物》（二〇一五年第九期），頁八八至九二。）

Chiang, Chi Lu.（蔣濟陸）"The Scale of War in the Warring States Period." PhD diss., Columbia University, New York, 2005.

Chou, Hung-Hsiang.（周鴻翔）"Fu-X Ladies of the Shang Dynasty." *Monumenta Serica* 29 (1970/1971): 346-90.

Churchman, Catherine.（龔雅華）*The People between the Rivers: The Rise and Fall of a Bronze Drum Culture, 200-750 CE*. Lanham: Rowman and Littlefield, 2016.

Clark, Christopher. *Iron Kingdom: The Rise and Downfall of Prussia, 1600–1947*. Cambridge, MA: Belknap Press of Harvard University Press, 2006.

Clark, Hugh R.（柯胡）*Community, Trade, and Networks: Southern Fujian Province from the Third to the Thirteenth Century*. Cambridge: Cambridge University Press, 2002.

Clastres, Pierre. *Society against the State: The Leader as Servant and the Humane Uses of Power among the Indians of the Americas*. New York: Urizen, 1977.

Clift, Peter, and R. Alan Plumb. *The Asian Monsoon*. Cambridge: Cambridge University Press, 2008.

Clutton-Brock, T. H. *Mammal Societies*. Chichester, England: John Wiley & Sons, 2016.

Comas, Inaki, Mireia Coscolla, Tao Luo, Sonia Borrell, Kathryn E. Holt, Midori Kato-Maeda, Julian Parkhill, et al. "Out-of-Africa Migration and Neolithic Coexpansion of *Mycobacterium tuberculosis* with Modern Humans." *Nature*

Genetics 45, no. 10 (2013): 1176-82.

Cook, Constance A.（柯鶴立） "Moonshine and Millet: Feasting and Purification Rituals in Ancient China." In *Of Tripod and Palate: Food, Politics and Religion in Traditional China,* edited by Roel Sterckx（胡司德）, 9-33. New York: Palgrave Macmillan, 2005.

Cook, Constance A. "Wealth and the Western Zhou." *Bulletin of the School of Oriental and African Studies* 60, no. 2 (1997): 253-94.

Cook, Constance A., and Paul R. Goldin（金鵬程）, editors. *A Source Book of Ancient Chinese Bronze Inscriptions.* Berkeley: Society for the Study of Early China, 2016.

Cooper, Eugene.（顧尤勤） "The Potlatch in Ancient China: Parallels in the Sociopolitical Structure of the Ancient Chinese and the American Indians of the Northwest Coast." *History of Religions* 22, no. 2 (1982): 103-28.

Coppinger, Raymond, and Lorna Coppinger. *What Is a Dog?* Chicago: University of Chicago Press, 2016.

Crawford, Gary W. "Early Rice Exploitation in the Lower Yangzi Valley: What Are We Missing?" *The Holocene* 22, no. 6 (2012): 613-21.

Crawford, Gary W. "East Asian Plant Domestication." In *Archaeology of Asia,* edited by Miriam T. Stark, 77-95. Oxford: Blackwell, 2006.

Creel, Herrlee G.（顧理雅） "The Beginnings of Bureaucracy in China: The Origin of the Hsien." *Journal of Asian Studies* 23, no. 2 (1964): 155-84.

Creel, Herrlee G. *The Origins of Statecraft in China: The Western Chou Empire.* Chicago: University of Chicago Press, 1970.

Creel, Herrlee G. *Shen Pu-Hai: A Chinese Political Philosopher of the Fourth Century BC.* Chicago: University of Chicago Press, 1974.

Crespigny, Rafe de.（張磊夫） *Generals of the South: The Foundation and Early History of the Three Kingdoms State of Wu.* Canberra: Australian National University, 1990.

Cronon, William. "The Trouble with Wilderness; or, Getting Back to the Wrong Nature." In *Uncommon Ground: Toward Reinventing Nature,* 69-90. New York: W. W. Norton, 1996.

Crossley, Pamela, Helen Siu, and Donald Sutton（柯嬌燕、蕭鳳霞、蘇堂棣）, editors. *Empire at the Margins: Culture, Ethnicity and Frontier in Early Modern China.* Berkeley: University of California Press, 2006.

Crump, James.（柯潤璞） *Chan-Kuo Ts'e.* Oxford: Clarendon, 1970.

Curry, Andrew. "The Milk Revolution." *Nature* 500, no. 7460 (2013): 20-22.

D'Altroy, Terence. "Empires Reconsidered: Current Archaeological Approaches." *Asian Archaeology* 1 (2018): 95-109.

D'Altroy, Terence. "The Inka Empire." In *Fiscal Regimes and the Political Economy of Premodern States,* edited by Andrew Monson and Walter Scheidel, 31-70. Cambridge: Cambridge University Press, 2015.

D'Altroy, Terence, and Timothy Earle. "Staple Finance, Wealth Finance and Storage in the Inka Political Economy." *Current Anthropology* 26 (1985): 186-206.

Dauben, Joseph W.（道本周） "Suan Shu Shu: A Book on Numbers and Computations; English Translation with Commentary." *Archive for the History of Exact Sciences* 62 (2008): 91-178.

Dean, Kenneth（丁荷生）, and Brian Massumi. *First and Last Emperors: The Absolute State and the Body of the Despot.* New York: Autonomedia, 1992.

DeLancey, Scott.（戴人傑） "The Origins of Sinitic." In *Increased Empiricism: Recent Advances in Chinese Linguistics,* edited by Zhuo Jing-Schmidt（井茁）, 73-100. Amsterdam: John Benjamins, 2013.

de Waal, Alex. *The Real Politics of the Horn of Africa: Money, War and the Business of Power.* Cambridge: Polity, 2015.

Diamond, Jared M. *Guns, Germs, and Steel: The Fates of Human Societies.* New York: W. W. Norton, 1999.

Di Cosmo, Nicola.（狄宇宙） *Ancient China and Its Enemies: The Rise of Nomadic Power in East Asian History.* Cambridge: Cambridge University Press, 2002.

Dobson, W.A.C.H.（杜百勝）"Linguistic Evidence and the Dating of the'Book of Songs."*T'oung Pao* 54, no. 4/5 (1964): 322-34.

Dodson, John, Eoin Dodson, Richard Banati, Xiaoqiang Li, Pia Atahan, Songmei Hu, Ryan J. Middleton, Xinying Zhou, and Sun Nan（孫楠）. "Oldest Directly Dated Remains of Sheep in China." *Scientific Reports* 4 (2014): 7170.

Dong, Guanghui（董廣輝）, Zhengkai Xia（夏正楷）, Robert Elston, Xiongwei Sun（孫雄偉）, and Fahu Chen. "Response of Geochemical Records in Lacustrine Sediments to Climate Change and Human Impact during Middle Holocene in Mengjin, Henan Province, China." *Frontiers of Earth Science in China* 3, no. 3 (2009): 279-85.

Dong, Yu（董豫）, Chelsea Morgan, Yurii Chinenov, Ligang Zhou（周立剛）, Wenquan Fan（樊温泉）, Xiaolin Ma（馬蕭林）, and Kate Pechenkina. "Shifting Diets and the Rise of Male-Biased Inequality on the Central Plains of China during the Eastern Zhou." *PNAS* 114, no. 5 (2017): 932-37.

Dubs, Homer H.（德效騫）*The History of the Former Han Dynasty*. Baltimore: Waverly Press, 1938.

Durrant, Stephen, Wai-yee Li, and David Schaberg.（杜潤德、李惠儀、史嘉柏）*Zuo Tradition / Zuozhuan: Commentary on the "Spring and Autumn Annals."* Seattle: University of Washington Press, 2016.

Duyvendak, Jan J. L.（戴聞達）*The Book of Lord Shang: A Classic of the Chinese School of Law; Translated from the Chinese with Introduction and Notes*. London: A. Probsthain, 1928.

Earle, Timothy. *Bronze Age Economics: The Beginnings of Political Economies*. Boulder, CO: Westview, 2002.

Eda, Masaki, Peng Lu, Hiroki Kikuchi, Zhipeng Li, Fan Li, and Jing Yuan.（江田真毅、魯鵬、菊地大樹、李志鵬、李凡、袁靖）"Reevaluation of Early Holocene Chicken Domestication in Northern China." *Journal of Archaeological Science* 67 (2016): 25-31.

Eisenstadt, Shmuel N. *The Political Systems of Empires*. New Brunswick, NJ: Transaction, 1993.

Eliassen, S., and O. J. Todd.（安立森、塔德）"The Wei Pei Irrigation Project in Shensi Province." *China Journal* 27 (1932): 170-79.

Elman, Benjamin, and Martin Kern（艾爾曼、柯馬丁）, editors. *Statecraft and Classical Learning: The Rituals of Zhou in East Asian History*. Leiden, Netherlands: Brill, 2010.

Elvin, Mark.（伊懋可） *The Pattern of the Chinese Past: A Social and Economic Interpretation*. Stanford, CA: Stanford University Press, 1973.

Elvin, Mark. *The Retreat of the Elephants: An Environmental History of China*. New Haven, CT: Yale University Press, 2004.

Elvin, Mark. "Three Thousand Years of Unsustainable Growth: China's Environment from Archaic Times to the Present." *East Asian History* 6 (1993): 7-46.

Elvin, Mark. "War and the Logic of Short-Term Advantage." In *The Retreat of the Elephants: An Environmental History of China*, 86-114. New Haven, CT: Yale University Press, 2004.

Fabre-Serris, Jacqueline, and Alison Keith. *Women and War in Antiquity*. Baltimore: Johns Hopkins University Press, 2015.

Falkenhausen, Lothar von.（羅泰） *Chinese Society in the Age of Confucius (1000-250 BC): The Archaeological Evidence*. Los Angeles: Cotsen Institute of Archaeology, 2006.

Falkenhausen, Lothar von. "Mortuary Behaviour in Pre-Imperial Qin: A Religious Interpretation." In *Religion and Chinese Society*, edited by John Lagerwey（勞格文）, 109-72. Hong Kong: Chinese University Press, 2004.

Falkenhausen, Lothar von. "On the Historiographical Orientation of Chinese Archaeology." *Antiquity* 67, no. 257 (1993): 839-49.

Falkenhausen, Lothar von."The Waning of the Bronze Age: Material Culture and Social Developments, 770-481 B.C." In *The Cambridge History of Ancient China: From the Origins of Civilization to 221 B.C.*, edited by Michael Loewe and Edward Shaughnessy（魯惟一、夏含夷）, 450-544. Cambridge: Cambridge University Press, 1999.

FAO (Food and Agriculture Organization of the United Nations). *Sorghum and Millets in Human Nutrition*. Rome: FAO, 1995.

Fei, Jie, Hongming He, Liang Emlyn Yang, Xiaoqiang Li, Shuai Yang, and Jie Zhou.（費杰、何洪鳴、楊亮、李小強、楊帥、周杰） "Evolution of Saline Lakes in the Guanzhong Basin during the Past 2000 Years: Inferred from

Historical Records." In *Socio-Environmental Dynamics along the Historical Silk Road*, 25-44. Cham: Springer, 2019.

Feng, Z.-D.（馮兆東）, C. B. An（安成邦）, L.Y. Tang（唐領余）, and A.J.T. Jull. "Stratigraphic Evidence of a Megahumid Climate between 10,000 and 4000 Years B.P. in the Western Part of the Chinese Loess Plateau." *Global and Planetary Change* 43, no. 3-4 (2004): 145-55.

Feng, Z.-D., L. Y. Tang, H. B. Wang, Y. Z. Ma, and K.-b. Liu.（馮兆東、唐領余、汪海斌、馬玉貞、廖淦標）"Holocene Vegetation Variations and the Associated Environmental Changes in the Western Part of the Chinese Loess Plateau." *Palaeogeography, Palaeoclimatology, Palaeoecology* 241, nos. 3-4 (2006): 440-56.

Finer, Samuel E. *The History of Government from the Earliest Times*. Volume 1: *Ancient Monarchies and Empires*. Oxford: Oxford University Press, 1997.

Finer, Samuel E. "State- and Nation-Building in Europe: The Role of the Military." In *The Formation of National States in Western Europe*, edited by Charles Tilly and Gabriel Ardant, 84-163. Princeton, NJ: Princeton University Press, 1975.

Fiskesjö, Magnus.（馬思中）"Rising from Blood-Stained Fields: Royal Hunting and State Formation in Shang China." *Bulletin of the Museum of Far Eastern Antiquities* 73 (2001): 48-192.

Fitzgerald-Huber, L. G. "The Qijia Culture: Paths East and West." *Bulletin of the Museum of Far Eastern Antiquities* 75 (2003): 55-78.

Flad, Rowan.（傅羅文）"Divination and Power: A Multiregional View of the Development of Oracle Bone Divination in Early China." *Current Anthropology* 43, no. 3 (2008): 403-37.

Flad, Rowan, Li Shuicheng, Wu Xiaohong, and Zhao Zhijun.（傅羅文、李水城、吳小紅、趙志軍）"Early Wheat in China: Results from New Studies at Donghuishan in the Hexi Corridor." *The Holocene* 20, no. 6 (2010): 955-65.

Flad, Rowan, Yuan Jing, and Li Shuicheng. "Zooarchaeological Evidence for Animal Domestication in Northwest China." In *Late Quaternary Climate Change and Human Adaptation in Arid China*, edited by David Madsen, Fa-Hu Chen, and Xing Gao（高星）, 167-203. Amsterdam: Elsevier, 2007.

Foucault, Michel. *The Birth of Biopolitics: Lectures at the College de France, 1978-79.* Houndmills: Palgrave Macmillan, 2008.

Foucault, Michel. *Security, Territory, Population: Lectures at the College de France 1977-78.* Houndmills: Palgrave Macmillan, 2009.

Frantz, Laurent A. F., et al. "Genomic and Archaeological Evidence Suggest a Dual Origin of Domestic Dogs." *Science* 352, no. 6290 (2016): 1228-31.

Fu, Qiaomei, Matthias Meyer, Xing Gao, Udo Stenzel, Hernán A. Burbano, Janet Kelso, and Svante Pääbo. "DNA Analysis of an Early Modern Human from Tianyuan Cave, China." *Proceedings of the National Academy of Sciences* 110, no. 6 (2013): 2223-27.

Gale, Esson M.（蓋樂）*Discourses on Salt and Iron: A Debate on State Control of Commerce and Industry in Ancient China.* Taipei: Ch'eng-Wen, 1967.

Gaunitz, Charleen, et al. "Ancient Genomes Revisit the Ancestry of Domestic and Przewalski's Horses." *Science* 360, no. 6384 (2018): 111-14.

Giersch, C. Patterson.（紀若誠）*Asian Borderlands: The Transformation of Qing China's Yunnan Frontier.* Cambridge, MA: Harvard University Press, 2006.

Golas, Peter J.（葛平德）*Science and Civilisation in China.* Volume 5.13: *Mining.* Cambridge: Cambridge University Press, 1999.

Graham, A. C.（葛瑞漢）"The 'Nung-Chia'（農家）'School of the Tillers' and the Origins of Peasant Utopianism in China." *Bulletin of the School of Oriental and African Studies* 42, no. 1 (1979): 66-100.

Granet, Marcel.（葛蘭言）*Festivals and Songs of Ancient China.* New York: E. P. Dutton, 1932.

Grove, Alfred T., and Oliver Rackham. *The Nature of Mediterranean Europe: An Ecological History.* New Haven, CT: Yale University Press, 2001.

Guan, Zengjian（關增建）, and Konrad Herrmann. *Kao Gong Ji: The World's Oldest Encyclopaedia of Technologies.*

Boston: Brill, 2019.

Gururani, Shubhra. “Forests of Pleasure and Pain: Gendered Practices of Livelihood in the Forests of the Kumaon Himalayas, India.” *Gender, Place and Culture* 9, no. 3 (2002): 229-43.

Haas, Jonathan. *Evolution of the Prehistoric State*. New York: Columbia University Press, 1982.

Habberstad, Luke.（何祿凱）*Forming the Early Chinese Court: Rituals, Spaces, Roles*. Seattle: University of Washington Press, 2017.

Hall, John W. “The Muromachi Bakufu.” In *The Cambridge History of Japan*. Volume 3, edited by Kozo Yamamura, 175-230. Cambridge: Cambridge University Press, 1990.

Halstead, Paul. “Plough and Power: The Economic and Social Significance of Cultivation with the Ox-Drawn Ard in the Mediterranean.” *Bulletin on Sumerian Agriculture*. Volume 8: *Domestic Animals of Mesopotamia 2,* 1995, 11-22.

Halstead, Paul, and John O'Shea, editors. *Bad Year Economics: Cultural Responses to Risk and Uncertainty*. Cambridge: Cambridge University Press, 1993.

Haraway, Donna. “Anthropocene, Capitalocene, Plantationocene, Chthulucene: Making Kin.” *Environmental Humanities* 6, no. 1 (2015): 159-65.

Harper, Donald J.（夏德安）*Early Chinese Medical Literature: The Mawangdui Medical Manuscripts*. London: Kegan Paul, 1997.

Harper, Donald J. “Resurrection in Warring States Popular Religion.” *Taoist Resources* 5, no. 2 (1994): 13-28.

Harper, Donald J., and Marc Kalinowski.（夏德安、馬克）*Books of Fate and Popular Culture in Early China: The Daybook Manuscripts of the Warring States, Qin, and Han*. Boston: Brill, 2017.

Harper, Kyle. *The Fate of Rome: Climate, Disease, and the End of an Empire*. Princeton, NJ: Princeton University Press, 2017.

Harris, William. *The Ancient Mediterranean Environment between Science and History*. Leiden, Netherlands: Brill, 2013.

Harris, William. *War and Imperialism in Republican Rome, 327-70 B.C.* Oxford: Clarendon, 1985.

Hayden, Brian. "Were Luxury Foods the First Domesticates? Ethnoarchaeological Perspectives from Southeast Asia." *World Archaeology* 34, no. 3 (2003): 458-69.

He, Keyang, Houyuan Lu, Jianping Zhang, Can Wang, and Xiujia Huan.（賀可洋、呂厚遠、張健平、王燦、郇秀佳）"Prehistoric Evolution of the Dualistic Structure Mixed Rice and Millet Farming in China." *The Holocene* 27, no. 12 (2017): 1885-98.

Herman, John E.（何漢德）*Amid the Clouds and Mist: China's Colonization of Guizhou, 1200-1700.* Cambridge, MA: Harvard University Asia Center, 2007.

Ho, Ping-ti.（何炳棣）*The Cradle of the East: An Inquiry into the Indigenous Origins of Techniques and Ideas of Neolithic and Early Historic China, 5000-1000 B.C.* Chicago: University of Chicago Press, 1975.

Honeychurch, William. *Inner Asia and the Spatial Politics of Empire: Archaeology, Mobility, and Culture Contact.* New York: Springer, 2015.

Hopkins, Keith. *Conquerors and Slaves: Sociological Studies in Roman History.* Cambridge: Cambridge University Press, 1978.

Horden, Peregrine, and Nicholas Purcell. *The Corrupting Sea: A Study of Mediterranean History.* Oxford: Wiley-Blackwell, 2000.

Hosking, Geoffrey. *Russia: People and Empire, 1552–1917.* Cambridge, MA: Harvard University Press, 1997.

Hosner, Dominic（禾多米）, Mayke Wagner（王睦）, Pavel E. Tarasov（佟派）, Xiaocheng Chen（陳曉程）, and Christian Leipe. "Spatiotemporal Distribution Patterns of Archaeological Sites in China during the Neolithic and Bronze Age: An Overview." *The Holocene* 26, no. 10 (2016): 1576-93. Supplementary dataset: "Archaeological Sites in China during the Neolithic and Bronze Age (PANGAEA data set)," https://doi.org/10.1594/PANGAEA.860072.

Hsiao, Kung-chuan.（蕭公權）*Rural China: Imperial Control in the Nineteenth Century.* Seattle: University of Washington Press, 1967.

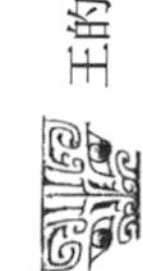

Hsing, Yi-tien.（邢義田）"Qin-Han Census and Tax and Corvee Administration: Notes on Newly Discovered Texts." In *Birth of an Empire: The State of Qin Revisited,* edited by Yuri Pines（尤銳）, Gideon Shelach（吉地安）, Lothar von Falkenhausen, and Robin D. S. Yates, 155-86. Berkeley: University of California Press, 2013.

Hsu, Cho-yun（許倬雲）. *Ancient China in Transition: An Analysis of Social Mobility, 722-222 B.C.* Stanford, CA: Stanford University Press, 1965.

Hsu, Cho-yun. *Han Agriculture: The Formation of Early Chinese Agrarian Economy, 206 B.C.-A.D. 220.* Seattle: University of Washington Press, 1980.

Hsu, Cho-yun. "The Spring and Autumn Period." In *The Cambridge History of Ancient China,* edited by Michael Loewe and Edward Shaughnessy, 545-86. Cambridge: Cambridge University Press, 1999.

Huang, Chun Chang（黃春長）, et al. "Abruptly Increased Climatic Aridity and Its Social Impact on the Loess Plateau of China at 3100 B.P." *Journal of Arid Environments* 52, no. 1 (2002): 87-99.

Huang, Chun Chang, et al. "Charcoal Records of Fire History in the Holocene Loess—Soil Sequences over the Southern Loess Plateau of China." *Palaeogeography, Palaeoclimatology, Palaeoecology* 239 (2006): 28-44.

Huang, Chun Chang, et al. "Climatic Aridity and the Relocations of the Zhou Culture in the Southern Loess Plateau of China." *Climate Change* 61 (2003): 361-78.

Huang, Chun Chang, et al. "Extraordinary Floods of 4100-4000 a BP Recorded at the Late Neolithic Ruins in the Jinghe River Gorges, Middle Reach of the Yellow River, China." *Palaeogeography, Palaeoclimatology, Palaeoecology* 289 (2010): 1-9.

Huang, Chun Chang, et al. "Extraordinary Floods Related to the Climatic Event at 4200 a BP on the Qishuihe River, Middle Reaches of the Yellow River, China." *Quaternary Science Reviews* 30 (2011): 460-68.

Huang, Chun Chang, et al. "High-Resolution Studies of the Oldest Cultivated Soils in the Southern Loess Plateau of China." *Catena* 47 (2002): 29-42.

Huang, Chun Chang, et al. "Holocene Colluviation and Its Implications for Tracing Human-Induced Soil Erosion and

Redeposition on the Piedmont Loess Lands of the Qinling Mountains, Northern China." *Geoderma* 136, nos. 3-4 (2006): 838-51.

Huang, Chun Chang, et al. "Holocene Dust Accumulation and the Formation of Polycyclic Cinnamon Soils (Luvisols) in the Chinese Loess Plateau." *Earth Surface Processes and Landforms* 28, no. 12 (2003): 1259-70.

Huang, Chun Chang, et al. "Holocene Palaeoflood Events Recorded by Slackwater Deposits along the Lower Jinghe River Valley, Middle Yellow River Basin, China." *Journal of Quaternary Science* 27, no. 5 (2012): 485-93.

Huang, Chun Chang, et al. "Sedimentary Records of Extraordinary Floods at the Ending of the Mid-Holocene Climatic Optimum along the Upper Weihe River, China." *The Holocene* 22, no. 6 (2012): 675-86.

Huang, Hsing-Tsung（黃興宗）. *Science and Civilisation in China.* Volume 6.5: *Fermentations and Food Science.* Cambridge: Cambridge University Press, 2000.

Huang, Ray.（黃仁宇）"The Ming Fiscal Administration." In *The Cambridge History of China.* Volume 8: *The Ming Dynasty, 1368-1644. Part 2,* edited by D. C. Twitchett and F. W. Mote（牟復禮）, 106-71. Cambridge: Cambridge University Press, 1998.

Huang, Ray. *Taxation and Governmental Finance in Sixteenth-Century Ming China.* London: Cambridge University Press, 1974.

Huang, Xiaofen.（黃曉芬）"A Study of Qin Straight Road (*zhidao* 直道) of the Qin Dynasty." A paper presented at the Columbia Early China Seminar on May 5, 2012.

Hui, Victoria Tin-bor.（許田波）*War and State Formation in Ancient China and Early Modern Europe.* Cambridge: Cambridge University Press, 2005.

Hulsewe, A.F.P.（何四維）"The Ch'in Documents Discovered in Hupei in 1975." *T'oung Pao* 64 (1978): 175-217, 338.

Hulsewe, A.F.P. "The Influence of the 'Legalist' Government of Qin on the Economy as Reflected in the Texts Discovered in Yunmeng County." In *The Scope of State Power in China,* edited by Stuart R. Schram（宣道華）, 211-36. London: School of Oriental and African Studies, 1985.

Hulsewe, A.F.P. *Remnants of Ch'in Law: An Annotated Translation of the Ch'in Legal and Administrative Rules of the 3rd Century B.C. Discovered in Yun-Meng Prefecture, Hu-Pei Province, in 1975*. Leiden, Netherlands: Brill, 1985.

Hulsewe, A.F.P. "Some Remarks on Statute Labour during the Ch'in and Han Period." *Orientalia Veneziana* 1, 195-204. Florence: Olschki, 1984.

Hutton, Eric L.（何艾克） *Xunzi: The Complete Text*. Princeton, NJ: Princeton University Press, 2014.

Institut Ricci. *Le Grand Ricci: Dictionnaire Encyclopedique de la Langue Chinoise* (Pleco edition). Paris: Association Ricci, 2010.

Jaffe, Yitzchak.（哈克） "The Continued Creation of Communities of Practice—Finding Variation in the Western Zhou Expansion (1046-771 BCE)." PhD diss., Harvard University, Cambridge, MA. 2016.

Jaffe, Yitzchak, Lorenzo Castellano, Gideon Shelach-Lavi, and Roderick B. Campbell. "Mismatches of Scale in the Application of Paleoclimatic Research to Chinese Archaeology." *Quaternary Research* (2020): 1-20.

Jeong, Choongwon, et al. "Bronze Age Population Dynamics and the Rise of Dairy Pastoralism on the Eastern Eurasian Steppe." *PNAS* 115, no. 48 (2018): E11248-55.

Jia, Xin（賈鑫）, et al. "The Development of Agriculture and Its Impact on Cultural Expansion during the Late Neolithic in the Western Loess Plateau, China." *The Holocene* 23, no. 1 (2013): 85-92.

Johnston, Ian.（艾喬恩） *The Mozi: A Complete Translation*. New York: Columbia University Press, 2010.

Jursa, Michael, and Juan Carlos Moreno Garcia. "The Ancient Near East and Egypt." In *Fiscal Regimes and the Political Economy of Premodern States*, edited by Andrew Monson and Walter Scheidel, 115-66. Cambridge: Cambridge University Press, 2015.

Kajuna, Silas T.A.R. *Millet: Post-Harvest Operations*. Food and Agriculture Organization of the United Nations, 2001.

Kakinuma, Yohei.（柿沼陽平） "The Emergence and Spread of Coins in China from the Spring and Autumn Period to the Warring States Period." In *Explaining Monetary and Financial Innovation: A Historical Analysis*, edited by Peter Bernholz and Roland Vaubel, 79-126. Cham: Springer International, 2014.

Kamenka, Eugene. *Bureaucracy*. Oxford: Blackwell, 1989.

Karlgren, Bernhard.（高本漢） *The Book of Documents*. Göteborg: Elanders Boktryckeri Aktiebolag, 1950.

Karlgren, Bernhard. *The Book of Odes*. Stockholm: Museum of Far Eastern Antiquities, 1950.

Karlgren, Bernhard. *Glosses on the Book of Odes*. Stockholm: Museum of Far Eastern Antiquities, 1964.

Keightley, David N.（吉德煒） "At the Beginning: The Status of Women in Neolithic and Shang China." *Nan Nu* 1, no. 1 (1999): 1-63.

Keightley, David N. "The Late Shang State: When, Where and What?" In *The Origins of Chinese Civilization*, edited by David N. Keightley, 523-64. Berkeley: University of California Press, 1983.

Keightley, David N. "Public Work in Ancient China: A Study of Forced Labor in the Shang and Western Chou." PhD diss., Columbia University, New York, 1969.

Keightley, David N. "The Shang: China's First Historical Dynasty." In *The Cambridge History of Ancient China: From the Origins of Civilization to 221 B.C.*, edited by Michael Loewe and Edward L. Shaughnessy, 232-91. Cambridge: Cambridge University Press, 1999.

Keightley, David N. *Sources of Shang History: The Oracle-Bone Inscriptions of Bronze Age China*. Berkeley: University of California Press, 1985.

Keightley, David N. *Working for His Majesty: Research Notes on Labor Mobilization in Late Shang China (ca. 1200-1045 B.C.)*. Berkeley: Institute of East Asian Studies, University of California, 2012.

Keng, Hsuan.（耿煊）"Economic Plants of Ancient North China as Mentioned in *Shih Ching* (Book of Poetry)." *Economic Botany* 28, no. 4 (1974): 391-410.

Kern, Martin.（柯馬丁） "Bronze Inscriptions, the *Shijing* and the *Shangshu:* The Evolution of the Ancestral Sacrifice during the Western Zhou." In *Early Chinese Religion: Shang Through Han (1250 BC-220 AD)*, edited by John Lagerwey and Marc Kalinowsky, 143-200. Leiden, Netherlands: Brill, 2009.

Kern, Martin. *The Stele Inscriptions of Ch'in Shih-Huang: Text and Ritual in Early Chinese Imperial Representation*. New

Haven, CT: American Oriental Society, 2000.

Kerr, Rose, and Nigel Wood.（柯玫瑰、伍德） *Science and Civilisation in China*. Volume 5.12: *Ceramic Technology*. Cambridge: Cambridge University Press, 2004.

Khazanov, Anatoly. *Nomads and the Outside World*. Cambridge: Cambridge University Press, 1984.

Kidder, Tristram R., and Yijie Zhuang（莊奕傑）. "Anthropocene Archaeology of the Yellow River, China, 5000-2000 BP." *The Holocene* 25, no. 10 (2015): 1627-39.

Kim, Nam C., and Marc Kissel. *Emergent Warfare in Our Evolutionary Past*. New York: Routledge, 2018.

Kiser, Edgar, and Yong Cai（蔡勇）. "War and Bureaucratization in Qin China: Exploring an Anomalous Case." *American Sociological Review* 68, no. 4 (2003): 511-39.

Kistler, Logan, et al. "Transoceanic Drift and the Domestication of African Bottle Gourds in the Americas." *Proceedings of the National Academy of Sciences* 111, no. 8 (2014): 2937-41.

Knechtges, David R.（康達維） *Wen Xuan; or, Selections of Refined Literature*. Volume 1: *Rhapsodies on Metropolises and Capitals*. Princeton, NJ: Princeton University Press, 1982.

Knoblock, John.（王志民） *Xunzi: A Translation and Study of the Complete Works*. 3 vols. Stanford, CA: Stanford University Press, 1988.

Knoblock, John, and Jeffrey Riegel（王安國）. *The Annals of Lu Buwei: A Complete Translation and Study*. Stanford, CA: Stanford University Press, 2000.

Kominami, Ichirō.（小南一郎） "Rituals for the Earth." In *Early Chinese Religion: Shang through Han (1250 BC-220 AD)*, edited by John Lagerwey and Marc Kalinowsky, 201-36. Leiden, Netherlands: Brill, 2009.

Korolkov, Maxim.（馬碩） "Empire-Building and Market-Making at the Qin Frontier: Imperial Expansion and Economic Change, 221-207 BCE." PhD diss., Columbia University, 2020.

Ku, Mei-kao.（辜美高） *A Chinese Mirror for Magistrates: The Hsin-Yu of Lu Chia*. Canberra: Australian National University, 1988.

Kuhn, Dieter. *Science and Civilisation in China*. Volume 5.9: *Textile Technology; Spinning and Reeling*. Cambridge: Cambridge University Press, 1988.

Kuzmina, E. E. *The Prehistory of the Silk Road*. Philadelphia: University of Pennsylvania Press, 2008.

Lander, Brian. "Birds and Beasts Were Many: The Ecology and Climate of the Guanzhong Basin in the Pre-Imperial Period." *Early China* 43 (2020): 207-45.

Lander, Brian. "Environmental Change and the Rise of the Qin Empire: A Political Ecology of Ancient North China." PhD diss., Columbia University, New York, 2015.

Lander, Brian. "State Management of River Dikes in Early China: New Sources on the Environmental History of the Central Yangzi Region." *T'oung Pao* 100, nos. 4-5 (2014): 325-62.

Lander, Brian, and Katherine Brunson（博凱齡）. "The Sumatran Rhinoceros Was Extirpated from Mainland East Asia by Hunting and Habitat Loss." *Current Biology* 28, no. 6 (2018): R252-53.

Lander, Brian. "Wild Mammals of Ancient North China." *Journal of Chinese History* 2, no. 2 (2018): 291-312.

Lander, Brian, Mindi Schneider（謝敏儀）, and Katherine Brunson. "A History of Pigs in China: From Curious Omnivores to Industrial Pork." *Journal of Asian Studies* 79, no. 4 (2020): 865-89.

Larson, Greger, et al. "Patterns of East Asian Pig Domestication, Migration, and Turnover Revealed by Modern and Ancient DNA." *Proceedings of the National Academy of Sciences* 107, no. 17 (2010): 7686-91.

Larson, Greger, et al. "Rethinking Dog Domestication by Integrating Genetics, Archeology, and Biogeography." *Proceedings of the National Academy of Sciences* 109, no. 23 (2012): 8878-83.

Lattimore, Owen. *Inner Asian Frontiers of China*. 2nd edition. Irving-on-Hudson, NY: Capitol, 1951.

Lau, D. C.（劉殿爵） *Mencius: A Bilingual Edition*. Hong Kong: The Chinese University of Hong Kong Press, 2003.

Laufer, Berthold. *Sino-Iranica: Chinese Contributions to the History of Civilization in Ancient Iran, with Special Reference to the History of Cultivated Plants and Products*. Chicago: Field Museum of Natural History, 1919.

Leacock, Eleanor. "Women's Status in Egalitarian Society: Implications for Social Evolution." In *Myths of Male*

Dominance: Collected Articles on Women Cross-Culturally, 133-82. New York: Monthly Review Press, 1981.

Lee, Gyoung-Ah（李炅娥）, and Sheahan Bestel. "Contextual Analysis of Plant Remains at the Erlitou-Period Huizui Site, Henan, China." *Bulletin of the Indo-Pacific Prehistory Association* 27 (2007): 49-60.

Lee, Gyoung-Ah, Gary W. Crawford, Li Liu, and Xingcan Chen. "Plants and People from the Early Neolithic to Shang Periods in North China." *Proceedings of the National Academy of Sciences* 104, no. 3 (2007): 1087-92.

Lee, Gyoung-Ah, Gary W. Crawford, Li Liu, Yuka Sasaki（佐佐木由香）, and Xuexiang Chen. "Archaeological Soybean (*Glycine max*) in East Asia: Does Size Matter?" *PloS One* 6, no. 11 (2011): 1-12.

Lee, John S. "Protect the Pines, Punish the People: Forests and the State in Pre-Industrial Korea, 918-1897." PhD diss., Harvard University, Cambridge, MA, 2017.

Leeming, Frank. "Official Landscapes in Traditional China." *Journal of the Economic and Social History of the Orient* 23, no. 1/2 (1980): 153-204.

Lefeuvre, Jean A.（雷焕章）"Rhinoceros and Wild Buffaloes North of the Yellow River at the End of the Shang Dynasty." *Monumenta Serica* 39 (1990): 131-57.

Legge, James.（理雅各） *The Ch'un Ts'ew with The Tso Chuen.* Taipei: SMC, 1991.

Legge, James. *The Sacred Books of China: The Li Ki.* 2 vols. Oxford: Clarendon, 1879.

Legge, James. *The She King or the Book of Poetry.* Taipei: SMC, 1991.

Legge, James. *The Works of Mencius.* Taipei: SMC, 1991.

Lerner, Gerda. *The Creation of Patriarchy.* New York: Oxford University Press, 1986.

Leung, Angela Ki Che.（梁其姿） "Diseases of the Premodern Period in China." In *The Cambridge World History of Human Disease,* edited by Kenneth Kiple, 354-62. Cambridge: Cambridge University Press, 1993.

Levenson, Joseph R. "Ill Wind in the Well-Field: The Erosion of the Confucian Ground of Controversy." In *The Confucian Persuasion,* edited by Arthur F. Wright（芮沃壽）, 268-87. Stanford, CA: Stanford University Press, 1960.

Lewis, Mark Edward.（陸威儀） "The City-State in Spring and Autumn China." In *A Comparative Study of Thirty City-State Cultures,* edited by Mogens Herman Hansen, 359-73. Copenhagen: Kongelige Danske Videnskabernes Selskab, 2000.

Lewis, Mark E. *The Construction of Space in Early China.* Albany: State University of New York Press, 2006.

Lewis, Mark E. *Sanctioned Violence in Early China.* Albany: State University of New York Press, 1990.

Lewis, Mark E. "Warring States Political History." In *The Cambridge History of Ancient China: From the Origins of Civilization to 221 B.C.,* edited by Michael Loewe and Edward Shaughnessy, 587-650. Cambridge: Cambridge University Press, 1999.

Lewis, Mark E. *Writing and Authority in Early China.* Albany: State University of New York Press, 1999.

Li, Chunxiang（李春祥）, Diane L. Lister, Hongjie Li（李洪杰）, Yue Xu（許月）, Yinqiu Cui（崔銀秋）, Mim A. Bower, Martin K. Jones, and Hui Zhou. "Ancient DNA Analysis of Desiccated Wheat Grains Excavated from a Bronze Age Cemetery in Xinjiang." *Journal of Archaeological Science* 38, no. 1 (2011): 115-19.

Li, Feng.（李峰）*Bureaucracy and the State in Early China: Governing the Western Zhou.* Cambridge: Cambridge University Press, 2008.

Li, Feng. *Early China: A Social and Cultural History.* Cambridge: Cambridge University Press, 2013.

Li, Feng. *Landscape and Power in Early China: The Crisis and Fall of the Western Zhou, 1045-771 BC.* Cambridge: Cambridge University Press, 2006.

Li, Feng. "Literacy and the Social Contexts of Writing in the Western Zhou." In *Writing and Literacy in Early China,* edited by Feng Li and Branner, 271-301. Seattle: University of Washington Press, 2011.

Li, Feng. "A Study of the Bronze Vessels and Sacrificial Remains of the Early Qin State from Lixian, Gansu." In *Imprints of Kinship: Studies of Recently Discovered Bronze Inscriptions from Ancient China,* by Edward L. Shaughnessy, 209-34. Hong Kong: Chinese University Press, 2017.

Li, Feng. "Succession and Promotion: Elite Mobility during the Western Zhou." *Monumenta Serica* 52 (2004): 1-35.

Li, Feng, and David Branner（林德威）, editors. *Writing and Literacy in Early China*. Seattle: University of Washington Press, 2011.

Li, Fengjiang（李豐江）, et al. "Mid-Neolithic Exploitation of Mollusks in the Guanzhong Basin of Northwestern China: Preliminary Results." *PLoS ONE* 8, no. 3 (2013): e58999.

Li, Tana. "Towards an Environmental History of the Eastern Red River Delta, Vietnam, c. 900-1400." *Journal of Southeast Asian Studies* 45 (2014): 315-37.

Li, Xiaogang, and Chun Chang Huang.（李曉剛、黃春長）"Holocene Palaeoflood Events Recorded by Slackwater Deposits along the Jin-Shan Gorges of the Middle Yellow River, China." *Quaternary International* 453 (2017): 85-95.

Li, Xiaoqiang, John Dodson, Xinying Zhou, Hongbin Zhang（張宏賓）, and Ryo Matsumoto（松本良）. "Early Cultivated Wheat and Broadening of Agriculture in Neolithic China." *The Holocene* 17, no. 5 (2007): 555-60.

Li, Xiaoqiang, Xue Shang（尚雪）, John Dodson, and Xinying Zhou. "Holocene Agriculture in the Guanzhong Basin in NW China Indicated by Pollen and Charcoal Evidence." *The Holocene* 19, no. 8 (2009): 1213-20.

Li, Xin, Shanjia Zhang, Minxia Lu, Menghan Qiu, Shaoqing Wen, and Minmin Ma.（李新、張山佳、盧敏霞、仇夢晗、文少卿、馬敏敏）"Dietary Shift and Social Hierarchy from the Proto-Shang to Zhou Dynasty in the Central Plains of China." *Environmental Research Letters* 15, no. 3 (2020): 035002.

Li, Xueqin.（李學勤）*Eastern Zhou and Qin Civilizations*. New Haven, CT: Yale University Press, 1985.

Li, Yong-Xiang, Yun-Xiang Zhang, and Xiang-Xu Xue.（李永祥、張雲祥、薛祥煦）"The Composition of Three Mammal Faunas and Environmental Evolution in the Last Glacial Maximum, Guanzhong Area, Shaanxi Province, China." *Quaternary International* 248 (2012): 86-91.

Li, Yung-ti.（李永迪）"On the Function of Cowries in Shang and Western Zhou China." *Journal of East Asian Archaeology* 5, no. 1 (2003): 1-26.

Li, Yu-ning, and Kuan Yang（李又寧、楊寬）. *Shang Yang's Reforms and State Control in China*. White Plains, NY: M.

E. Sharpe, 1977.

Li, Zhiyan（李知宴）, Virginia Bower, and Li He. *Chinese Ceramics: From the Paleolithic Period through the Qing Dynasty*. New Haven, CT: Yale University Press, 2010.

Liao, W. K.（廖文奎） *The Complete Works of Han Fei Tzŭ: A Classic of Chinese Legalism*. London: A. Probsthain, 1939.

Lien, Y. Edmund.（連永君）"Reconstructing the Postal Relay System of the Han Period." In *A History of Chinese Letters and Epistolary Culture,* edited by Antje Richter, 15-52. Leiden, Netherlands: Brill, 2015.

Lieven, Dominic. *Empire: The Russian Empire and Its Rivals*. New Haven, CT: Yale University Press, 2001.

Lin, Minghao（林明昊）, Fengshi Luan（欒豐實）, Hui Fang（方輝）, Hong Xu（許宏）, Haitao Zhao（趙海濤）, and Graeme Barker. "Pathological Evidence Reveals Cattle Traction in North China by the Early Second Millennium BC." *The Holocene* 28, no. 8 (2018): 1205-15.

Linduff, Katherine. "Production of Signature Artifacts for the Nomad Market in the State of Qin during the Late Warring States Period in China (4th-3rd century BCE)." In *Metallurgy and Civilisation: Eurasia and Beyond,* edited by Jianjun Mei and Thilo Rehren（梅建軍、任天洛）, 90-96. London: Archetype, 2009.

Linduff, Katherine. "A Walk on the Wild Side: Late Shang Appropriation of Horses in China." In *Prehistoric Steppe Adaptation and the Horse,* edited by Martha Levine, Colin Renfrew, and Katie Boyle, 139-62. Cambridge, England: McDonald Institute for Archaeological Research, 2003.

Linduff, Katheryn M., Bryan K. Hanks, and Emma Bunker, editors. "First Millennium BCE Beifang Artifacts as Historical Documents." In *Social Complexity in Prehistoric Eurasia: Monuments, Metals and Mobility,* 272-95. Cambridge: Cambridge University Press, 2009.

Linduff, Katheryn M., Han Rubin（韓汝玢）, and Sun Shuyun（孫淑雲）. *The Beginnings of Metallurgy in China.* Lewiston, NY: Edwin Mellen, 2000.

Lippold, Sebastian, et al. "Human Paternal and Maternal Demographic Histories: Insights from High-Resolution Y Chromosome and MtDNA Sequences." *Investigative Genetics* 5, no. 1 (2014).

Liu, Bin, Ningyuan Wang, Minghui Chen, Xiaohong Wu, Duowen Mo, Jianguo Liu, Shijin Xu, and Yijie Zhuang.（劉斌、王寧遠、陳明輝、吳小紅、莫多聞、劉建國、徐士進、莊奕傑）"Earliest Hydraulic Enterprise in China, 5,100 Years Ago." *PNAS* 114, no. 52 (2017): 13637-42.

Liu, Fenggui, Yili Zhang, Zhaodong Feng, Guangliang Hou, Qiang Zhou, and Haifeng Zhang.（劉峰貴、張鐿鋰、馮兆東、侯光良、周強、張海峰）"The Impacts of Climate Change on the Neolithic Cultures of Gansu-Qinghai Region during the Late Holocene Megathermal." *Journal of Geographical Sciences* 20, no. 3 (2010): 417-30.

Liu, Li.（劉莉）*The Chinese Neolithic: Trajectories to Early States.* Cambridge: Cambridge University Press, 2004.

Liu, Li, and Xingcan Chen. *The Archaeology of China: From the Late Paleolithic to the Early Bronze Age.* Cambridge: Cambridge University Press, 2012.

Liu, Li, and Xingcan Chen. *State Formation in Early China.* London: Duckworth, 2003.

Liu, Li, Wei Ge（葛威）, Sheahan Bestel, Duncan Jones, Jinming Shi, Yanhua Song, and Xingcan Chen. "Plant Exploitation of the Last Foragers at Shizitan in the Middle Yellow River Valley China: Evidence from Grinding Stones." *Journal of Archaeological Science* 38, no. 12 (2011): 3524-32.

Liu, Li, Yongqiang Li（李永強）, and Jianxing Hou. "Making Beer with Malted Cereals and Qu Starter in the Neolithic Yangshao Culture, China." *Journal of Archaeological Science: Reports* 29 (2020): 102134.

Liu, Li, Jiajing Wang（王佳靜）, Maureece J. Levin, Nasa Sinnott-Armstrong, Hao Zhao（趙昊）, Yanan Zhao（趙雅楠）, Jing Shao（邵晶）, Nan Di（邸楠）, and Tian'en Zhang（張天恩）. "The Origins of Specialized Pottery and Diverse Alcohol Fermentation Techniques in Early Neolithic China." *Proceedings of the National Academy of Sciences* 116, no. 26 (2019): 12767-74.

Liu, Wu（劉武）, Maria Martinon-Torres, Yan-jun Cai, Song Xing（邢松）, Hao-wen Tong（同號文）, Shuwen Pei（裴樹文）, Mark Jan Sier, et al. "The Earliest Unequivocally Modern Humans in Southern China." *Nature* 526, no. 7575 (2015): 696-99.

Liu, Xiang, and Anne Kinney（司馬安）. *Exemplary Women of Early China: The Lienu Zhuan of Liu Xiang*. New York: Columbia University Press, 2014.

Liu, Xinyi（劉歆益）, Harriet V. Hunt, and Martin K. Jones. "River Valleys and Foothills: Changing Archaeological Perceptions of North China's Earliest Farms." *Antiquity* 83, no. 319 (2009): 82-95.

Liu, Yang.（柳揚） *China's Terracotta Warriors: The First Emperor's Legacy*. Minneapolis and Seattle: Minneapolis Institute of Arts and University of Washington Press, 2012.

Liverani, Mario. *Uruk: The First City*. London: Equinox, 2006.

Loewe, Michael.（魯惟一） *A Biographical Dictionary of the Qin, Former Han and Xin Periods (221 BC-AD 24)*. Leiden, Netherlands: Brill, 2000.

Loewe, Michael, editor. *Early Chinese Texts: A Bibliographical Guide*. Berkeley: Society for the Study of Early China, 1993.

Loewe, Michael. *The Government of the Qin and Han Empires 221 BCE-220 CE*. Indianapolis: Hackett Publishing Company, 2006.

Loewe, Michael. "On the Terms Bao Zi, Yin Gong, Yin Guan, Huan, and Shou: Was Zhao Gao a Eunuch?" *T'oung Pao* 91, no. 4/5 (2005): 301-19.

Loewe, Michael. "Review of 'Shang Yang's Reforms and State Control in China." *Pacific Affairs* 51, no. 2 (1977): 277-78.

Loewe, Michael, and Edward L. Shaughnessy. *The Cambridge History of Ancient China: From the Origins of Civilization to 221 B.C.* Cambridge: Cambridge University Press, 1999.

Long, Hao, ZhongPing Lai, NaiAng Wang, and Yu Li.（隆浩、賴忠平、王乃昂、李育）"Holocene Climate Variations from Zhuyeze Terminal Lake Records in East Asian Monsoon Margin in Arid Northern China." *Quaternary Research* 74 (2010): 46-56.

Lord, Elizabeth.（柳伊） "The New Peril: Re-Orientalizing China through Its Environmental 'Crisis." Fairbank Center for Chinese Studies (Harvard University) blog, May 21, 2018.

Lu, Houyuan,（呂厚遠） et al. "Earliest Domestication of Common Millet (*Panicum miliaceum*) in East Asia Extended to 10,000 Years Ago." *Proceedings of the National Academy of Sciences* 106, no. 18 (2009): 7367-72.

Lu, Hou-Yuan, Nai-Qin Wu, Kam-Biu Liu, Hui Jiang, and Tung-Sheng Liu.（呂厚遠、吳乃琴、廖淦標、蔣輝、劉東生） "Phytoliths as Quantitative Indicators for the Reconstruction of Past Environmental Conditions in China II: Palaeoenvironmental Reconstruction in the Loess Plateau." *Quaternary Science Reviews* 26, nos. 5-6 (2007): 759-72.

Lu, Peng, Katherine Brunson, Zhipeng Li, and Jing Yuan.（魯鵬、博凱齡、李志鵬、袁靖） "Zooarchaeological and Genetic Evidence for the Origins of Domestic Cattle in Ancient China." *Asian Perspectives* 56, no. 1 (2017): 92-120.

Luo, Z., and R. Wang.（羅正榮、王仁梓） "Persimmon in China: Domestication and Traditional Utilizations of Genetic Resources." *Advances in Horticultural Sciences* 22, no. 4 (2008): 239-43.

Ma, Mitchell. "The Prehistoric Flora of Yangguangzhai." Pamphlet distributed at the Society for East Asian Archaeology Conference, Boston, 2016.

Ma, Xiaolin.（馬蕭林）*Emergent Social Complexity in the Yangshao Culture: Analyses of Settlement Patterns and Faunal Remains from Lingbao, Western Henan, China (c. 4900-3000 BC)*. Oxford: Archaeopress, 2005.

Major, John S.（馬絳）, Sarah A. Queen（桂思卓）, Andrew S. Meyer（麥安迪）, and Harold D. Roth（羅浩）. *The Huainanzi: A Guide to the Theory and Practice of Government in Early Han China*. New York: Columbia University Press, 2010.

Mann, Michael. *The Sources of Social Power*. Cambridge: Cambridge University Press, 1986.

Marks, Robert B.（馬立博）*China: An Environmental History*. 2nd edition. Lanham: Rowman & Littlefield, 2017.

Marks, Robert B. *Tigers, Rice, Silk, and Silt: Environment and Economy in Late Imperial South China*. Cambridge: Cambridge University Press, 1998.

Marx, Karl. *Capital: A Critique of Political Economy*. Volume 1. London: Lawrence and Wishart, 1959.

Mattos, Gilbert L.（馬幾道） *The Stone Drums of Ch'in*. Nettetal: Steyler Verlag, 1988.

Mattos, Gilbert L. "Eastern Zhou Bronze Inscriptions." In *New Sources of Early Chinese History: An Introduction to the Reading of Inscriptions and Manuscripts*, edited by Edward L. Shaughnessy, 85-123. Berkeley: University of California Institute of East Asian Studies, 1997.

McCoy, Alfred W., and Francisco A. Scarano. *Colonial Crucible: Empire in the Making of the Modern American State*. Madison: University of Wisconsin Press, 2009.

McGovern, Patrick E. *Uncorking the Past: The Quest for Wine, Beer, and Other Alcoholic Beverages*. Berkeley: University of California Press, 2009.

McNeal, Robin.（羅斌） "Spatial Models of the State in Early Chinese Texts: Tribute Networks and the Articulation of Power and Authority, in *Shangshu* 'Yu Gong'（禹貢） and *Yi Zhoushu* 'Wang Hui'（王會）." In *Origins of Chinese Political Philosophy: Studies in the Composition and Thought of the Shangshu (Classic of Documents)*, edited by Martin Kern and Dirk Meyer（麥笛）, 475-95. Leiden, Netherlands: Brill, 2017.

Mearsheimer, John J. *The Tragedy of Great Power Politics*. New York: Norton, 2001.

Mei, Jianjun.（梅建軍） "Early Metallurgy and Socio-cultural Complexity: Archaeological Discoveries in Northwest China." In *Social Complexity in Prehistoric Eurasia: Monuments, Metals and Mobility*, edited by Katheryn M. Linduff and Bryan K. Hanks, 215-34. Cambridge: Cambridge University Press, 2009.

Metailie, Georges.（梅泰理） *Science and Civilisation in China*. Volume 6.4: *Traditional Botany, an Ethnobotanical Approach*. Cambridge: Cambridge University Press, 2015.

Meyer, Andrew S.（麥安迪） "The Baseness of Knights Truly Runs Deep: The Crisis and Negotiation of Aristocratic Status in the Warring States." Paper presented at the Columbia University Early China Seminar, 2012.

Miller, Ian M.（孟丨衡） *Fir and Empire: The Transformation of Forests in Early Modern China*. Seattle: University of Washington Press, 2020.

Miller, Ian M. "Forestry and the Politics of Sustainability in Early China." *Environmental History* 22 (2017): 594-617.

Miller, Melanie J., Yu Dong, Kate Pechenkina, Wenquan Fan, and Sian E. Halcrow. "Raising Girls and Boys in Early China: Stable Isotope Data Reveal Sex Differences in Weaning and Childhood Diets during the Eastern Zhou Era." *American Journal of Physical Anthropology* 172, no. 4 (2020): 567-85.

Millett, Kate. *Sexual Politics*. Urbana: University of Illinois Press, 2000.

Monson, Andrew. "Hellenistic Empires." In *Fiscal Regimes and the Political Economy of Premodern States,* edited by Andrew Monson and Walter Scheidel, 169-207. Cambridge: Cambridge University Press, 2015.

Monson, Andrew, and Walter Scheidel, editors. *Fiscal Regimes and the Political Economy of Premodern States*. Cambridge: Cambridge University Press, 2015.

Monson, Andrew, and Walter Scheidel. "Studying Fiscal Regimes," In *Fiscal Regimes and the Political Economy of Premodern States,* edited by Andrew Monson and Walter Scheidel, 3-27. Cambridge: Cambridge University Press, 2015

Moore, Jason W. *Capitalism in the Web of Life: Ecology and the Accumulation of Capital*. London: Verso, 2015.

Morehart, Christopher T., and Kristin De Lucia, editors. *Surplus: The Politics of Production and the Strategies of Everyday Life*. Boulder: University Press of Colorado, 2015.

Mostern, Ruth（馬瑞詩）. *The Yellow River: A Natural and Unnatural History*. New Haven, CT: Yale University Press, 2021.

Needham, Joseph, and Ling Wang.（李約瑟、王鈴） *Science and Civilisation in China*. Volume 4.2: *Mechanical Engineering*. Cambridge: Cambridge University Press, 1965.

Needham, Joseph, Ling Wang, and Gwei-djen Lu（魯桂珍）. *Science and Civilisation in China*. Volume 4.3: *Civil Engineering and Nautics*. Cambridge: Cambridge University Press, 1971.

Nienhauser, William H.（倪豪士）, editor. *The Grand Scribe's Records*. 8 vols. Bloomington: Indiana University Press, 1994-2020.

Nylan, Michael（戴梅可）, and Griet Vankeerberghen（方麗特）, editors. *Chang'an 26 BCE: An Augustan Age in China.* Seattle: University of Washington Press, 2015.

Pechenkina, Ekaterina A., Stanley H. Ambrose, Ma Xiaolin, and Robert A. Benfer Jr. "Reconstructing Northern Chinese Neolithic Subsistence Practices by Isotopic Analysis." *Journal of Archaeological Science* 32, no. 8 (2005): 1176-89.

Pechenkina, Ekaterina, Robert A. Benfer, and Xiaolin Ma. "Diet and Health in the Neolithic of the Wei and Yellow River Basins, Northern China." In *Ancient Health: Skeletal Indicators of Agricultural and Economic Intensification,* edited by Mark Cohen and Gillian Crane-Kramer, 255-72, 2007.

Pechenkina, Ekaterina, Robert A. Benfer, and Zhijun Wang（王志俊）. "Diet and Health Changes at the End of the Chinese Neolithic: The Yangshao/Longshan Transition in Shaanxi Province." *American Journal of Physical Anthropology* 117 (2002): 15–36.

Pelliot, Paul.（伯希和） *Notes on Marco Polo.* Volume 1. Paris: Adrien-Maisonneuve, 1959.

Peng, Ke.（彭柯） "Coinage and Commercial Development in Eastern Zhou China." PhD diss., University of Chicago, Chicago, 2000.

Perdue, Peter.（濮德培） *China Marches West: The Qing Conquest of Central Eurasia.* Cambridge, MA: Belknap Press of Harvard University, 2005.

Perdue, Peter. *Exhausting the Earth: State and Peasant in Hunan, 1500-1850.* Cambridge, MA: Harvard University Council on East Asian Studies, 1987.

Peters, Joris, Ophelie Lebrasseur, Hui Deng（鄧輝）, and Greger Larson. "Holocene Cultural History of Red Jungle Fowl (*Gallus gallus*) and Its Domestic Descendant in East Asia." *Quaternary Science Reviews* 142 (2016): 102-19.

Peterson, Christian E.（柯睿思）, and Gideon Shelach. "Jiangzhai: Social and Economic Organization of a Middle Neolithic Chinese Village." *Journal of Anthropological Archaeology* 31, no. 3 (2012): 265-301.

Pietz, David A.（皮大衛） *The Yellow River: The Problem of Water in Modern China.* Cambridge, MA: Harvard

University Press, 2015.

Pines, Yuri.（尤銳）"Alienating Rhetoric in the *Book of Lord Shang* and Its Moderation." *Extreme-Orient Extreme-Occident* 34 (2012): 79-110.

Pines, Yuri. "Biases and Their Sources: Qin History in the 'Shiji." *Oriens Extremus* 45 (2005): 10-34.

Pines, Yuri. *The Book of Lord Shang: Apologetics of State Power in Early China*. New York: Columbia University Press, 2017.

Pines, Yuri. "The Question of Interpretation: Qin History in Light of New Epigraphic Sources." *Early China* 29 (2004): 1-44.

Pines, Yuri, Gideon Shelach, Lothar von Falkenhausen, and Robin D.S. Yates, editors. *Birth of an Empire: The State of Qin Revisited*. Berkeley: University of California Press, 2013.

Plumwood, Val. *Feminism and the Mastery of Nature*. New York: Routledge, 1993.

Pollard, A. M., P. Bray, P. Hommel, Y.-K. Hsu（徐幼剛）, R. Liu（劉睿良）, and J. Rawson（羅森）. "Bronze Age Metal Circulation in China." *Antiquity* 91, no. 357 (2017): 674-87.

Pollegioni, Paola, et al. "Ancient Humans Influenced the Current Spatial Genetic Structure of Common Walnut Populations in Asia." *PLoS ONE* 10, no. 9 (2015): 1-16.

Poo, Mu-chou.（蒲慕州）"Religion and Religious Life of the Qin." In *Birth of an Empire: The State of Qin Revisited,* edited by Yuri Pines, Gideon Shelach, Lothar von Falkenhausen, and Robin D. S. Yates, 187-205. Berkeley: University of California Press, 2013.

Portal, Jane（白珍）, editor. *The First Emperor: China's Terracotta Army*. Cambridge, MA: Harvard University Press, 2007.

Postgate, J. N. *Early Mesopotamia: Society and Economy at the Dawn of History*. Abingdon-on-Thames, England: Taylor & Francis, 1992.

Pulleyblank, Edwin G.（蒲立本）"The Chinese and Their Neighbours in Prehistoric and Early Historic Times." In *The*

Origins of Chinese Civilization, edited by David N. Keightley, 411-66. Berkeley: University of California Press, 1983.

Pulleybank, Edwin G. "Ji 姬 and Jiang 姜: The Role of Exogamous Clans in the Organization of the Zhou Polity." *Early China* 25 (2000): 1-27.

Pyne, Stephen J. *Fire: A Brief History*. Seattle: University of Washington Press, 2001.

Radkau, Joachim. *Nature and Power: A Global History of the Environment*. Cambridge: Cambridge University Press, 2008.

Rascovan, Nicolas, et al. "Emergence and Spread of Basal Lineages of *Yersinia pestis* during the Neolithic Decline." *Cell* 176, no. 1 (2019): 295-305.

Rawson, Jessica（羅森）. "Western Zhou Archaeology." In *The Cambridge History of Ancient China,* edited by Michael Loewe and Edward Shaughnessy, 352-449. Cambridge: Cambridge University Press, 1999.

Reardon-Anderson, James. *Reluctant Pioneers: China's Expansion Northward, 1644-1937*. Stanford, CA: Stanford University Press, 2005.

Reich, David. *Who We Are and How We Got Here: Ancient DNA and the New Science of the Human Past*. Oxford: Oxford University Press, 2018.

Richards, John F. *The Mughal Empire.* New York: Cambridge University Press, 1993.

Richards, John F. *The Unending Frontier: An Environmental History of the Early Modern World*. Berkeley: University of California Press, 2003.

Rickett, W. Allyn.（李克） *Guanzi: Political, Economic and Philosophical Essays from Early China: A Study and Translation.* 2 vols. Princeton, NJ: Princeton University Press, 1985, 1998.

Robbins, Paul. *Political Ecology: A Critical Introduction.* 2nd edition. Chichester: J. Wiley & Sons, 2012.

Roberts, Charlotte. "What Did Agriculture Do for Us? The Bioarchaeology of Health and Diet." In *The Cambridge World History*. Volume 5, edited by Graeme Barker and Candice Goucher, 93-123. Cambridge: Cambridge University Press, 2015.

Roberts, Neil. "Did Prehistoric Landscape Management Retard the Post-Glacial Spread of Woodland in Southwest Asia?" *Antiquity* 76 (2002): 1002-10.

Roberts, Neil. *The Holocene: An Environmental History*. 3rd edition. Oxford: Blackwell, 2014.

Rogaski, Ruth.（羅芙芸） *Hygienic Modernity: Meanings of Health and Disease in Treaty-Port China*. Berkeley: University of California Press, 2004.

Rosen, Arlene. "The Impact of Environmental Change and Human Land Use on Alluvial Valleys in the Loess Plateau of China during the Middle Holocene." *Geomorphology* 101 (2008): 298-307.

Rosen, Arlene M., Jinok Lee（李晉沃）, Min Li（李旻）, Joshua Wright, Henry T. Wright（華翰維）, and Hui Fang. "The Anthropocene and the Landscape of Confucius: A Historical Ecology of Landscape Changes in Northern and Eastern China during the Middle to Late-Holocene." *The Holocene* 25, no. 10 (2015): 1640-50.

Ross, Corey. *Ecology and Power in the Age of Empire: Europe and the Transformation of the Tropical World*. Oxford: Oxford University Press, 2017.

Sabban, Françoise.（薩班） "De la main à la pâte: Réflexion sur l'origine des pâtes alimentaires et les transformations du blé en Chine ancienne." *L'Homme* 30, no. 113 (1990): 102-37.

Sagart, Laurent（沙加爾）, et al. "Dated Language Phylogenies Shed Light on the Ancestry of Sino-Tibetan." *Proceedings of the National Academy of Sciences* 116, no. 21 (2019): 10317-22.

Sage, Steven F.（史蒂文） *Ancient Sichuan and the Unification of China*. Albany: State University of New York Press, 1992.

Sahlins, Marshall. "Poor Man, Rich Man, Big-Man, Chief: Political Types in Melanesia and Polynesia." *Comparative Studies in Society and History* 5, no. 3 (1963): 285-303.

Sahlins, Marshall. *Stone Age Economics*. Chicago: Aldine, 1972.

Sanft, Charles.（陳力強） *Communication and Cooperation in Early Imperial China: Publicizing the Qin Dynasty*. Albany: State University of New York Press, 2014.

Sanft, Charles. "The Construction and Deconstruction of Epanggong: Notes from the Crossroads of History and Poetry." *Oriens Extremus* 47 (2008): 160-76.

Sanft, Charles. "Edict of Monthly Ordinances for the Four Seasons in Fifty Articles from 5 C.E.: Introduction to the Wall Inscriptions Discovered at Xuanquanzhi, with Annotated Translation." *Early China* 32 (2008): 125-208.

Sanft, Charles. "Environment and Law in Early Imperial China (Third Century, BCE-First Century CE): Qin and Han Statutes Concerning Natural Resources." *Environmental History* 15, no. 4 (2010): 701-21.

Sanft, Charles. "Paleographic Evidence of Qin Religious Practice from Liye and Zhoujiatai." *Early China* 37 (2014): 327-58.

Sanft, Charles. "Population Records from Liye: Ideology in Practice." In *Ideology of Power and Power of Ideology in Early China,* edited by Yuri Pines, Paul R. Goldin, and Martin Kern, 249-69. Leiden, Netherlands: Brill, 2015.

Schafer, Edward H.（薛愛華）"Hunting Parks and Animal Enclosures in Ancient China." *Journal of the Economic and Social History of the Orient* 11, no. 3 (1968): 318-43.

Scheidel, Walter. "The Early Roman Monarchy." In *Fiscal Regimes and the Political Economy of Premodern States,* edited by Andrew Monson and Walter Scheidel, 229-57. Cambridge: Cambridge University Press, 2015.

Scheidel, Walter. *Rome and China: Comparative Perspectives on Ancient World Empires.* Oxford: Oxford University Press, 2009.

Scheidel, Walter. "Sex and Empire: A Darwinian Perspective." In *The Dynamics of Ancient Empires: State Power from Assyria to Byzantium,* edited by Ian Morris and Walter Scheidel, 255-324. Oxford: Oxford University Press, 2009.

Scheidel, Walter. "Studying the State." In *The Oxford Handbook of the State in the Ancient Near East and Mediterranean,* edited by Peter Bang and Walter Scheidel, 5-57. Oxford: Oxford University Press, 2013.

Schlegel, Alice, editor. *Sexual Stratification: A Cross-Cultural View.* New York: Columbia University Press, 1977.

Schlesinger, Jonathan. *A World Trimmed with Fur: Wild Things, Pristine Places, and the Natural Fringes of Qing.* Stanford, CA: Stanford University Press, 2017.

Schwartz, Benjamin.（史華慈）"The Primacy of the Political Order in East Asian Societies." In *China and Other Matters,* 114-38. Cambridge, MA: Harvard University Press, 1996.

Scott, James C. *Against the Grain: A Deep History of the Earliest States.* New Haven, CT: Yale University Press, 2017.

Scott, James C. *The Art of Not Being Governed: An Anarchist History of Upland Southeast Asia.* New Haven, CT: Yale University Press, 2009.

Scott, James C. *Seeing Like a State: How Certain Schemes to Improve the Human Condition Have Failed.* New Haven, CT: Yale University Press, 1998.

Sebastian, Patrizia, Hanno Schaefer, Ian Telford, and Susanne Renner. "Cucumber (*Cucumis sativus*) and Melon (*C. melo*) Have Numerous Wild Relatives in Asia and Australia, and the Sister Species of Melon Is from Australia." *Proceedings of the National Academy of Sciences* 107, no. 32 (2010): 14269-73.

Sebillaud, Pauline.（史寶琳） "La distribution spatiale de l'habitat en Chine dans la plaine Centrale à la transition entre le Néolithique et l'âge du Bronze (env. 2500-1050 av. n. è.)." PhD diss., École pratique des hautes études, 2014.

Segalen, Victor（謝閣蘭）, Augusto Gilbert de Voisins, and Jean Lartigue. Photographs from the collection"Mission archéologique, Chine, 1914." Bibliothèque nationale de France.

Selbitschka, Armin.（謝藏） "Quotidian Afterlife: Grain, Granary Models, and the Notion of Continuing Sustenance in Late Pre-Imperial and Early Imperial Tombs." In *Uber den Alltag hinaus: Festschrift fur Thomas O. Hollmann zum 65. Geburtstag,* edited by Shing Muller and Armin Selbitschka, 89-106. Wiesbaden: Harrassowitz, 2017.

Sena, David.（孫大維） "Reproducing Society: Lineage and Kinship in Western Zhou China." PhD diss., University of Chicago, Chicago, 2005.

Shaughnessy, Edward.（夏含夷） "The Qin *Biannianji*（編年記） and the Beginnings of Historical Writing in China." In *Beyond The First Emperor's Mausoleum: New Perspectives on Qin Art,* edited by Liu Yang, 115-36. Minneapolis: Minneapolis Institute of Arts, 2014.

Shaughnessy, Edward. *Sources of Western Zhou History: Inscribed Bronze Vessels.* Berkeley: University of California Press, 1991.

Shaughnessy, Edward. "Toward a Social Geography of the Zhouyuan during the Western Zhou Dynasty." In *Political Frontiers, Ethnic Boundaries and Human Geographies in Chinese History,* edited by Nicola Di Cosmo and Don J. Wyatt（韋棟）, 16-34. London: Routledge Curzon, 2010.

Shaughnessy, Edward. "Western Zhou Hoards and Family Histories in the Zhouyuan." In *New Perspectives on China's Past: Chinese Archaeology in the 20th Century,* edited by Xiaoneng Yang（楊曉能）, 255-67. New Haven, CT: Yale University Press, 2004.

Shelach, Gideon.（吉地安） "Collapse or Transformation? Anthropological and Archaeological Perspectives on the Fall of Qin." In *Birth of an Empire: The State of Qin Revisited,* edited by Yuri Pines, Gideon Shelach, Lothar von Falkenhausen, and Robin D. S. Yates, 113-38. Berkeley: University of California Press, 2013.

Shelach-Lavi, Gideon. *The Archaeology of Early China: From Prehistory to the Han Dynasty.* New York: Cambridge University Press, 2015.

Shelach, Gideon, and Yitzchak Jaffe. "The Earliest States in China: A Long-Term Trajectory Approach." *Journal of Archaeological Research* 22 (2014): 327–364.

Shen, Hui（沈慧）, Xiaoqiang Li（李小強）, Robert Spengler, Xinying Zhou, and Keliang Zhao（趙克良）. "Forest Cover and Composition on the Loess Plateau during the Middle to Late-Holocene: Integrating Wood Charcoal Analyses." *The Holocene* 31, no. 1 (2021): 8-49.

Sheng, Pengfei（生膨菲）, Xue Shang（尚雪）, Zhouyong Sun（孫周勇）, Liping Yang（楊利平）, Xiaoning Guo（郭小寧）, and Martin K. Jones. "North-South Patterning of Millet Agriculture on the Loess Plateau: Late Neolithic Adaptations to Water Stress, NW China." *The Holocene* 28, no. 10 (2018): 1554-63.

Shepherd, John Robert.（邵式柏） *Statecraft and Political Economy on the Taiwan Frontier, 1600-1800.* Stanford, CA: Stanford University Press, 1993.

Shih, Sheng-han.（石聲漢） *A Preliminary Study of the Book* Ch'i Min Yao Shu: *An Agricultural Encyclopaedia of the 6th Century*. 2nd edition. Beijing: Science Press, 1982.

Skinner, G. William.（施堅雅） *The City in Late Imperial China*. Stanford, CA: Stanford University Press, 1977.

Skosey, Laura.（郭錦） "The Legal System and Legal Tradition of the Western Zhou (ca. 1045-771 BCE)." PhD diss., University of Chicago, Chicago, 1996.

Smil, Vaclav. *Energy in Nature and Society: General Energetics of Complex Systems*. Cambridge, MA: MIT Press, 2008.

Smil, Vaclav. *Growth: From Microorganisms to Megacities*. Cambridge, MA: MIT Press, 2019.

Smil, Vaclav. *Harvesting the Biosphere: What We Have Taken from Nature*. Cambridge, MA: MIT Press, 2013.

Smith, Andrew T., and Yan Xie（解焱）, editors. *A Guide to the Mammals of China*. Princeton, NJ: Princeton University Press, 2008.

Smith, Bruce D. "A Cultural Niche Construction Theory of Initial Domestication." *Biological Theory* 6, no. 3 (2011): 260-71.

Smith, Bruce D. *The Emergence of Agriculture*. New York: Scientific American Library, 1995.

Smith, Bruce D. "Low-Level Food Production." *Journal of Archaeological Research* 9, no. 1 (2001): 1-43.

Smith, Charles H. *The Animal Kingdom*. Volume 4. London: G. B. Whittaker, 1827.

Smith, Michael. "The Aztec Empire." In *Fiscal Regimes and the Political Economy of Premodern States,* edited by Andrew Monson and Walter Scheidel, 71-114. Cambridge: Cambridge University Press, 2015.

Smith, Monica L. "Territories, Corridors, and Networks: A Biological Model for the Premodern State." *Complexity* 12, no. 4 (2007): 28-35.

Smith, Neil. "Rehabilitating a Renegade? The Geography and Politics of Karl August Wittfogel." *Dialectical Anthropology* 12, no. 1 (1987): 127-36.

Smythe, Kathleen R. "Forms of Political Authority: Heterarchy." In *Africa's Past, Our Future,* 103-20. Bloomington: Indiana University Press, 2015.

So, Jenny F.（蘇芳淑）, and Emma C. Bunker. *Traders and Raiders on China's Northern Frontier*. Seattle: Arthur M. Sackler Museum, 1995.

Song, Jixiang（宋吉香）, Lizhi Wang（王力之）, and Dorian Fuller（傅稻鐮）. "A Regional Case in the Development of Agriculture and Crop Processing in Northern China from the Neolithic to Bronze Age: Archaeobotanical Evidence from the Sushui River Survey, Shanxi Province." *Archaeological and Anthropological Sciences* 11 (2017): 667-82.

Soothill, William E.（蘇慧廉） *The Hall of Light: A Study of Early Chinese Kingship*. London: Lutterworth, 1951.

Spengler, Robert N. "Anthropogenic Seed Dispersal: Rethinking the Origins of Plant Domestication." *Trends in Plant Science* 25, no. 4 (2020): 340-48.

Spengler, Robert N. *Fruit from the Sands: The Silk Road Origins of the Foods We Eat*. Berkeley: University of California Press, 2019.

Staack, Thies（史達）, and Ulrich Lau（勞武利）. *Legal Practice in the Formative Stages of the Chinese Empire: An Annotated Translation of the Exemplary Qin Criminal Cases from the Yuelu Academy Collection*. Leiden, Netherlands: Brill, 2016.

Sterckx, Roel.（胡司德） "Attitudes towards Wildlife and the Hunt in Pre-Buddhist China." In *Wildlife in Asia: Cultural Perspectives,* edited by John Knight, 15-35. London: Routledge Curzon, 2004.

Sterckx, Roel. *Food, Sacrifice, and Sagehood in Early China*. Cambridge: Cambridge University Press, 2011.

Stevens, Chris, Charlene Murphy, Rebecca Roberts, Leilani Lucas, Fabio Silva, and Dorian Fuller. "Between China and South Asia: A Middle Asian Corridor of Crop Dispersal and Agricultural Innovation in the Bronze Age." *The Holocene* 26 (2016).

Stol, Marten. "Milk, Butter and Cheese." *Bulletin on Sumerian Agriculture*. Volume 7: *Domestic Animals of Mesopotamia,* 1993, 99-113.

Storozum, Michael J.（司徒克）, Zhen Qin（秦臻）, Haiwang Liu（劉海旺）, Kui Fu（符奎）, and Tristram R.

Kidder. "Anthrosols and Ancient Agriculture at Sanyangzhuang, Henan Province, China." *Journal of Archaeological Science: Reports* 19 (2018): 925-35.

Streusand, Douglas E. *Islamic Gunpowder Empires: Ottomans, Safavids and Mughals.* Boulder, CO: Westview, 2011.

Sun, Zhouyong.（孫周勇） *Craft Production in the Western Zhou Dynasty (1046-771 BC): A Case Study of a Jue-Earrings Workshop at the Predynastic Capital Site, Zhouyuan, China.* Oxford: Archaeopress, 2008.

Sun, Zhouyong, Jing Shao（邵晶）, Li Liu, Jianxin Cui（崔建新）, Michael F. Bonomo, Qinghua Guo（國慶華）, Xiaohong Wu, and Jiajing Wang. "The First Neolithic Urban Center on China's North Loess Plateau: The Rise and Fall of Shimao." *Archaeological Research in Asia* 14 (2018): 33-45.

Swann, Nancy Lee.（孫念禮） *Food & Money in Ancient China: The Earliest Economic History of China to A.D. 25.* New York: Octagon, 1974.

Szonyi, Michael.（宋怡明） *Practicing Kinship: Lineage and Descent in Late Imperial China.* Stanford, CA: Stanford University Press, 2002.

Tan, Zhihai, Chun Chang Huang, Jiangli Pang, and Qunying Zhou.（譚志海、黃春長、龐獎勵、周群英） "Holocene Wildfires Related to Climate and Land-Use Change over the Weihe River Basin, China." *Quaternary International* 234, nos. 1-2 (2011): 167-73.

Tch'ou, To-I, and Paul Pelliot.（褚德彝、伯希和） *Bronzes antiques de la Chine appartenant à C. T. Loo et cie.* Paris and Brussels: G. van Oest, 1924.

Teng, Mingyu.（滕銘予） "From Vassal State to Empire: An Archaeological Examination of Qin Culture." In *Birth of an Empire: The State of Qin Revisited,* edited by Yuri Pines, Gideon Shelach, Lothar von Falkenhausen, and Robin D. S. Yates, 71-112. Berkeley: University of California Press, 2013.

Thalmann, Olaf, et al. "Complete Mitochondrial Genomes of Ancient Canids Suggest a European Origin of Domestic Dogs." *Science* 342, no. 6160 (2013): 871-74.

Thatcher, Melvin.（沙其敏） "Central Government of the State of Ch'in in the Spring and Autumn Period." *Journal of Oriental Studies* 23, no. 1 (1985): 29-53.

Thatcher, Melvin. "Marriages of the Ruling Elite in the Spring and Autumn Period." In *Marriage and Inequality in Chinese Society*, edited by Rubie Watson（華若璧） and Patricia Ebrey（伊沛霞）, 25-57. Berkeley: University of California Press, 1991.

Thierry, François. *Monnaies chinoises: Catalogue.* Paris: Bibliothèque nationale de France, 1997.

Thorp, Robert L.（杜樸） *China in the Early Bronze Age: Shang Civilization.* Philadelphia: University of Pennsylvania Press, 2006.

Tilly, Charles. *Coercion, Capital, and European States, AD 990-1990.* Cambridge, MA: Basil Blackwell, 1990.

Tilly, Charles. "War Making and State Making as Organized Crime." In *Bringing the State Back In,* edited by Peter Evans, Dietrich Reuschemeyer, and Theda Skocpol, 169-91. Cambridge: Cambridge University Press, 1985.

Tilly, Charles, and Gabriel Ardant, editors. *The Formation of National States in Western Europe.* Princeton, NJ: Princeton University Press, 1975.

Tong, Haowen.（同號文） "Occurrences of Warm-Adapted Mammals in North China over the Quaternary Period and Their Paleoenvironmental Significance." *Science in China Series D: Earth Sciences* 50, no. 9 (2007): 1327-40.

Totman, Conrad. *Japan: An Environmental History.* London: I. B. Tauris, 2014.

Trautmann, Thomas R. *Elephants and Kings: An Environmental History.* Chicago: University of Chicago Press, 2015.

Trigger, Bruce G. "Maintaining Economic Equality in Opposition to Complexity: An Iroquoian Case Study." In *The Evolution of Political Systems: Sociopolitics in Small-Scale Sedentary Societies,* 119-45. New York: Cambridge University Press, 1990.

Trigger, Bruce G. *Sociocultural Evolution: Calculation and Contingency.* Oxford: Blackwell, 1998.

Trigger, Bruce G. *Understanding Early Civilizations: A Comparative Study.* Cambridge: Cambridge University Press, 2003.

Tuan, Yi-fu.（段義孚） *China.* The World's Landscapes. Chicago: Aldine, 1969.

Tucker, Marlee A., et al. "Moving in the Anthropocene: Global Reductions in Terrestrial Mammalian Movements." *Science* 359, no. 6374 (2018): 466-69.

Turvey, Samuel T., Jennifer J. Crees, Zhipeng Li, Jon Bielby, and Jing Yuan. "Long-Term Archives Reveal Shifting Extinction Selectivity in China's Postglacial Mammal Fauna." *Proceedings of the Royal Society B* 284, no. 1867 (2017): 20171979.

Turvey, Samuel T., and Susanne A. Fritz. "The Ghosts of Mammals Past: Biological and Geographical Patterns of Global Mammalian Extinction across the Holocene." *Philosophical Transactions of the Royal Society B* 366, no. 1577 (2011): 2564-76.

Twitchett, Denis.（杜希德） *Financial Administration under the T'ang Dynasty*. Cambridge: Cambridge University Press, 1963.

Underhill, Anne P.（文德安）, editor. *A Companion to Chinese Archaeology*. Chichester: John Wiley & Sons, 2013.

Underhill, Anne P. *Craft Production and Social Change in Northern China*. New York: Kluwer Academic/Plenum Publishers, 2002.

Underhill, Anne P. "Warfare and the Development of States in China." In *The Archaeology of Warfare: Prehistories of Raiding and Conquest,* edited by Elizabeth N. Arkush and Mark W. Allen, 253-85. Gainesville: University Press of Florida, 2006.

Underhill, Anne P., and Junko Habu（羽生淳子）. "Early Communities in East Asia: Economic and Sociopolitical Organization at the Local and Regional Levels." In *Archaeology of Asia,* edited by Miriam T. Stark, 121-48. Oxford: Blackwell, 2006.

Vandermeersch, Léon.（汪德邁） "An Enquiry into the Chinese Conception of the Law." In *The Scope of State Power in China,* edited by Stuart R. Schram, 3-25. London: School of Oriental and African Studies, University of London, 1985.

Vandermeersch, Léon. *La formation du légisme: Recherche sur la constitution d'une philosophie politique caractéristique de la Chine ancienne*. Paris: École française d'Extrême-Orient, 1965.

Vandermeersch, Léon. *Wangdao; ou, La voie royale: Recherches sur l'esprit des institutions de la Chine archaïque*. 2 vols. Paris: École française d'Extrême-Orient, 1977, 1980.

Vigne, Jean-Denis et al. "Earliest 'Domestic' Cats in China Identified as Leopard Cat (Prionailurus bengalensis)." *PLoS ONE* 11, no. 1 (2016): e0147295.

Vogel, Hans Ulrich（傅漢斯）, and Gunter Dux, editors. *Concepts of Nature: A Chinese-European Cross-Cultural Perspective*. Leiden, Netherlands: Brill, 2010.

Vogel, Ulrich. "K. A. Wittfogel's Marxist Studies on China (1926-1939)." *Bulletin of Concerned Asian Scholars* 11, no. 4 (1979): 30-37.

Vogt, Nicholas.（侯昱文） "Between Kin and King: Social Aspects of Western Zhou Ritual." PhD diss., Columbia University, New York, 2012.

von Glahn, Richard.（萬志英） *The Country of Streams and Grottoes: Expansion, Settlement, and the Civilizing of the Sichuan Frontier in Song Times*. Cambridge, MA: Harvard University Asia Center, 1987.

Von Glahn, Richard. *The Economic History of China: From Antiquity to the Nineteenth Century*. Cambridge: Cambridge University Press, 2016.

Wagner, Donald B.（華道安） *Iron and Steel in Ancient China*. Leiden, Netherlands: E. J. Brill, 1993.

Wagner, Donald B. *Science and Civilisation in China*. Volume 5.11: *Ferrous Metallurgy*. Cambridge: Cambridge University Press, 2008.

Wagner, Mayke（王睦）, Pavel Tarasov（佟派）, Dominic Hosner（禾多米）, Andreas Fleck, Richard Ehrich（李查得）, Xiaocheng Chen（陳曉程）, and Christian Leipe. "Mapping of the Spatial and Temporal Distribution of Archaeological Sites of Northern China during the Neolithic and Bronze Age." *Quaternary International* 290-91 (2013): 344-57.

Walden, Viscount. "Report on the Additions to the Society's Menagerie." *Proceedings of the Zoological Society of*

London (1872): 789–860.

Waley, Arthur.（魏禮） *The Book of Songs: Translated from the Chinese*. Boston and New York: Houghton Mifflin, 1937.

Wan, Xiang.（萬翔） "The Horse in Pre-Imperial China." PhD diss., University of Pennsylvania, Philadelphia, 2013.

Wang, Can, Houyuan Lu, Wanfa Gu, Xinxin Zuo, Jianping Zhang, Yanfeng Liu, Yingjian Bao, and Yayi Hu.（王燦、呂厚遠、顧萬發、左昕昕、張健平、劉彥鋒、鮑穎建、胡亞毅）"Temporal Changes of Mixed Millet and Rice Agriculture in Neolithic-Bronze Age Central Plain, China: Archaeobotanical Evidence from the Zhuzhai Site." *The Holocene* 28, no. 5 (2018): 738-54.

Wang, Can, Houyuan Lu, Jianping Zhang, Zhaoyan Gu（顧兆炎）, and Keyang He. "Prehistoric Demographic Fluctuations in China Inferred from Radiocarbon Data and Their Linkage with Climate Change over the Past 50,000 Years." *Quaternary Science Reviews* 98 (2014): 45-59.

Wang, Haicheng.（王海城） *Writing and the Ancient State: Early China in Comparative Perspective*. Cambridge: Cambridge University Press, 2014.

Wang, Hua（王華）, Louise Martin, Songmei Hu, and Weilin Wang（王煒林）. "Pig Domestication and Husbandry Practices in the Middle Neolithic of the Wei River Valley, Northwest China: Evidence from Linear Enamel Hypoplasia." *Journal of Archaeological Science* 39, no. 12 (2012): 3662-70.

Wang, Hua, Louise Martin, Weilin Wang, and Songmei Hu. "Morphometric Analysis of *Sus* Remains from Neolithic Sites in the Wei River Valley, China, with Implications for Domestication." *International Journal of Osteoarchaeology* 25, no. 6 (2015): 877-89.

Wang, Rui.（王睿） "Fishing, Farming, and Animal Husbandry in the Early and Middle Neolithic of the Middle Yellow River Valley, China." PhD diss., University of Illinois, Urbana Champaign, 2004.

Wang, Xiao-ming, Ke-jia Zhang, Zheng-huan Wang, You-zhong Ding, Wei Wu, and Song Huang.（王小明、章克家、王正寰、丁由中、吳巍、黃松） "The Decline of the Chinese Giant Salamander *Andrias davidianus* and

Implications for Its Conservation." *Oryx* 38, no. 2 (2004): 197-202.

Wang, Yongjin,（汪永進） et al. "The Holocene Asian Monsoon: Links to Solar Changes and North Atlantic Climate." *Science* 308, no. 854 (2005): 854-57.

Warnke, Martin. *Political Landscape: The Art History of Nature*. London: Reaktion, 1994.

Watson, Burton.（華茲生） *Records of the Grand Historian: Han Dynasty*. Volume 2. Hong Kong: Renditions-Columbia University Press, 1993.

Watts, Jonathan.（華衷） "30% of Yellow River Fish Species Extinct." *Guardian*, January 18, 2007. www.theguardian.com/news/2007/jan/18/china.pollution.

Weber, Charles. "Chinese Pictorial Bronze Vessels of the Late Chou Period, Part IV." *Artibus Asiae* 30, nos. 2-3 (1968), 145-236.

Weber, Max. *Economy and Society: An Outline of Interpretive Sociology*. 2 vols. Berkeley: University of California Press, 1978.

Weber, Max. *The Religion of China: Confucianism and Taoism*. New York: Free Press, 1968.

Wei, Miao, Wang Tao, Zhao Congcang, Liu Wu, and Wang Changsui.（尉苗、王濤、趙叢蒼、劉武、王昌燧） "Dental Wear and Oral Health as Indicators of Diet among the Early Qin People." In *Bioarchaeology of East Asia: Movement, Contact, Health*, edited by Kate Pechenkina and Marc Oxenham. Gainesville: University Press of Florida, 2013.

Weld, Susan.（羅鳳鳴） "Covenant in Jin's Walled Cities: The Discoveries at Houma and Wenxian." PhD diss., Harvard University, Cambridge, MA, 1990.

Whyte, Martin King. *The Status of Women in Preindustrial Societies*. Princeton, NJ: Princeton University Press, 1978.

Wilkin, Shevan, et al. "Dairy Pastoralism Sustained Eastern Eurasian Steppe Populations for 5,000 Years." *Nature Ecology & Evolution* 4, no. 3 (2020): 346-55.

Wilkinson, Endymion.（魏根深） *Chinese History: A New Manual*. Cambridge, MA: Harvard University Asia Center,

2013. Digital edition on Pleco.

Will, Pierre-Étienne.（魏丕信）"Clear Waters versus Muddy Waters: The Zheng-Bai Irrigation System of Shaanxi Province in the Late-Imperial Period." In *Sediments of Time: Environment and Society in Chinese History,* edited by Mark Elvin and Ts'ui-jung Liu（劉翠溶）, 283-343. Cambridge: Cambridge University Press, 1998.

Will, Pierre-Étienne. "State Intervention in the Administration of a Hydraulic Infrastructure: The Example of Hubei Province in Late Imperial Times." In *The Scope of State Power in China,* edited by Stuart R Schram, 295-347. London: School of Oriental and African Studies (SOAS), 1985.

Will, Pierre-Etienne, and Roy Bin Wong（魏丕信、王國斌）. *Nourish the People: The State Civilian Granary System in China, 1650-1850.* Ann Arbor, MI: Center for Chinese Studies, 1991.

Williams, Raymond. "Ideas of Nature." In *Culture and Materialism: Selected Essays,* 67-85. London: Verso, 2005.

Willis, Katherine J., and Jennifer McElwain. *The Evolution of Plants.* 2nd edition. Oxford: Oxford University Press, 2014.

Wiseman, Rob. "Interpreting Ancient Social Organization: Conceptual Metaphors and Image Schemas." *Time and Mind* 8, no. 2 (2015): 159-90.

Wittfogel, Karl A.（魏復古）"The Foundations and Stages of Chinese Economic History." *Zeitschrift fur Sozialforschung* 4 (1935): 26-60.

Wittfogel, Karl A. "Geopolitics, Geographical Materialism and Marxism." Translated by G. L. Ulmen. *Antipode* 17, no. 1 (1985): 21-71.

Wittfogel, Karl A. *Oriental Despotism: A Comparative Study of Total Power.* New Haven, CT: Yale University Press, 1957.

Wittfogel, Karl A. *Wirtschaft und Gesellschaft Chinas: Versuch der wissenschaftlichen Analyse einer grossen asiatischen Agrargesellschaft.* Leipzig: C. L. Hirschfeld, 1931. Wolfe, Nathan D., Claire Panosian Dunavan, and Jared Diamond. "Origins of Major Human Infectious Diseases." *Nature* 447, no. 7142 (2007): 279-83.

Wong, Roy Bin（王國斌）, and Jean-Laurent Rosenthal. *Before and Beyond Divergence: The Politics of Economic Change in China and Europe.* Cambridge, MA: Harvard University Press, 2011.

Wood, Ellen M. "The Separation of the 'Economic' and the 'Political' in Capitalism." In *Democracy against Capitalism: Renewing Historical Materialism,* 19-48. Cambridge: Cambridge University Press, 1995.

Wood, Gordon S. *The Radicalism of the American Revolution.* New York: Vintage, 1991.

Worster, Donald. *The Wealth of Nature: Environmental History and the Ecological Imagination.* New York: Oxford University Press, 1993.

Wu, Huining, Yuzhen Ma, Zhaodong Feng, Aizhi Sun, Chengjun Zhang, Fei Li, and Juan Kuang（仵慧寧、馬玉貞、馮兆東、孫愛芝、張成君、李飛、匡娟）. "A High Resolution Record of Vegetation and Environmental Variation through the Last 25,000 Years in the Western Part of the Chinese Loess Plateau." *Palaeogeography, Palaeoclimatology, Palaeoecology* 273, nos. 1-2 (2009): 191-99.

Wu, Hung.（巫鴻） "The Art and Architecture of the Warring States Period." In *The Cambridge History of Ancient China: From the Origins of Civilization to 221 B.C.,* edited by Michael Loewe and Edward Shaughnessy, 651-744. Cambridge: Cambridge University Press, 1999.

Wu, Wenxiang, and Tung-sheng Liu.（吳文祥、劉東生） "Possible Role of the 'Holocene Event 3' on the Collapse of Neolithic Cultures around the Central Plain of China." *Quaternary International* 117 (2004): 153-66.

Wu, Xiaolong.（吳霄龍） "Cultural Hybridity and Social Status: Elite Tombs on China's Northern Frontier during the Third Century BC." *Antiquity* 87 (2013): 121-36.

Wu, Xiaotong（吳曉桐）, Anke Hein（安可）, Xingxiang Zhang（張興香）, Zhengyao Jin（金正耀）, Dong Wei（魏東）, Fang Huang（黃方）, and Xijie Yin（尹希杰）. "Resettlement Strategies and Han Imperial Expansion into Southwest China: A Multimethod Approach to Colonialism and Migration." *Archaeological and Anthropological Sciences,* 2019, 1-31.

Xu, Jiongxin.（許炯心） "Naturally and Anthropogenically Accelerated Sedimentation in the Lower Yellow River,

China, over the Past 13,000 Years." *Geografiska Annaler*. Series A: *Physical Geography* 80, no. 1 (1998): 67-78.

Yang, Dongya（楊東亞）, Li Liu, Xingcan Chen, and Camilla F. Speller. "Wild or Domesticated: DNA Analysis of Ancient Water Buffalo Remains from North China." *Journal of Archaeological Science* 35, no. 10 (2008): 2778-85.

Yang, Lien-sheng.（楊聯陞） "Notes on the Economic History of the Chin Dynasty." *Harvard Journal of Asiatic Studies* 9, no. 2 (1946): 107-85.

Yang, Xiaoneng.（楊曉能） "Urban Revolution in Late Prehistoric China." In *New Perspectives on China's Past: Chinese Archaeology in the 20th Century*, edited by Xiaoneng Yang, 1:98-143. New Haven, CT: Yale University Press, 2004.

Yang, Xiaoyan（楊曉燕）, Zhiwei Wan（萬智巍）, Linda Perry, Houyuan Lu, Qiang Wang（王強）, Chaohong Zhao（趙朝洪）, Jun Li（李珺）, et al. "Early Millet Use in Northern China." *Proceedings of the National Academy of Sciences* 109, no. 10 (2012): 3726-30.

Yang, Yimin（楊益民）, Anna Shevchenko, Andrea Knaust, Idelisi Abuduresule, Wenying Li（李文瑛）, Xingjun Hu（胡興軍）, Changsui Wang（王昌燧）, and Andrej Shevchenko. "Proteomics Evidence for Kefir Dairy in Early Bronze Age China." *Journal of Archaeological Science* 45 (2014): 178-86.

Yao, Alice.（姚輝芸） *The Ancient Highlands of Southwest China: From the Bronze Age to the Han Empire*. Oxford: Oxford University Press, 2016.

Yates, Robin D. S.（葉山） "Early China." In *War and Society in the Ancient and Medieval Worlds: Asia, the Mediterranean, Europe, and Mesoamerica*, edited by Kurt A. Raaflaub and Nathan Stewart Rosenstein, 7-45. Washington, DC: Center for Hellenic Studies, 1999.

Yates, Robin D. S. "Evidence for Qin Law in the Qianling County Archive: A Preliminary Survey." *Bamboo and Silk* 1, no. 2 (2018): 403-45.

Yates, Robin D. S. "The Horse in Early Chinese Military History"，收入黃克武主編，《軍事組織與戰爭：中央研究院第三屆國際漢學會議論文集》（臺北：中央研究院近代史研究所，二〇〇三），頁一至七八。

Yates, Robin D. S. "The Rise of Qin and the Military Conquest of the Warring States." In *The First Emperor: China's Terracotta Army*, edited by Jane Portal, 31-55. Cambridge, MA: Harvard University Press, 2007.

Yates, Robin D. S. "Social Status in the Ch'in: Evidence from the Yun-Meng Legal Documents. Part One: Commoners." *Harvard Journal of Asiatic Studies* 47, no. 1 (1987): 197-237.

Yates, Robin D. S. "Some Notes on Ch'in Law: A Review Article of *Remnants of Ch'in Law* by A.F.P. Hulsewe." *Early China* 11-12 (1985): 243-75.

Yates, Robin D. S. "War, Food Shortages, and Relief Measures in Early China." In *Hunger in History: Food Shortage, Poverty, and Deprivation*, edited by Lucile F. Newman, 147-88. New York: Blackwell, 1990.

Yeh, Hui-Yuan, Xiaoya Zhan, and Wuyun Qi.（葉惠媛、詹小雅、齊烏雲） "A Comparison of Ancient Parasites as Seen from Archeological Contexts and Early Medical Texts in China." *International Journal of Paleopathology* 25 (2019): 30-38.

Yoffee, Norman. *Myths of the Archaic State: Evolution of the Earliest Cities, States and Civilizations*. Cambridge: Cambridge University Press, 2005.

Yuan, Jing, Jianlin Han（韓建林）, and Roger Blench. "Livestock in Ancient China: An Archaeozoological Perspective." In *Past Human Migrations in East Asia: Matching Archaeology, Linguistics and Genetics*, edited by Alicia Sanchez-Mazas, 84-104. London: Routledge, 2008.

Zeder, Melinda A. "The Domestication of Animals." *Journal of Anthropological Research* 68, no. 2 (2012): 161–90.

Zeder, Melinda A. "Pathways to Animal Domestication." In *Biodiversity in Agriculture: Domestication, Evolution, and Sustainability*, edited by Paul Gepts, 227-59. Cambridge: Cambridge University Press, 2012.

Zelin, Madeleine.（曾小萍） *The Magistrate's Tael: Rationalizing Fiscal Reform in Eighteenth-Century Ch'ing China*. Berkeley: University of California Press, 1984.

Zhang, Chi（張弛）, A. Mark Pollard, Jessica Rawson, Limin Huan（宦立旻）, Ruiliang Liu（劉睿良）, and Xiaojia Tang（唐小佳）. "China's Major Late Neolithic Centres and the Rise of Erlitou." *Antiquity* 93, no. 369 (2019): 588-

603.

Zhang, Jianping, Houyuan Lu, Naiqin Wu, Fengjiang Li, Xiaoyan Yang, Weilin Wang, Mingzhi Ma, and Xiaohu Zhang.（張健平、呂厚遠、吳乃琴、李豐江、楊曉燕、王煒林、馬明志、張小虎）"Phytolith Evidence for Rice Cultivation and Spread in Mid-Late Neolithic Archaeological Sites in Central North China."*Boreas* 39, no. 3 (2010): 592-602.

Zhang, Jing（張靜）, et al. "Genetic Diversity and Domestication Footprints of Chinese Cherry [*Cerasus pseudocerasus* (Lindl.) G. Don] as Revealed by Nuclear Microsatellites." *Frontiers in Plant Science* 9 (2018): 238.

Zhang, Ling.（張玲）*The River, the Plain, and the State: An Environmental Drama in Northern Song China, 1048-1128.* Cambridge: Cambridge University Press, 2016.

Zhao, Huacheng.（趙化成）"New Explorations of Early Qin Culture." In *Birth of an Empire: The State of Qin Revisited,* edited by Yuri Pines, Gideon Shelach, Lothar von Falkenhausen, and Robin D. S. Yates, 53-70. Berkeley: University of California Press, 2013.

Zhao, Zhijun.（趙志軍）"New Archaeobotanic Data for the Study of the Origins of Agriculture in China." *Current Anthropology* 52, no. S4 (2011): S295-306.

Zheng, Yunfei（鄭雲飛）, Gary W. Crawford, and Xugao Chen（陳旭高）. "Archaeological Evidence for Peach (*Prunus persica*) Cultivation and Domestication in China." *PloS ONE* 9, no. 9 (2014): 1-9.

Zhou, Ligang（周立剛）, Sandra J. Garvie-Lok, Wenquan Fan, and Xiaolong Chu（楚小龍）. "Human Diets during the Social Transition from Territorial States to Empire: Stable Isotope Analysis of Human and Animal Remains from 770 BCE to 220 CE on the Central Plains of China." *Journal of Archaeological Science: Reports* 11 (2017): 211-23.

Zhou, Xinying（周新郢）, Xiaoqiang Li, Keliang Zhao, John Dodson, Nan Sun, and Qing Yang（楊青）. "Early Agricultural Development and Environmental Effects in the Neolithic Longdong Basin (Eastern Gansu)." *Chinese Science Bulletin* 56, no. 8 (2011): 762-71.

Zhou, Yiqun（周軼群）. *Festivals, Feasts, and Gender Relations in Ancient China and Greece*. Cambridge: Cambridge University Press, 2010.

Zhuang, Yijie（莊奕傑）. "Geoarchaeological Investigation of Pre-Yangshao Agriculture, Ecological Diversity and Landscape Change in North China." PhD thesis, Cambridge University, Cambridge, England, 2012.

Zong, Yunbing（宗雲兵）, et al. "Selection for Oil Content during Soybean Domestication Revealed by X-Ray Tomography of Ancient Beans." *Scientific Reports* 7, no. 1 (2017): 43595.

中日語文獻（依作者名首字筆劃、年代排列）

卜憲群，《秦漢官僚制度》。北京：社會科學文獻出版社，二〇〇二。

山田勝芳，《秦漢財政　入の研究》。東京都：汲古書院，一九九三。

毛澤東，《建國以來毛澤東文稿》第十三冊。北京：中央文獻出版社，一九八七。

方述鑫編，《甲骨金文字典》。成都：巴蜀書社，一九九三。

王聘珍，《大戴禮記解詁》。北京：中華書局，一九八三。

王利器，《新語校注》。北京：中華書局，一九八六。

王利器，《鹽鐵論校注》。北京：中華書局，一九九二。

王先謙，《荀子集解》。北京：中華書局，一九八八。

王先謙，《漢書補注》十二冊。上海：上海古籍出版社，二〇一二。

王學理主編，尚志儒、呼林貴副主編，《秦物質文化史》。西安：三秦出版社，一九九四。

王子今，《秦漢交通史稿》。北京：中共中央黨校出版社，一九九四。

王先慎，《韓非子集解》。北京：中華書局，一九九八。

王宇信、楊升南主編，《甲骨學一百年》。北京：社會科學文獻出版社，一九九九。

王勇，《東周秦漢關中農業變遷研究》。長沙：岳麓書社，二〇〇四。

王子今，《秦漢時期生態環境研究》。北京：北京大學出版社，二〇〇七。

王子今，〈秦獻公都櫟陽說質疑〉，《考古與文物》（一九八二年第五期）（數位版）。

王子今，〈秦定都咸陽的生態地理學與經濟地理學分析〉，《人文雜誌》（二〇〇三年第五期），頁一一五至一二〇。

王子今、李斯，〈放馬灘秦地圖林業交通史料研究〉，《中國歷史地理論叢》，二十八卷二期（二〇一三）：頁五至十。

王玉清，〈陝西咸陽尹家村新石器時代遺址的發現〉，《文物》（一九五八年第四期），頁五五至五六。

王訢、尚雪、蔣洪恩、張鵬程、王煒林、王昌燧，〈陝西白水河流域兩處遺址浮選結果初步分析〉，《考古與文物》（二〇一五年第二期），頁一〇〇至一〇四。

中國科學院考古研究所編著，《灃西發掘報告：1955-1957年陝西長安縣灃西鄉考古發掘資料》。北京：文物出版社，一九六三。

中國社會科學院考古研究所、陝西省西安半坡博物館編，《西安半坡：原始氏族公社聚落遺址》。北京：文物出版社，一九六三。

中國社會科學院考古研究所編，《寶雞北首嶺》。北京：文物出版社，一九八三。

中國社會科學院考古研究所編著，《武功發掘報告：滸西莊與趙家來遺址》。北京：文物出版社，一九八八。

中國社會科學院考古研究所編著，《臨潼白家村》。成都：巴蜀書社，一九九四。

中國社會科學院考古研究所編著，《張家坡西周墓地》。北京：中國大百科全書出版社，一九九九。

中國社會科學院考古研究所編著，《南邠州：碾子坡》。北京：世界圖書，二〇〇七。

中國社會科學院考古研究所編著，《中國考古學：兩周卷》。北京：中國社會科學出版社，二〇〇四。

中國科學院考古研究所甘肅工作隊，〈甘肅永靖大河莊遺址發掘報告〉，《考古學報》（一九七四年第二期）：頁二九至六二。

中國社會科學院考古研究所陝西工作隊，〈陝西華陰橫陣遺址發掘報告〉，《考古學集刊》第四集（北京：中國社會科學出版社，一九八四），頁一至三九。

中國社會科學院考古研究所櫟陽發掘隊，〈秦漢櫟陽城遺址的勘探和試掘〉，《考古學報》（一九八五年第三期）：頁三五三至三八一。

中國社會科學院考古研究所陝西六隊，〈陝西藍田泄湖遺址〉，《考古學報》（一九九一年第四期）：頁四一五至四四八。

中國社會科學院考古研究所漢長安城工作隊，〈西安相家巷遺址秦封泥的發掘〉，《考古學報》（二〇〇一年第四期）：頁五〇九至五四四。

中國社會科學院考古研究所、陝西省考古研究所，〈陝西宜川縣龍王辿舊石器時代遺址〉，《考古》（二〇〇七年第七期）：頁三至十。

中國社會科學院考古研究所豐鎬隊，〈西安市長安區馮村北西周時期製骨作坊〉，《考古》（二〇一四年第十一期）：頁二九至四三。

中國社會科學院考古研究所豐鎬隊，〈西安市長安區豐京遺址水系遺存的勘探與發掘〉，《考古》（二〇一八年第二期）：頁二六至四六。

（西漢）司馬遷，《史記》。北京：中華書局，一九五九。

（清）皮錫瑞，《經學通論》。北京：中華書局，一九五四。

北京大學考古學系、中國社會科學院考古研究所，《華縣泉護村》。北京：科學出版社，二〇〇三。

北京大學考古文博學院、河南省文物考古研究所編著，《登封王城崗考古發現與研究（2002-2005）》。鄭州：大象出版社，二〇〇七。

北京大學考古系商周組，〈陝西扶風縣壹家堡遺址一九八六年發掘報告〉，收入北京大學考古系編，《考古學研究（二）：紀念北京大學考古專業四十周年（1952-1992）》（北京：北京大學出版社，一九九四），頁三四三至三九〇。

北京大學考古系商周組、陝西省考古研究所，〈陝西輝縣北村遺址一九八四年發掘報告〉，收入北京大學考古系編，《考古學研究（二）》，頁二八三至三四二。

北京大學考古學教研室，〈華縣、渭南古代遺址調查與試掘〉，《考古學報》（一九八〇年第三期）：頁二九七至三〇四、三三八。

甘肅省文物考古研究所編著，《秦安大地灣：新石器時代遺址發掘報告》。北京：文物出版社，二〇〇六。

史念海，〈古代的關中〉，收入氏著，《河山集》（北京：三聯書店，一九六三），頁二六至六六。

史念海，《河山集》九集。北京：三聯書店、人民出版社；太原：山西人民出版社；西安：陝西師範大學出版社，一九六三至二〇〇六。

史念海，《 土高原歷史地理研究》。鄭州：黃河水利出版社，二〇〇一。

史念海，〈論濟水和鴻溝〉，收入氏著，《河山集》，第三集（北京：人民出版社，一九八八），頁三〇三至三五六。

史念海，〈漢唐長安與生態環境〉，《中國歷史地理論叢》（一九九八年第一期），頁一至十八。

阮元校刻，《十三經注疏：附校勘記》。北京：中華書局，一九八〇。

江村治樹，《春秋 国時代青銅貨幣の生成と展開》。東京都：汲古書院，二〇一一。

邢義田，〈論馬王堆漢墓「駐軍圖」應正名為「箭道封域圖」〉，《湖南大學學報》（二〇〇七年第五期），頁十二至十九。

西安半坡博物館編，《西安半坡》。北京：文物出版社，一九八二。

西安半坡博物館、陝西省考古研究所、臨潼縣博物館編，《姜寨：新石器時代遺址發掘報告》。北京：文物出版社，一九八八。

西安半坡博物館，〈陝西藍田懷珍坊商代遺址試掘簡報〉，《考古與文物》（一九八一年第三期），頁四五至五三。

西安半坡博物館，〈陝西岐山雙庵新石器時代遺址〉，《考古學集刊》第三集（北京：中國社會科學出版社，一九八三），頁五一至六八。

西安半坡博物館，〈陝西渭南史家新石器時代遺址〉，《考古》（一九七八年第一期），頁四一至五三。

西安半坡博物館，〈渭南北劉新石器時代早期遺址調查與試掘簡報〉，《考古與文物》（一九八二年第四期），頁一至十。

西北大學文博學院考古專業編著，《扶風案板遺址發掘報告》。北京：科學出版社，一九九二。

西北大學歷史系考古專業，〈西安老牛坡商代墓地的發掘〉，《考古》（一九八八年第六期）頁一至二二。

西北大學文化遺產與考古學研究中心、陝西省考古研究院、淳化縣博物館，〈陝西淳化縣棗樹溝腦遺址先周時期遺存〉，《考古》（二〇一二年第三期），頁二〇至三四。

朱鳳翰，《商周家族形態研究（增訂本）》。天津：天津古籍出版社，二〇〇四。

朱漢民、陳松長主編，《嶽麓書院藏秦簡》第二卷。上海：上海辭書出版社，二〇一〇。

祁國琴，〈中國北方第四紀哺乳動物群兼論原始人類生活環境〉，收入吳汝康、吳新智、張森水主編，《中國遠古人類》（北京：科學出版社，一九八九），頁二七七至三三七。

阿房宮與上林苑考古隊，〈西安市漢唐昆明池遺址區西周遺存的重要考古發現〉，《考古》（二〇一三年第十一期），頁一〇四三至一〇四六。

何琳儀，《戰國古文字典：戰國文字聲系》。北京：中華書局，一九九八。

何清谷，《三輔黃圖校釋》。北京：中華書局，二〇〇五。

何有祖，〈新見里耶秦簡牘資料選校（二）〉，簡帛研究網，二〇一四，http://m.bsm.org.cn/?qinjian/6246.html

李令福，《關中水利開發與環境》。北京：人民出版社，二〇〇四。

李志鵬，〈殷墟動物遺存研究〉。北京：中國社會科學院研究生院博士論文，二〇〇九。

李曉傑主編，《水經注校箋圖釋：渭水流域諸篇》。上海：復旦大學出版社，二〇一七。

邱隆等編，《中國古代度量衡圖集》。北京：文物出版社，一九八四。

村松弘一，《中国古代環境史の研究》。東京都：汲古書院，二〇一六。

林劍鳴，《秦史稿》。上海：上海人民出版社，一九八一。

林永昌、種建榮、雷興山，〈周公廟商周時期聚落動物資源利用初識〉，《考古與文物》（二〇一三年第三期）：頁二九至四七。

周曉陸、路東之編，《秦封泥集》。西安：三秦出版社，二〇〇〇。

周昕，《中國農具發展史》。濟南：山東科學技術出版社，二〇〇五。

周曉陸，〈《關中秦漢陶錄》農史資料讀考〉，《農業考古》（一九九七年第三期），頁三二至四〇。

武莊、袁靖、趙欣、陳相龍，〈中國新石器時代至先秦時期遺址出土家犬的動物考古學研究〉，《南方文物》（二〇一六年第三期）：頁一五五至一六一。

武漢水利電力學院《中國水利史稿》編寫組編，《中國水利史稿》。北京：水利電力出版社，一九八七。

河北省文物管理局、邯鄲市文物保管所，〈河北武安磁山遺址〉，《考古學報》（一九八一年第三期）：頁三〇三至三三八。

保全，〈西安老牛坡出土商代早期文物〉，《考古與文物》（一九八一年第二期）：頁十七至十八。

（南朝劉宋）范曄，《後漢書》。北京：中華書局，一九六五。

（東漢）班固，《漢書》。北京：中華書局，一九六二。

（三國吳）陸璣、（清）趙佑，《毛詩草木鳥獸蟲魚疏校正》。清光緒間貴池劉氏（劉世珩）刻聚學軒叢書本（一九〇三）。

高亨，《商君書注譯》。北京：中華書局，一九七四。

高敏，《雲夢秦簡初探》。鄭州：河南人民出版社，一九七九。

高步瀛，《文選李注義疏》。北京：中華書局，一九八五。

高升榮，《明清時期關中地區水資源環境變遷與鄉村社會》。北京：商務印書館，二〇一七。

高功，〈龍行陳倉，鹿鳴周野——石鼓山西周墓地出土青銅器賞析（二）〉，《收藏界》（二〇一五年第四期），頁一三二至一四一。

陝西省考古研究所、陝西省文物管理委員會、陝西省博物館編，《陝西出土商周青銅器》。北京：文物出版社，一九七九。

陝西省考古研究所編著，《臨潼零口村》。西安：三秦出版社，二〇〇四。

陝西省考古研究所編著，《秦都咸陽考古報告》。北京：科學出版社，二〇〇四。

陝西省考古研究院、寶雞市考古工作隊編著，《寶雞關桃園》。北京：文物出版社，二〇〇七。

陝西省考古研究院等編著，《吉金鑄華章：寶雞眉縣楊家村單氏青銅器窖藏》。北京：文物出版社，二〇〇八。

陝西省考古研究院編著，《西安尤家莊秦墓》。西安：陝西科學技術出版社，二〇〇八。

陝西省考古研究院編著，《梁帶村芮國墓地：二〇〇七年度發掘報告》。北京：文物出版社，二〇一〇。

陝西省考古研究院等編著，《周原：2000年度齊家製玦作坊和禮村遺址考古發掘報告》兩冊。北京：科學出版社，二〇一〇。

陝西省考古研究院、西北大學文化遺產與考古學研究中心編著，《高陵東營：新石器時代遺址發掘報告》。北京：科學出版社，二〇一〇。

陝西省地方志編纂委員會編，《陝西省植被志》。西安：西安地圖出版社，二〇一一。

陝西省考古研究院編著，《西安米家崖：新石器時代遺址2004-2006年考古發掘報告》。北京：科學出版社，二〇一二。

陝西周原考古隊，〈扶風雲塘西周骨器製造作坊遺址試掘簡報〉，《文物》（一九八〇年第四期）：頁二七至三五。

陝西省考古研究所，〈陝西臨潼康家遺址發掘簡報〉，《考古與文物》（一九八八年第五、六期）：頁二一四至二二八。

陝西省考古研究所，〈陝西省臨潼縣康家遺址1987年發掘簡報〉，《考古與文物》（一九九二年第四期），頁十一至二四。

陝西省考古研究院，〈2010年陝西省考古研究院考古調查發掘新收穫〉，《考古與文物》（二〇一一年第二期），頁三二至三九。

陝西省考古研究院，〈西安市漢長安城北渭橋遺址〉，《考古》（二〇一四年第七期），頁三四至四七。

陝西省考古研究院，〈2014年陝西省考古研究院考古調查發掘新收穫〉，《考古與文物》（二〇一五年第二期），頁三至二六。

晁福林，《春秋戰國的社會變遷》。北京：商務印書館，二〇一一。

郭子直，〈戰國秦封宗邑瓦書銘文新釋〉，《古文字研究》第十四輯（一九八六），頁一七七至一九六。

凌文超，《走馬樓吳簡采集簿書整理與研究》。桂林：廣西師範大學出版社，二〇一五。

馬王堆漢墓帛書整理小組編，《戰國縱橫家書》。北京：文物出版社，一九七六。

馬非百，《秦集史》。北京：中華書局，一九八二。

馬承源主編，《商周青銅器銘文選》四卷。北京：文物出版社，一九八六。

秦建明、楊政、趙榮，〈陝西涇陽縣秦鄭國渠首攔河壩工程遺址調查〉，《考古》（二〇〇六年第四期），頁十二至二一。

孫詒讓，《周禮正義》。北京：中華書局，一九八七。

孫次舟，〈史記商君列傳史料抉原〉，《史學季刊》，第一卷第二期（一九四一），頁七七至九六。

孫永剛，〈大麻栽培起源與利用方式的考古學探索〉，《農業考古》（二〇一六年第一期），頁十六至二〇。

唐華清宮考古隊，〈唐華清宮湯池遺址第一期發掘簡報〉，《文物》（一九九〇年第五期），頁十一至二〇。

夏商周斷代工程專家組編著，《夏商周斷代工程 1996-2000 年階段成果報告（簡本）》。北京：世界圖書，二〇〇〇。

徐少華，《周代南土歷史地理與文化》。武昌：武漢大學出版社，一九九四。

徐元誥，《國語集解》。北京：中華書局，二〇〇二。

徐衛民，《秦漢歷史地理研究》。西安：三秦出版社，二〇〇五。

徐衛民，《秦漢都城與自然環境關係研究》。北京：科學出版社，二〇一一。

徐中舒，〈《豳風》說〉，收入江磯編，《詩經學論叢》（臺北：崧高書社，一九八五），頁二四三至二七八。

晏昌貴，〈天水放馬灘木板地圖新探〉，《考古學報》（二〇一六年第三期），頁三六五至三八四。

袁靖、徐良高，〈灃西出土動物骨骼研究報告〉，《考古學報》（二〇〇〇年第二期），頁二四六至二五六。

原宗子，《古代中国の開発と環境：『管子』地員篇研究》。東京都：研文出版，一九九四。

原宗子，《「農本」主義と「黄土」の発生：古代中国の開発と環境2》。東京都：研文出版，二〇〇五。

陳夢家，《殷墟卜辭綜述》。北京：中華書局，一九五七。

陳振中編著，《先秦青銅生產工具》。廈門：廈門大學出版社，二〇〇四。

陳槃，《春秋大事表列國爵姓及存滅表譔異》（全三冊）。上海：上海古籍出版社，二〇〇九。

陳偉主編，《里耶秦簡牘校釋》二卷。武昌：武漢大學出版社，二〇一二、二〇一八。

陳偉主編，《秦簡牘合集》。武昌：武漢大學出版社，二〇一四。

陳偉主編，彭浩、劉樂賢撰著，《秦簡牘合集：釋文注釋修訂本》，第一冊。武昌：武漢大學出版社，二〇一六。

陳偉主編，孫占宇、晏昌貴撰著，《秦簡牘合集：釋文注釋修訂版》，第四冊。武昌：武漢大學出版社，二〇一六。

陳絜，〈里耶「戶籍簡」與戰國末期的基層社會〉，《歷史研究》（二〇〇九年第五期），頁二三至四〇。

張亞初、劉雨，《西周金文官制研究》。北京：中華書局，一九八六。

張天恩，《關中商代文化研究》。北京：文物出版社，二〇〇四。

張波、樊志民主編，《中國農業通史：戰國秦漢卷》。北京：中國農業出版社，二〇〇七。

張興照，《商代地理環境研究》。北京：中國社會科學出版社，二〇一八。

張政烺，〈卜辭「裒田」及其相關諸問題〉，《考古學報》（一九七三年第一期），頁九三至一二〇。

張帆，〈頻婆果考——中國蘋果栽培史之一斑〉，《國學研究》第十三卷（北京：北京大學出版社，二〇〇四），頁二一七至二三八。

許維遹，《韓詩外傳集釋》。北京：中華書局，一九八〇。

曹錦炎，《古代璽印》。北京：文物出版社，二〇〇二。

梁柱、劉信芳編著，《雲夢龍崗秦簡》。北京：科學出版社，一九九七。

梁星彭、李森，〈陝西武功趙家來院落居址初步復原〉，《考古》（一九九一年第三期），頁二四五至二五一。

國家文物局主編，《中國文物地圖集：陝西分冊》。西安：西安地圖出版社，一九九八。

程俊英、蔣見元，《詩經注析》。北京：中華書局，一九九一。

傅嘉儀，《秦封泥彙攷》。上海：上海書店，二〇〇七。

黃河水系漁業資源調查協作組，《黃河水系漁業資源》。瀋陽：遼寧科學技術出版社，一九八六。

黃懷信、張懋鎔、田旭東，《逸周書匯校集注》兩冊。上海：上海古籍出版社，一九九五。

湖北省文物考古研究所、隨州市考古隊編著，《隨州孔家坡漢墓簡牘》。北京：文物出版社，二〇〇六。

湖南省文物考古研究所編著，《里耶秦簡》兩冊。北京：文物出版社，二〇一二、二〇一七。

彭浩，《張家山漢簡《算數書》注釋》。北京：科學出版社，二〇〇一。

游修齡主編，《中國農業通史：原始社會卷》。北京：中國農業出版社，二〇〇八。

葛劍雄，《西漢人口地理》。北京：人民出版社，一九八六。

賈公彥，《周禮注疏》。上海：上海古籍出版社，二〇一〇。

裘錫圭，〈甲骨文所見的商代農業〉，收入氏著，《古文字論集》（北京：中華書局，一九九二），頁一五四至一八九。

裘錫圭，〈嗇夫初探〉，收入中華書局編輯部編，《雲夢秦簡研究》（北京：中華書局，一九八一），頁二二六至三〇一。

裘錫圭，〈市〉，收入氏著，《裘錫圭學術文集》（上海：復旦大學出版社，二〇一二），第六卷，頁二七七至二八一。

楊伯峻編著，《春秋左傳注》。北京：中華書局，一九九〇。

楊丙安，《十一家注孫子校理》。北京：中華書局，一九九九。

楊建華，《春秋戰國時期中國北方文化帶的形成》。北京：文物出版社，二〇〇四。

楊寬，《西周史》。上海：上海人民出版社，一九九九。

楊寬，《戰國史》。上海：上海人民出版社，二〇〇三。

楊寬，〈春秋時代楚國縣制的性質問題〉，《中國史研究》（一九八一年第四期），頁十九至三〇。

楊守敬、熊會貞，《水經注疏》。南京：江蘇古籍出版社，一九八九。

楊振紅，〈《二年律令》與秦漢名田宅制〉，收入氏著，《出土簡牘與秦漢社會》（桂林：廣西師範大學出版社，二〇〇九），頁一二六至一八六。

楊振紅，《出土簡牘與秦漢社會（續編）》。桂林：廣西師範大學出版社，二〇一五。

楊博，〈北大藏秦簡《田書》初識〉，《北京大學學報（哲學社會科學版）》，五十四卷五期（二〇一七）。

楊亞長，〈東龍山遺址的年代與文化性質〉，《中國文物報》，二〇〇〇年八月九日，第三版。

葛今，〈涇陽高家堡早周墓葬發掘記〉，《文物》（一九七二年第七期），頁五至八。

葉山撰，胡川安譯，〈解讀里耶秦簡：秦代地方行政制度〉，《簡帛》第八輯（上海：上海古籍出版社，二〇一三），頁八九至一三八。

銀雀山漢墓竹簡整理小組編，《銀雀山漢墓竹簡》，第一輯。北京：文物出版社，一九八五。

睡虎地秦墓竹簡整理小組編，《睡虎地秦墓竹簡》。北京：文物出版社，一九九〇。

漢語大字典編輯委員會編著，《漢語大字典》。武漢：湖北辭書出版社、成都：四川辭書出版社，一九八六。

漢陽陵博物館編著，《漢陽陵》。北京：文物出版社，二〇一六。

趙志軍、徐良高，〈周原遺址（王家嘴地點）嘗試性浮選的結果及初步分析〉，《文物》（二〇〇四年第十期），頁八九至九六。

（西漢）劉向集錄，《戰國策》三冊。上海：上海古籍出版社，一九八五。

劉士莪，《老牛坡：西北大學考古專業發掘報告》。西安：陝西人民出版社，二〇〇二。

劉明光主編，《中國自然地理圖集》。北京：中國地圖出版社，二〇一〇。

劉興林，《先秦兩漢農業與鄉村聚落的考古學研究》。北京：文物出版社，二〇一七。

劉士莪、張洲，〈陝西韓城禹門口舊石器時代洞穴遺址〉，《史前研究》（一九八四年第一期），頁四五至五五。

劉莉、楊東亞、陳星燦，〈中國家養水牛起源初探〉，《考古學報》（二〇〇六年第二期），一四一至一七六。

劉欣，〈甘肅天水毛家坪遺址動物遺存研究〉。西安：西北大學博士學位論文，二〇一九。

劉緒，〈商文化在西方的興衰〉，收入李永迪主編，《紀念殷墟發掘八十周年學術研討會論文集》（臺北：中央研究院歷史語言研究所，二〇一五）。

鄭永昌文字撰述，《水到渠成：院藏清代河工檔案輿圖特展》。臺北：國立故宮博物院，二〇一二。

鄭之洪，〈論《詩七月》的用歷與觀象知時〉，收入氏著，《中國歷史文獻與教學》（北京：光明日報出版社，一九九七），頁三至八。

蔣禮鴻，《商君書錐指》。北京：中華書局，一九八六。

蔡萬進，《秦國糧食經濟研究》。呼和浩特：內蒙古人民出版社，一九九六。

黎翔鳳，《管子校注》。北京：中華書局，二〇〇四。

盧連成、胡智生，《寶雞　國墓地》。北京：文物出版社，一九八八。

錢穆，《史記地名考》。北京：商務印書館，二〇〇一。

霍有光，〈試探洛南紅崖山古銅礦採冶地〉，《考古與文物》（一九九三年第一期）：頁九四至九七。

聶新民、劉雲輝，〈秦置相邦丞相考異〉，《秦文化論叢》，第一輯（一九九三）：頁三三二至三三七。

譚其驤，《中國歷史地圖集》八冊。上海：中華地圖學社，一九七五。

藤田勝久著，曹峰、廣瀨薰雄譯，《《史記》戰國史料研究》。上海：上海古籍出版社，二〇〇八。

寶雞市考古工作隊、陝西省考古研究所寶雞工作站編，《寶雞福臨堡：新石器遺址發掘報告》。北京：文物出版社，一九九三。

寶雞市考古工作隊，〈陝西武功鄭家坡先周遺址發掘簡報〉，《文物》（一九八四年第七期）：頁一至十五。

瀧川龜太郎，《史記會注考證》。東京：東京大學東洋文化研究所，一九五七。

顧頡剛、劉起釪，《尚書校釋譯論》四冊。北京：中華書局，二〇〇五。

國家圖書館出版品預行編目 (CIP) 資料

王的莊稼：從農業發展到中國第一個王朝的政治生態學 / 布萊恩．蘭德 (Brian Lander) 著；蔡耀緯譯．-- 初版．-- 新北市：臺灣商務印書館股份有限公司，2024.07
368 面；17×23 公分．--（歷史．中國史）
譯自：The king's harvest : a political ecology of china from the first farmers to the first empire.
ISBN 978-957-05-3575-4(平裝)
1.CST: 政治人類學 2.CST: 農業史 3.CST: 中國
430.92 113007277

歷史．中國史

王的莊稼

從農業發展到中國第一個王朝的政治生態學

The King's Harvest: A Political Ecology of China from the First Farmers to the First Empire

作　　者—布萊恩．蘭德（Brian Lander）
譯　　者—蔡耀緯
發 行 人—王春申
選書顧問—陳建守　黃國珍
總 編 輯—林碧琪
責任編輯—何宣儀
封面設計—兒日設計
內頁設計—菩薩蠻電腦科技有限公司
營　　業—王建棠
資訊行銷—劉艾琳　謝宜華
出版發行—臺灣商務印書館股份有限公司
23141 新北市新店區民權路 108-3 號 5 樓（同門市地址）
電話：(02)8667-3712　傳真：(02)8667-3709
讀者服務專線：0800056196
郵撥：0000165-1
E-mail：ecptw@cptw.com.tw
網路書店網址：www.cptw.com.tw
Facebook：facebook.com.tw/ecptw

局版北市業字第 993 號
初版一刷：2024 年 07 月
印刷廠：沈氏藝術印刷股份有限公司
定價：新台幣 630 元

法律顧問—何一芃律師事務所